W0269808

Bericht

über neuere Untersuchungen und Probleme
aus der Theorie
der algebraischen Zahlkörper

Teil I: Klassenkörpertheorie
Teil Ia: Beweise zu Teil I

von

Dr. Helmut Hasse

o. Professor an der Universität Hamburg

2., durchgesehene Auflage

Springer-Verlag Berlin Heidelberg GmbH 1965

ISBN 978-3-662-38585-2   ISBN 978-3-662-39429-8 (eBook)
DOI 10.1007/978-3-662-39429-8

Alle Rechte, insbesondere das der Übersetzung in fremde Sprachen, vorbehalten.
Nachdruck und photomechanische Wiedergabe, auch von Teilen, nicht gestattet.

Springer-Verlag Berlin Heidelberg **1965**
Ursprünglich erschienen bei Physica-Verlag Rudolf Liebing K.-G., Würzburg 1965

Inhalt.

Teil I: Klassenkörpertheorie.

Bem.: Die Zeichen *), **), ... beziehen sich auf die unter dem Text gebrachten *Anmerkungen,* die fortlaufenden Ziffern ¹), ²), ... dagegen auf die am Schluß des Berichtes angefügten *Erläuterungen.*

Teil Ia: Beweise zu Teil I.[1])

---

1) Teil I wird kurz mit **I** zitiert. Verweise ohne diese Angabe beziehen sich auf den vorliegenden Teil Ia.

Inhalt.

Teil I: Klassenkörpertheorie.

§ 1. Einleitung.

Seit dem Erscheinen von *Hilberts* „Zahlbericht" (Jahresber. der
D. M.-V. IV, 1897) sowie seiner beiden grundlegenden Arbeiten:

> „Über die Theorie des relativ-quadratischen Zahlkörpers" (Math.
> Ann. 51, 1898),
>
> „Über die Theorie der relativ-Abelschen Zahlkörper" (Göttinger
> Nachr. 1898)

steht die algebraische Zahlentheorie im Zeichen der beiden folgenden
großen, eng miteinander verknüpften Probleme:

> (I.) *Beweis der Existenz des Klassenkörpers zu einem beliebigen alge-
> braischen Zahlkörper,*
>
> (II.) *Beweis des Reziprozitätsgesetzes der Potenzreste für einen beliebigen
> Primzahlexponenten l in einem beliebigen Oberkörper des Körpers
> der l-ten Einheitswurzeln.*

---

*) Ein Auszug aus diesem Bericht wurde auf der Jahresversammlung der
D. M.-V., Danzig 1925, vorgetragen.

Die genannten *Hilbert*schen Veröffentlichungen sind in zweifacher Weise grundlegend: Einmal werden in ihnen die Probleme (I.) und (II.) in richtiger Voraussicht ihrer Bedeutung für eine allgemeine Theorie der relativ-Abelschen Zahlkörper zum erstenmal aufgestellt und die zu erstrebenden Resultate in großen Zügen angegeben; dann aber enthalten sie, in den Durchführungen dieser Gedanken für die einfachsten Spezialfälle, Prototype der allgemeinen Beweise. Ohne im einzelnen auf die historische Seite der Entwicklung einzugehen, sei nur abschließend bemerkt, daß die Probleme (I.) und (II.) in ihrer vollen Allgemeinheit zuerst von *Furtwängler* in den folgenden Arbeiten gelöst wurden:

> „Allgemeiner Existenzbeweis für den Klassenkörper eines beliebigen algebraischen Zahlkörpers" (Math. Ann. 63, 1907),

> „Die Reziprozitätsgesetze für Potenzreste mit Primzahlexponenten in algebraischen Zahlkörpern" (I, Math. Ann. 67, 1909; II, Math. Ann. 72, 1912; III, Math. Ann. 74, 1913),

und daß in neuester Zeit *Takagi* in seinen beiden großen Arbeiten:

> „Über eine Theorie des relativ-Abelschen Zahlkörpers" (Journ. Coll. Science, Tokyo, 41 (9), 1920),

> „Über das Reziprozitätsgesetz in einem beliebigen algebraischen Zahlkörper" (Journ. Coll. Science, Tokyo, 44 (5), 1922)

nicht nur die Resultate *Furtwänglers* auf einheitliche Weise begründet und zusammengestellt, sondern durch eine auf *H. Weber*[*]) zurückgehende Verallgemeinerung des Klassenkörperbegriffs die Theorie der relativ-Abelschen Zahlkörper zu einem im wesentlichen vollständigen Abschluß gebracht hat.

Es ist das Ziel dieses Berichtes, einen Überblick über diese höchst elegante, aber leider bisher nur wenig bekannte Theorie der relativ-Abelschen Zahlkörper, sowie einige sich daran anschließende, bis heute ungelöste Probleme zu geben, in der Absicht, einerseits die Fragestellungen, Grundgedanken und Hauptresultate dieser Theorie weiteren Kreisen zugänglich zu machen und ihr damit neue Freunde zu werben, andererseits demjenigen, der in die Einzelheiten der Theorie eindringen will, einen praktischen Wegweiser zu liefern, der ihm Umwege beim Studium der Originalarbeiten erspart.

An Vorkenntnissen wird derjenige, der nur einen Überblick über die Theorie gewinnen will, mit den Elementen der Galoisschen Theorie und der Theorie der algebraischen Zahlkörper auskommen (erstere bis

---

[*]) „Über Zahlengruppen in algebraischen Körpern" (Math. Ann. 48, 49, 50, 1897—1898); „Lehrbuch der Algebra", III, 2. Aufl., 1908.

zum Fundamentalsatz über die eineindeutige Zuordnung der Unterkörper eines Galoisschen Körpers zu den Untergruppen seiner Galoisschen Gruppe, letztere etwa soweit wie sie im „Zahlbericht" Kap. I—VII oder in *Hecke*, „Vorlesungen über die Theorie der algebraischen Zahlen" (Leipzig 1923), Kap. I—VI, entwickelt sind. Demjenigen, der die Theorie an Hand dieses Berichtes im einzelnen kennen lernen will, sei bezüglich der vorhandenen (zum wichtigsten Teil oben angeführten) Literatur empfohlen, die Kap. I—VII des „Zahlberichts" genau, dessen übrige Kapitel sowie die genannten weiteren Arbeiten *Hilberts* und *Furtwänglers* aber nur kurz durchzusehen, und bei dem sich dann anschließenden genauen Studium der beiden Hauptarbeiten von *Takagi* nur insofern zu Rate zu ziehen, als dort von gewissen Einzelresultaten aus ihnen Gebrauch gemacht wird.

Wie schon *Hilbert* erkannte, ist die Lösung des Problems (II.) im allgemeinsten Falle abhängig von der Lösung von (I.). Daher gliedert sich die Theorie der relativ-Abelschen Zahlkörper entsprechend wie die beiden Hauptarbeiten *Furtwänglers* und *Takagis* naturgemäß in die beiden Abschnitte:

I. Klassenkörpertheorie,

und deren Anwendung:

II. Reziprozitätsgesetz,

deren erster hier anschließend behandelt wird, und deren zweiter einer Fortsetzung dieses Berichtes vorbehalten bleibt.

§ 2. Die Hilbert-Furtwänglerschen Sätze über Klassenkörper.

Wir legen für alles Folgende einen beliebigen, aber festen algebraischen Zahlkörper k von endlichem Grade, den sog. **Grundkörper**, zugrunde. Die (ganzen und gebrochenen) Zahlen aus k bezeichnen wir stets mit kleinen griechischen, die (ganzen und gebrochenen) Ideale aus k mit kleinen deutschen Buchstaben, während die entsprechenden großen Buchstaben den Zahlen und Idealen aus Oberkörpern von k vorbehalten bleiben. Unter Zahlen und Idealen schlechthin verstehen wir stets „ganze oder gebrochene". Sollen sie ganz sein, so wird es ausdrücklich hervorgehoben. Ferner verstehen wir unter *Körper, algebraischer Körper, Relativkörper* usw. durchweg *algebraische Zahlkörper von endlichem Grade*.

Die ursprüngliche, von *Hilbert* gegebene Definition des Begriffes **Klassenkörper zu k** *) lautet:

---

*) Von dem später zu entwickelnden, allgemeineren Standpunkt *Takagis* aus werden wir diesen *Hilbert*schen Klassenkörper den **absoluten** nennen.

Definition 1°. *Ein relativ-Galoisscher Körper K über k heißt Klassen-körper zu k, wenn ‚alle und nur die Primideale 1. Grades der Haupt idealklasse von k in K in verschiedene Primidealfaktoren 1. Grades zer-fallen.*[1])

Über solche Klassenkörper hat *Hilbert* folgende Sätze ausgesprochen, deren Beweis in Spezialfällen von ihm selbst, allgemein von *Furtwängler* geführt wurde:

Satz 1°. *Zu jedem algebraischen Körper k existiert ein und nur ein Klassenkörper K.*

Satz 2°. *K ist relativ-Abelsch über k, und die Galoissche Relativ-gruppe von K nach k ist einstufig isomorph zur Gruppe der Idealklassen in k (also speziell der Relativgrad von K über k gleich der Klassenzahl h_0 von k).*

Satz 3°. *K ist unverzweigt über k, d. h. die Relativdiskriminante von K nach k ist durch kein Primideal aus k teilbar.*

Satz 4°. *Die Primideale $\mathfrak{p}$ von k werden in K nach dem Gesetz zerlegt:*

Ist $\mathfrak{p}^f$ die früheste Potenz von $\mathfrak{p}$, die in der Hauptidealklasse von k enthalten ist (d. h. f der Exponent der Klasse von $\mathfrak{p}$ in der Idealklassen-gruppe von k), so zerfällt $\mathfrak{p}$ in K in verschiedene Primidealfaktoren vom Relativgrade f. *)

Das Zerlegungsgesetz von Satz 4° ist anzusehen als eine Aus-dehnung der in der Definition 1° des Klassenkörpers benutzten und ihn nach Satz 1° eindeutig festlegenden speziellen Zerlegungstatsache. Nach Satz 4° hängt die Zerlegungsart der $\mathfrak{p}$ von k in K allein von der Ideal-klasse ab, der sie angehören; daher die Bezeichnung „Klassenkörper".

Es erübrigt sich für uns, auf die *Furtwängler*schen Beweise für die Sätze 1°—4° einzugehen. Diese Sätze sind nämlich Spezialfälle einer ganz entsprechenden Reihe von Sätzen, die bei der in der Einleitung erwähnten *Weber-Takagi*schen Verallgemeinerung des Klassenkörper-begriffes gelten, und denen wir uns im folgenden eingehend zuzu-wenden haben.

§ 3. Verallgemeinerung des Idealklassenbegriffs (Weber, Takagi).

Die genannte Verallgemeinerung des Klassenkörperbegriffs beruht auf einer zuerst von *Weber* eingeführten Verallgemeinerung des Ideal-klassenbegriffs, die zunächst zu entwickeln ist.

---

*) Durch diese Angabe ist nach Erl. 1 die Art der Zerlegung der $\mathfrak{p}$ in K vollständig bestimmt, nämlich $e = 1$ nach Satz 3° und $g = \dfrac{h_0}{f}$.

Man kann die gewöhnlichen (absoluten) **Idealklassen** von k ansehen als die Nebengruppen zur Untergruppe H_0 aller **Hauptideale** (α) in der (unendlichen) Abelschen Gruppe A aller Ideale von k. Die (in Satz 2° und 4° vorkommende) **Gruppe dieser Idealklassen** ist dann also die Faktorgruppe A/H_0 und die (absolute) **Klassenzahl** h_0 von k der (endliche) Index von H_0 in A. (Bezeichnung: $h_0 = (A : H_0)$.)

Diese Definition einer Klasseneinteilung der Ideale von k läßt sich nun in zweifacher Hinsicht verallgemeinern. Erstens kann man an Stelle der Untergruppe H_0 aller Hauptideale irgendeine andere, H_0 enthaltende, also aus einer Gruppe von absoluten Idealklassen zusammengesetzte Untergruppe H der Idealgruppe A als Hauptklasse, also deren Nebengruppen in A als Idealklassen zugrunde legen, so daß nunmehr A/H die Idealklassengruppe und der (natürlich ebenfalls endliche) Index $h = (A : H)$ die Anzahl der Idealklassen wird. Jede dieser neuen *Idealklassen nach H* setzt sich dabei aus ein und derselben Anzahl von Idealklassen nach H_0, nämlich aus $\dfrac{h_0}{h}$ solchen zusammen. Wir wollen diesen Prozeß, durch den aus der ursprünglichen Klasseneinteilung nach H_0 die nach H gewonnen wird, für den Augenblick *„Komplexion"* nennen. Zweitens kann man gewissermaßen das Fundament für diese Bildungen tiefer legen, indem man an Stelle von H_0 gewisse Untergruppen von H_0, die sogenannten *Strahlen*, zugrunde legt, und dann wieder irgendeine „Komplexion" vornimmt.

Ist $\mathfrak{m}$ irgendein ganzes Ideal aus k, so verstehen wir unter dem **Strahl mod. $\mathfrak{m}$** (Bezeichnung $H_0^{(\mathfrak{m})}$) die folgendermaßen entstehende Idealgruppe:

Man lasse α alle den Bedingungen

$$\alpha \equiv 1 \ \mathrm{mod.} \ \mathfrak{m}\,{}^2); \qquad \alpha \gg 0 \quad (total\text{-}positiv)\,{}^3)$$

genügenden Zahlen aus k durchlaufen und bilde jedesmal das zugehörige Hauptideal (α).

Die so erhaltene Idealgruppe $H_0^{(\mathfrak{m})}$ besteht ihrer Definition nach aus lauter zu $\mathfrak{m}$ primen Idealen, ist also Untergruppe der Gruppe $A^{(\mathfrak{m})}$ aller zu $\mathfrak{m}$ primen Ideale. Da schon $A^{(\mathfrak{m})}$, falls $\mathfrak{m} \neq 1$, von unendlichem Index in der Gruppe A aller Ideale von k ist, ist erst recht der Index $(A : H_0^{(\mathfrak{m})}) = (A : A^{(\mathfrak{m})}) \cdot (A^{(\mathfrak{m})} : H_0^{(\mathfrak{m})})$ unendlich. Dagegen erweist sich der Index $h_0^{(\mathfrak{m})} = (A^{(\mathfrak{m})} : H_0^{(\mathfrak{m})})$ immer als endlich. Aus diesem Grunde ersetzt man bei der nun folgenden zweiten Verallgemeinerung des Idealklassenbegriffs die Gruppe A durch $A^{(\mathfrak{m})}$, beschränkt sich also auf eine *Einteilung aller zu $\mathfrak{m}$ primen Ideale in Klassen*.

Man kann zunächst wieder (analog zu der obigen Einteilung nach H_0) den Strahl $H_0^{(\mathfrak{m})}$ selbst als Hauptklasse, also gemäß dem eben

Gesagten, seine $h_0^{(\mathfrak{m})}$ Nebengruppen in $A^{(\mathfrak{m})}$ als Idealklassen zugrunde legen. Diese Idealklassen nach $H_0^{(\mathfrak{m})}$ nennen wir die **Strahlklassen mod. $\mathfrak{m}$**, ihre Gruppe $A^{(\mathfrak{m})}/H_0^{(\mathfrak{m})}$ die **Strahlklassengruppe mod. $\mathfrak{m}$** und ihre Anzahl $h_0^{(\mathfrak{m})}$ die **Strahlklassenzahl mod. $\mathfrak{m}$**. Schließlich kann man jetzt wieder (analog zu der obigen Einteilung nach H) irgendeine „Komplexion" vornehmen. Dann wird also irgendeine $H_0^{(\mathfrak{m})}$ enthaltende, und somit aus einer Gruppe von Strahlklassen mod. $\mathfrak{m}$ zusammengesetzte Untergruppe $H^{(\mathfrak{m})}$ von $A^{(\mathfrak{m})}$ die Hauptklasse, deren Nebengruppen in $A^{(\mathfrak{m})}$ die Idealklassen, die Faktorgruppe $A^{(\mathfrak{m})}/H^{(\mathfrak{m})}$ die Idealklassengruppe und der (natürlich ebenfalls endliche) Index $h^{(\mathfrak{m})} = (A^{(\mathfrak{m})} : H^{(\mathfrak{m})})$ die Klassenzahl. Jede der $h^{(\mathfrak{m})}$ Idealklassen nach $H^{(\mathfrak{m})}$ setzt sich dabei wieder aus ein und derselben Anzahl von Strahlklassen mod. $\mathfrak{m}$, nämlich aus

$$\frac{h_0^{(\mathfrak{m})}}{h^{(\mathfrak{m})}}$$ solchen zusammen.

Auf die letztere Weise entstehen, wenn man für $\mathfrak{m}$ jedes ganze Ideal von k zuläßt, die allgemeinsten, für unsere Theorie erforderlichen Idealklasseneinteilungen; alle vorher aufgeführten Einteilungen sind als Spezialfälle darunter enthalten.[4]) Für die als Hauptklassen bei diesen allgemeinsten Klasseneinteilungen auftretenden Idealgruppen $H^{(\mathfrak{m})}$, also für alle $H_0^{(\mathfrak{m})}$ enthaltenden Untergruppen von $A^{(\mathfrak{m})}$, verwenden wir im folgenden die Bezeichnung **Idealgruppe mod. $\mathfrak{m}$**[5]), die Idealklassen der Einteilung nach einer solchen Idealgruppe $H^{(\mathfrak{m})}$ nennen wir ferner, wie im vorhergehenden schon mehrfach, **Idealklassen nach $H^{(\mathfrak{m})}$**, ihre Anzahl $h^{(\mathfrak{m})} = (A^{(\mathfrak{m})} : H^{(\mathfrak{m})})$ den **Index von $H^{(\mathfrak{m})}$** oder die **Klassenzahl nach $H^{(\mathfrak{m})}$**, und ihre Gruppe $A^{(\mathfrak{m})}/H^{(\mathfrak{m})}$ die **Idealklassengruppe nach $H^{(\mathfrak{m})}$**.

In Hinsicht auf die Anwendungen in der Klassenkörpertheorie erweist es sich als zweckmäßig, für zwei Idealgruppen $H_1^{(\mathfrak{m}_1)}$ und $H_2^{(\mathfrak{m}_2)}$, sowie für die Idealklasseneinteilungen nach $H_1^{(\mathfrak{m}_1)}$ und $H_2^{(\mathfrak{m}_2)}$, eine über die vollständige Identität (d. h. Übereinstimmung der in $H_1^{(\mathfrak{m}_1)}$ und $H_2^{(\mathfrak{m}_2)}$ enthaltenen Ideale) hinausgehende Gleichheitsdefinition einzuführen. Hierzu führen folgende Überlegungen:

Werden bei einer Idealklasseneinteilung nach einer Idealgruppe $H^{(\mathfrak{m})}$ alle zu irgendeinem ganzen Ideal $\mathfrak{a}$ nicht primen Ideale außer acht gelassen, so entsteht aus $H^{(\mathfrak{m})}$ eine Untergruppe $H^{(\mathfrak{a}\mathfrak{m})}$ der Gruppe $A^{(\mathfrak{a}\mathfrak{m})}$, die ersichtlich Idealgruppe mod. $\mathfrak{a}\mathfrak{m}$ in obigem Sinne ist, weil sie den Strahl $H_0^{(\mathfrak{a}\mathfrak{m})}$ enthält. Vergleicht man nun die Idealklasseneinteilung nach diesem $H^{(\mathfrak{a}\mathfrak{m})}$ mit der nach $H^{(\mathfrak{m})}$, und berücksichtigt dabei, daß in jeder Idealklasse nach $H^{(\mathfrak{m})}$ (sogar unendlich viele) zu $\mathfrak{a}$ prime Ideale vorkommen[6]), so sieht man ohne weiteres, daß die neue Idealklassengruppe $A^{(\mathfrak{a}\mathfrak{m})}/H^{(\mathfrak{a}\mathfrak{m})}$ zur ursprünglichen $A^{(\mathfrak{m})}/H^{(\mathfrak{m})}$ einstufig isomorph ist, und daß dieser Isomorphismus einfach dadurch zustande kommt, daß man aus den Idealklassen nach $H^{(\mathfrak{m})}$ alle zu $\mathfrak{a}$ nicht primen Ideale wegläßt. Daher erscheint es gerechtfertigt, alle diese bei beliebiger Wahl von $\mathfrak{a}$ aus $H^{(\mathfrak{m})}$ entstehenden Idealgruppen $H^{(\mathfrak{a}\,\mathfrak{m})}$ und die Idealklasseneinteilungen nach ihnen „gleich" zu nennen. Demgemäß werden wir dann auch irgend zwei Idealgruppen $H_1^{(\mathfrak{m}_1)}$, $H_2^{(\mathfrak{m}_2)}$ sowie die Idealklasseneinteilungen nach ihnen als „gleich" zu bezeichnen haben, wenn nur für irgendein ganzes $\mathfrak{a}$ die Idealgruppen $H_1^{(\mathfrak{a}\,\mathfrak{m}_1)}$ und $H_2^{(\mathfrak{a}\,\mathfrak{m}_2)}$ identisch sind:

Definition 2. *Zwei Idealgruppen* $H_1^{(\mathfrak{m}_1)}$ *und* $H_2^{(\mathfrak{m}_2)}$, *sowie die Idealklasseneinteilungen nach* $H_1^{(\mathfrak{m}_1)}$ *und* $H_2^{(\mathfrak{m}_2)}$ *heißen „gleich", wenn ein ganzes Ideal* $\mathfrak{a}$ *existiert, so daß die zu* $\mathfrak{a}$ *primen Ideale in* $H_1^{(\mathfrak{m}_1)}$ *und* $H_2^{(\mathfrak{m}_2)}$ *dieselben sind.*

Diese „Gleichheit" ist ersichtlich transitiv.

Wir unterscheiden fortan „gleiche" Idealgruppen auch in der Bezeichnung nicht, führen also für alle zu einer Idealgruppe $H^{(\mathfrak{m})}$ „gleichen" Idealgruppen $H^{(\mathfrak{m})}$, $H^{(\mathfrak{m}')}$, . . . ein gemeinsames Zeichen H ein*) und reden in übertragenem Sinne auch von der **Idealgruppe** H.**) Die Serie einander „gleicher" Idealgruppen $H^{(\mathfrak{m})}$, $H^{(\mathfrak{m}')}$, . . ., für die wir die gemeinsame Bezeichnung H gesetzt haben, wollen wir dann für den Augenblick die „*Repräsentanten von* H" nennen. Wollen wir einen bestimmten Repräsentanten $H^{(\mathfrak{m})}$ von H hervorheben, so sagen wir, H sei **mod. $\mathfrak{m}$ erklärt** oder auch wie oben (S. 6) H sei **Idealgruppe mod. $\mathfrak{m}$**; soll nur zum Ausdruck gebracht werden, daß unter den Repräsentanten von H ein solcher $H^{(\mathfrak{m})}$ nach einem bestimmten $\mathfrak{m}$ vorhanden ist, so sagen wir, H sei **mod. $\mathfrak{m}$ erklärbar** oder $\mathfrak{m}$ sei ein **Erklärungsmodul von H.**

Nach obigem ist eine mod. $\mathfrak{m}$ erklärbare Idealgruppe H auch nach jedem ganzen Multiplum $\mathfrak{a}\mathfrak{m}$ von $\mathfrak{m}$ erklärbar. Man zeigt ferner leicht, daß eine mod. $\mathfrak{m}_1$ und mod. $\mathfrak{m}_2$ erklärbare Idealgruppe H auch nach dem größten gemeinsamen Teiler $(\mathfrak{m}_1, \mathfrak{m}_2)$ erklärbar ist.[7]) Ist daher $\mathfrak{f}$ der größte gemeinsame Teiler aller Erklärungsmoduln $\mathfrak{m}$, $\mathfrak{m}'$, . . . einer Idealgruppe H, so ist H auch mod. $\mathfrak{f}$ erklärbar, und die Gesamtheit aller Erklärungsmoduln von H mit der Gesamtheit der ganzen Multipla von $\mathfrak{f}$ identisch. $\mathfrak{f}$ heißt der **Führer von H.***)

---

*) Für den Strahl mod. $\mathfrak{m}$ halten wir im folgenden auch in diesem weiteren Sinne an der Bezeichnung $H_0^{(\mathfrak{m})}$ fest.

**) Unter *Idealgruppe* schlechthin ist im folgenden stets eine Idealgruppe der in diesem § näher geschilderten Art zu verstehen. Selbstverständlich gibt es auch noch andere Idealgruppen (Gruppen von Idealen), z. B. die Gesamtheit der nur aus den Primteilern eines festen Ideals zusammengesetzten Ideale u. a.

***) Der Führer des Strahles mod. $\mathfrak{m}$ ist übrigens keineswegs immer das Ideal $\mathfrak{m}$, wie das Beispiel des Strahles mod. 2 im rationalen Körper zeigt, dessen Führer 1 ist.

Wir betrachten nun die nach Def. 2 ebenfalls als einander „gleich" zu bezeichnenden Idealklasseneinteilungen nach den sämtlichen einander „gleichen" Repräsentanten $H^{(\mathfrak{m})}$, $H^{(\mathfrak{m}')}$, ... einer Idealgruppe H vom Führer $\mathfrak{f}$. Ist $\mathfrak{a}\mathfrak{f}$ irgendein ganzes Multiplum von $\mathfrak{f}$, so gehen die Idealklassen nach $H^{(\mathfrak{a}\mathfrak{f})}$ aus denen nach $H^{(\mathfrak{f})}$ gemäß dem auf S. 6/7 vor Def. 2 Bemerkten dadurch hervor, daß aus letzteren alle zu $\mathfrak{a}$ nicht primen Ideale weggenommen werden. Läßt man hierbei $\mathfrak{a}$ alle ganzen Ideale von k durchlaufen, so entstehen nach S. 6/7 die den sämtlichen Repräsentanten von H entsprechenden, in Def. 2 als „gleich" bezeichneten Idealklasseneinteilungen. Wir können hiernach schlechthin von den **Idealklassen nach H** reden, womit wir zunächst die (am weitesten ausgedehnten) Idealklassen nach $H^{(\mathfrak{f})}$ meinen, jedoch weiterhin festsetzen, daß bei jeder speziellen Wahl des Erklärungsmoduls $\mathfrak{m} = \mathfrak{a}\mathfrak{f}$ von H alle zu dem betr. $\mathfrak{a}$ nicht primen Ideale aus den einzelnen Idealklassen weggelassen werden sollen. Für alle diese einander „gleichen" Idealklasseneinteilungen nach den Repräsentanten einer Idealgruppe H sind ferner (S. 6 u.) die Idealklassengruppen zueinander einstufig isomorph und die Klassenzahlen (Indizes der betr. Repräsentanten) einander gleich. Wir verwenden daher für sie in sinngemäßer Fortführung der eingeschlagenen Bezeichnungsweise die gemeinsamen Zeichen A/H **(Idealklassengruppe nach H)** bzw. $h = (A : H)$ **(Index von H oder Klassenzahl nach H)**.[8])

Sind H_1 und H_2 zwei Idealgruppen der Führer $\mathfrak{f}_1$ und $\mathfrak{f}_2$ und ist bei Erklärung von H_1 und H_2 nach irgendeinem gemeinsamen Multiplum $\mathfrak{m}$ von $\mathfrak{f}_1$ und $\mathfrak{f}_2$ (also nach irgendeinem gemeinsamen Erklärungsmodul $\mathfrak{m}$ von H_1 und H_2) H_1 Untergruppe von H_2, so erkennt man leicht, daß $\mathfrak{f}_2$ *Teiler von* $\mathfrak{f}_1$ sein muß, und daß auch bei jeder Erklärung von H_1 und H_2 nach ein und demselben $\mathfrak{m}$ (es kommen alle und nur die ganzen Multipla von $\mathfrak{f}_1$ in Frage) H_1 in H_2 enthalten ist.[9]) Wir können daher dann ohne Mißverständnis sagen, H_1 sei **Untergruppe von H_2** oder H_1 sei **in H_2 enthalten** (Bezeichnung: $H_1 \leqq H_2$). Ist $H_1 \leqq H_2$, so setzt sich (bei jeder Erklärung von H_1 und H_2 nach einem gemeinsamen Erklärungsmodul) H_2 aus einer sinngemäß mit H_2/H_1 zu bezeichnenden Gruppe von Idealklassen nach H_1 zusammen, und somit bestehen die Idealklassen nach H_2 sämtlich aus einer und derselben Anzahl von Idealklassen nach H_1, nämlich, in sinngemäßer Bezeichnung,

$$\text{aus } (H_2 : H_1) = \frac{(A : H_1)}{(A : H_2)} = \frac{h_1}{h_2} \text{ solchen.}$$

Sind $H_1, \ldots, H_s$ mehrere Idealgruppen, so ist nach dem Gesagten ohne weiteres auch ihr **Durchschnitt** $H_* = [H_1, \ldots, H_s]$ als umfassendste in $H_1, \ldots, H_s$ enthaltene und ihre **Vereinigungsgruppe** $H^* = (H_1, \ldots, H_s)$

als engste $H_1, \ldots, H_s$ enthaltende Idealgruppe erklärt. Sind $\mathfrak{f}_1, \ldots, \mathfrak{f}_s$ die Führer von $H_1, \ldots, H_s$, so ist nach obigem der Führer $\mathfrak{f}_*$ von H_* ein gemeinsames Multiplum und der Führer $\mathfrak{f}^*$ von H^* ein gemeinsamer Teiler von $\mathfrak{f}_1, \ldots, \mathfrak{f}_s$. Da $H_1, \ldots, H_s$ und somit auch ihr Durchschnitt H_* nach dem kleinsten gemeinsamen Multiplum $(\mathfrak{f}_1, \ldots, \mathfrak{f}_s)$ erklärbar sind, ist jedenfalls $\mathfrak{f}_* = (\mathfrak{f}_1, \ldots, \mathfrak{f}_s)$.

§ 4. Die Takagischen Sätze über Klassenkörper.

Die im vorhergehenden ausführlich dargelegte Verallgemeinerung des Idealklassenbegriffs führt unmittelbar zu der folgenden, zuerst von *Weber* gegebenen Definition*) des allgemeinen Klassenkörpers:

Definition 1. *Ein relativ-Galoisscher Körper K über k heißt Klassenkörper zu einer mod.* $\mathfrak{m}$ *erklärten Idealgruppe H aus k, wenn von den nicht in* $\mathfrak{m}$ *aufgehenden Primidealen 1. Grades aus k alle und nur die in H enthaltenen in K in verschiedene Primidealfaktoren 1. Grades zerfallen.**)*

Für den Spezialfall $H = H_0$, $\mathfrak{m} = 1$ kommt diese Definition ersichtlich auf die *Hilbert*sche Def. 1° zurück. — Indem man weiter den von Def. 1° zu Def. 1 führenden Verallgemeinerungsprozeß sinngemäß auch in den *Hilbert-Furtwängler*schen Sätzen 1°—4° durchführt, also überall H_0 durch eine allgemeine Idealgruppe H und folglich die Idealklasseneinteilung nach H_0 (in die absoluten Idealklassen) durch die nach diesem H ersetzt, gelangt man zur Aufstellung der folgenden Sätze 1—4, die für $H = H_0$ wieder in die Sätze 1°—4° übergehen:

Satz 1. *Zu jeder Idealgruppe H aus k existiert (unabhängig von deren Erklärungsmodul* $\mathfrak{m}$*) ein und nur ein Klassenkörper K.***)*

Satz 2. *K ist relativ-Abelsch zu k, und die Galoissche Relativgruppe von K nach k ist einstufig isomorph zur Gruppe der Idealklassen nach H (speziell also der Relativgrad n von K über k gleich dem Index h von H).*

Satz 3. *Die Relativdiskriminante $\mathfrak{d}$ von K nach k enthält nur solche Primideale, die im Führer $\mathfrak{f}$ von H aufgehen.*

---

*) Andere, mit Def. 1 gleichwertige Definitionsmöglichkeiten siehe in Def. 3 (S. 15) und Satz 9 (S. 16).

**) Die Eigenschaft eines K, Klassenkörper zu H zu sein, hängt nach dieser Definition vorerst auch noch von der jeweils gewählten Erklärung von H nach einem bestimmten $\mathfrak{m}$ ab. Erst durch Satz 1 wird diese Abhängigkeit beseitigt, so daß dann schlechthin von *dem Klassenkörper zu* H ohne Angabe eines bestimmten Erklärungsmoduls $\mathfrak{m}$ geredet werden kann.

***) Die Tatsache, daß K unabhängig vom Erklärungsmodul $\mathfrak{m}$ von H ist, daß also K bei jeder Erklärung von H Klassenkörper zu H ist, wenn das nur bei einer einzigen der Fall ist, rechtfertigt die „Gleichheits"definition (Def. 2) für Idealgruppen.

Satz 4. *Die zu* $\mathfrak{f}$ *primen Primideale* $\mathfrak{p}$ *von* k *werden in* K *nach dem Gesetz zerlegt*):*

Ist $\mathfrak{p}^f$ *die früheste Potenz von* $\mathfrak{p}$*, die in* H *enthalten ist (d. h.* f *der Exponent der Klasse nach* H *von* $\mathfrak{p}$ *in der Idealklassengruppe nach* H*), so zerfällt* $\mathfrak{p}$ *in* K *in verschiedene Primidealfaktoren vom Relativgrade* f*.*

Die tiefstliegende und am schwierigsten zu beweisende unter den Behauptungen der Sätze 1—4 ist die Existenzaussage in Satz 1. Während bereits *Weber* die Richtigkeit anderer Teilbehauptungen aus den Sätzen 1—4 zeigen konnte[10]), gelang es erst *Takagi*, den vollständigen Beweis für diese Sätze, insbesondere den Existenznachweis zu erbringen. Letzterer liefert übrigens, wie schon *Weber* bekannt war, unmittelbar den *Satz von der arithmetischen Progression in* k in seiner allgemeinsten Formulierung (siehe § 5 und § 8).

Außer den Sätzen 1—4, die durch naturgemäße Verallgemeinerung der *Hilbert*schen Sätze entstehen, hat nun aber *Takagi* — und darin besteht wohl seine Hauptleistung — noch den folgenden, überaus wichtigen und die ganze Theorie der relativ-Abelschen Körper erst abschließenden Umkehrsatz zum ersten Male ausgesprochen und bewiesen:

Satz 5. *Jeder relativ-Abelsche Körper* K *über* k *ist Klassenkörper zu einer eindeutig**) bestimmten Idealgruppe* H *von* k*. Im Führer* $\mathfrak{f}$ *von* H *gehen nur solche Primideale auf, die auch in der Relativdiskriminante* $\mathfrak{d}$ *von* K *nach* k *aufgehen.*

Die Bedeutung dieses Satzes (in Verbindung mit den vorhergenannten) liegt darin, daß er eine eineindeutige Zuordnung***) der verschiedenen zu k relativ-Abelschen Körper K zu den „verschiedenen" Idealgruppen H in k gibt, und so eine Übersicht über alle zu k relativ-Abelschen Körper K ermöglicht. Insbesondere erweist sich in den Spezialfällen des rationalen oder eines imaginär-quadratischen Grundkörpers Satz 5 als äquivalent mit dem bekannten *Kronecker-Weberschen Satz* über die „absolut-Abelschen Körper" bzw. dem sog. „*Kroneckerschen Jugendtraum*".†)

---

*) H ist dabei nach einem zu $\mathfrak{p}$ primen Modul, am einfachsten nach seinem Führer $\mathfrak{f}$ erklärt zu denken. — Siehe auch den Satz 12 in § 7, der das Zerlegungsgesetz für die Teiler von $\mathfrak{f}$ angibt.

**) Solche Aussagen sind hier und im folgenden stets im Sinne von Def. 2 gemeint (siehe auch Satz 1).

***) Siehe hierzu auch die Sätze 10 und 11, die die Art dieser Zuordnung näher beschreiben.

†) Siehe § 10. — Dieser § 10 kann, ohne das Verständnis der §§ 5—9 vorauszusetzen, direkt im Anschluß an § 4 gelesen werden.

Aus Satz 3 und 5 ergibt sich noch unmittelbar:

Satz 6. *Ist K ein relativ-Abelscher Körper über k mit der Relativ-diskriminante $\mathfrak{d}$ und ist K Klassenkörper zur Idealgruppe H aus k vom Führer $\mathfrak{f}$, so bestehen $\mathfrak{d}$ und $\mathfrak{f}$ aus „genau“ denselben Primidealen, d. h. jeder Primteiler von $\mathfrak{d}$ kommt in $\mathfrak{f}$ vor und umgekehrt.**)

Schließlich sei noch die folgende Tatsache hervorgehoben, die sich sofort aus Satz 2 und Def. 1 ergibt:

Satz 7. *Ist K relativ-Galoissch****), aber nicht relativ-Abelsch über k, so lassen sich die Primideale 1. Grades aus k, die in K in verschiedene Primideale 1. Grades zerfallen, nicht durch Zugehörigkeit zu einer Ideal-gruppe (im Sinne des § 3) charakterisieren.*

Denn sonst wäre K nach Def. 1 ein Klassenkörper über k und mithin nach Satz 2 relativ-Abelsch.

§ 5. Umgruppierung der zu beweisenden Tatsachen.

Es ist wesentlich, daß *Takagi* zum Beweis nicht die eben gegebene *Weber*sche Def. 1 des Klassenkörpers benutzt, sondern eine andere, deren Gleichwertigkeit mit der *Weber*schen sich dann erst nachträglich herausstellt. Zu dieser *Takagi*schen Definition des Klassenkörpers führt der folgende Gedankengang:

1. Ist K ein Relativkörper über k, so kann man für jedes ganze Ideal $\mathfrak{m}$ aus k dem Körper K eine bestimmte mod. $\mathfrak{m}$ erklärte Ideal-gruppe $H_{\mathfrak{m}}$ in k zuordnen, nämlich *die aus der Gruppe aller der-jenigen Strahlklassen mod. $\mathfrak{m}$ zusammengesetzte Idealgruppe mod. $\mathfrak{m}$, in denen Relativnormen zu $\mathfrak{m}$ primer Ideale aus dem Körper K vorkommen.* $H_{\mathfrak{m}}$ **heißt die mod. $\mathfrak{m}$ dem Körper K zugeordnete Idealgruppe in k.** (Läßt man hierbei $\mathfrak{m}$ alle ganzen Ideale von k durchlaufen, so brauchen die so entstehenden Idealgruppen $H_{\mathfrak{m}}$ keineswegs einander „gleich“ zu sein.)

Es gilt nun zunächst die folgende, wichtige Tatsache:

Satz 8. *Ist K ein relativ-Galoisscher Körper über k vom Relativ-grade n, so gilt für jedes ganze $\mathfrak{m}$, wenn $h_{\mathfrak{m}}$ den Index der K mod. $\mathfrak{m}$ zugeordneten Idealgruppe $H_{\mathfrak{m}}$ aus k bezeichnet:*

$$h_{\mathfrak{m}} \leqq n.$$

2. Der Beweis dieses Satzes wird mit den bekannten, von *Dirichlet* in ähnlichem Zusammenhang eingeführten, analytischen Methoden ge-führt. Wir stellen die hierzu erforderlichen Tatsachen, von denen wir

---

*) Siehe hierzu auch die genauen Ausdrücke für $\mathfrak{d}$ und $\mathfrak{f}$ in § 9, Satz 16 und 17.
**) Diese Voraussetzung ist auf Grund von Satz 9 entbehrlich.

im folgenden noch wiederholt Gebrauch zu machen haben, kurz zusammen:

Es sei H eine mod. $\mathfrak{m}$ erklärte Idealgruppe aus k vom Index h und χ einer der h Charaktere*) der Idealklassengruppe A/H. Unter $\chi(\mathfrak{a})$ für ein zu $\mathfrak{m}$ primes Ideal $\mathfrak{a}$ verstehen wir den Wert des Charakters χ für diejenige Nebengruppe (Idealklasse) nach H, der $\mathfrak{a}$ angehört. Wir betrachten dann die h Dirichletschen Reihen:

$$(1) \qquad L(s, \chi) = \sum_{(\mathfrak{a},\, \mathfrak{m})\, =\, 1} \frac{\chi(\mathfrak{a})}{N(\mathfrak{a})^s},$$

die wir die **L-Reihen nach der Idealgruppe H aus k** nennen. Diese sind die naturgemäßen Verallgemeinerungen zu den von *Dirichlet* beim Beweise des „Satzes von der arithmetischen Progression" verwendeten L-Reihen des rationalen Körpers.[11]) Durch eine ziemlich komplizierte asymptotische Berechnung der Koeffizientenpartialsummen der Reihen (1) auf die wir hier nicht eingehen wollen, und unter Anwendung elementarer Sätze über die Konvergenzabszisse Dirichletscher Reihen ergeben sich dann die folgenden, im Spezialfall des rationalen Grundkörpers wohlbekannten Tatsachen[12]):

a) *Die Konvergenzabszisse der mit dem Hauptcharakter χ_0 gebildeten Haupt-L-Reihe*

$$L(s, \chi_0) = \sum_{(\mathfrak{a},\, \mathfrak{m})\, =\, 1} \frac{1}{N(\mathfrak{a})^s}$$

ist 1, und es gilt

$$(2) \qquad \lim_{s\, \to\, 1} (s - 1)\, L(s, \chi_0) = c \cdot h, \quad **)$$

wo c eine vom Grundkörper k, der Idealgruppe H und deren Erklärungsmodul $\mathfrak{m}$ abhängige, positive Konstante ist, deren Wert uns hier nicht näher interessiert.

b) *Die Konvergenzabszissen der übrigen L-Reihen $L(s, \chi)$ sind < 1, es sind also die Grenzwerte*

$$(3) \qquad \lim_{s\, \to\, 1} L(s, \chi) = L(1, \chi) \quad \text{für} \quad \chi \neq \chi_0$$

vorhanden und endlich.

Da $L(s, \chi_0)$ positive Glieder hat und absolute Majorante der übrigen $L(s, \chi)$ ist, sind ferner nach a) und b) alle $L(s, \chi)$ für $\Re(s) > 1$ absolut-

---

*) Die hier und in §§ 8, 9 benutzten Tatsachen über die Charaktere (endlicher) Abelscher Gruppen kann man in *Weber*, Lehrbuch der Algebra II, 2. Aufl. oder auch in § 10 des auf S. 3 o. zitierten Buches von *Hecke* unabhängig von der Lektüre anderer Teile dieser Werke nachlesen.

**) $s \to 1$ bezeichnet hier und im folgenden stets die Annäherung mit reellem s an 1 von rechts her.

konvergent, und daraus folgt unter Benutzung der Charaktereigenschaft $\chi(\mathfrak{a})\,\chi(\mathfrak{b}) = \chi(\mathfrak{a}\mathfrak{b})$ für zu $\mathfrak{m}$ prime $\mathfrak{a}$, $\mathfrak{b}$ in bekannter Weise die Identität

$$(4) \qquad L(s, \chi) = \sum_{(\mathfrak{a},\,\mathfrak{m})\,=\,1} \frac{\chi(\mathfrak{a})}{N(\mathfrak{a})^s} = \prod_{(\mathfrak{p},\,\mathfrak{m})\,=\,1} \frac{1}{1 - \dfrac{\chi(\mathfrak{p})}{N(\mathfrak{p})^s}} \qquad \text{für} \quad \Re(s) > 1,$$

wo das rechtsstehende Produkt ebenfalls für $\Re(s) > 1$ absolut konvergiert. Hiernach sind die $L(s, \chi)$ für $\Re(s) > 1$ von Null verschieden, also der $\log L(s, \chi)$ für $\Re(s) > 1$ dadurch als eindeutige Funktion erklärt, daß er für $\Re(s) \longrightarrow +\infty$ zu 0 streben soll[13]); die so normierten Logarithmen werden dann gemäß (4) durch

$$(5) \qquad \log L(s, \chi) = \sum_{\substack{(\mathfrak{p},\,\mathfrak{m})\,=\,1 \\ m\,=\,1,\,2,\,\ldots}} \frac{\chi(\mathfrak{p}^m)}{m\,N(\mathfrak{p}^m)^s} = \sum_{(\mathfrak{p},\,\mathfrak{m})\,=\,1} \frac{\chi(\mathfrak{p})}{N(\mathfrak{p})^s} + g(s, \chi)$$

gegeben, wo $g(s, \chi)$ eine für $\Re(s) > \frac{1}{2}$ absolut-konvergente Dirichletsche Reihe ist[14]), also

$$\lim_{s\,\to\,1} g(s, \chi) = g(1, \chi)$$

vorhanden und endlich ist. Durch Addition aller h Relationen (5), unter Benutzung des in (2) und (3) angegebenen Verhaltens der linken Seiten bei $s \longrightarrow 1$ und der bekannten Summenformeln für Gruppencharaktere, folgt dann genau wie bei *Dirichlet* die fundamentale Relation

$$(6) \qquad \sideset{}{'}\sum_{\mathfrak{p}\ in\ H} \frac{1}{N(\mathfrak{p})^s} = \frac{1}{h} \log \frac{1}{s-1} + f(s), \ \textit{wo}\ f(s) \to f(1)\ \textit{oder}\ \to -\infty\ \textit{für}\ s \to 1.$$

Die rechts auftretende Funktion

$$f(s) = \frac{1}{h} \sideset{}{'}\sum_{\chi} (\log L(s, \chi) - g(s, \chi))$$

hat, wie in (6) schon angedeutet, für $s \longrightarrow 1$ entweder einen endlichen Grenzwert $f(1)$ oder, dann und nur dann, wenn auch nur ein $L(1, \chi)$; $(\chi \neq \chi_0)$ verschwindet, den Grenzwert $-\infty$. Der Nachweis dafür, daß tatsächlich alle $L(1, \chi)$; $(\chi \neq \chi_0)$ von Null verschieden sind, und damit, wie bei *Dirichlet*, der Beweis des Satzes von der arithmetischen Progression in k, läßt sich bisher nur auf Grund der Existenz des Klassenkörpers zu H erbringen (siehe § 8).

Wenn für H speziell die (mod. 1 erklärte) Gruppe H_0 aller Hauptideale von k gesetzt wird, geht $L(s, \chi_0)$ in die bekannte **Dedekindsche** ζ-**Funktion** von k:

$$\zeta_k(s) = \sum_{\mathfrak{a}} \frac{1}{N(\mathfrak{a})^s} = \prod_{\mathfrak{p}} \frac{1}{1 - \dfrac{1}{N(\mathfrak{p})^s}}$$

über. Ist nun K ein relativ-Galoisscher Körper vom Relativgrade n über k, so folgt durch Anwendung der logarithmierten Relation (2) auf $\zeta_K(s)$ unter Berücksichtigung der in Erl. 1 angegebenen Zerlegungsform der $\mathfrak{p}$ von k in K leicht die ebenfalls fundamentale Relation

$$(7) \qquad \sum_{\mathfrak{p}_1}{}' \frac{1}{N(\mathfrak{p}_1)^s} = \frac{1}{n} \log \frac{1}{s-1} + g(s), \quad wo \;\; g(s) \longrightarrow g(1) \;\; f\ddot{u}r \;\; s \longrightarrow 1,$$

in der $\mathfrak{p}_1$ alle diejenigen Primideale aus k durchläuft, die in K in verschiedene Primidealfaktoren 1. Relativgrades zerfallen.

Die Relationen (6) und (7) sind die Grundlagen unserer Anwendungen auf die Klassenkörpertheorie. Sie bleiben auch noch richtig, wenn man die Summation links auf die Primideale $\mathfrak{p}$ bzw. $\mathfrak{p}_1$ *vom 1. Grade* beschränkt, da die auf die übrigen $\mathfrak{p}$ bzw. $\mathfrak{p}_1$ bezügliche Summe für $\Re(s) > \frac{1}{2}$ konvergiert, also für $s \longrightarrow 1$ einen endlichen Grenzwert hat.

3. Auf Grund von (6) und (7) gelingt jetzt sofort der Beweis des obigen Satzes 8. Wenden wir nämlich (7) auf einen relativ-Galoisschen Körper K über k vom Relativgrade n und (6) auf die K mod. $\mathfrak{m}$ zugeordnete Idealgruppe $H_\mathfrak{m}$ in k an, und bedenken, daß alle nicht in $\mathfrak{m}$ aufgehenden, in K in verschiedene Primideale 1. Relativgrades zerfallenden Primideale $\mathfrak{p}_1$ aus k als Relativnormen ihrer Primidealfaktoren aus K in $H_\mathfrak{m}$ liegen und somit die linke Seite von (7) ein Teil der linken Seite von (6) ist, so ergibt sich[15])

$$0 \leqq \sum_{\mathfrak{p}\,in\,H_\mathfrak{m}} \frac{1}{N(\mathfrak{p})^s} - \sum_{(\mathfrak{p}_1,\,\mathfrak{m})\,=\,1} \frac{1}{N(\mathfrak{p}_1)^s} = \left(\frac{1}{h_\mathfrak{m}} - \frac{1}{n} \right) \log \frac{1}{s-1} + f(s),$$

$$wo \;\; f(s) \longrightarrow f(1) \;\; oder \;\; \longrightarrow -\infty \;\; f\ddot{u}r \;\; s \longrightarrow 1.$$

Das bedeutet aber $h_\mathfrak{m} \leqq n$, w. z. b. w.

4. Nach diesen Vorbereitungen kann nunmehr die *Takagi*sche Definition des Klassenkörpers ausgesprochen werden. Der Weg, wie *Takagi* zu ihr gelangt, ist durchaus durchsichtig. Gesetzt nämlich, K sei Klassenkörper zu der mod. $\mathfrak{m}$ erklärten Idealgruppe H von k vom Index h im Sinne von Def. 1 und es gelten die Sätze 2 und 4. Konstruiert man dann die dem Körper K nach diesem $\mathfrak{m}$ zugeordnete Idealgruppe $H_\mathfrak{m}$ in k vom Index $h_\mathfrak{m}$, so sieht man leicht ein, daß

$$H_\mathfrak{m} = H \quad und \quad h_\mathfrak{m} = h = n$$

ist. Nach Satz 4 ist dann nämlich die Relativnorm $\mathfrak{p}'$ jedes zu $\mathfrak{m}$ primen Primideals aus K und daher (wegen der Gruppeneigenschaft) auch die Relativnormen aller zu $\mathfrak{m}$ primen Ideale aus K in H enthalten, also $H_\mathfrak{m} \leqq H$, und somit $h_\mathfrak{m} \geqq h$. Nach Satz 2 ist aber $h = n$, so daß sich $h_\mathfrak{m} \geqq n$ ergibt, während nach dem eben bewiesenen Satz 8 umgekehrt $h_\mathrm{m} \leq n$ sein muß. Also folgt $h_\mathrm{m} = h = n$ und somit $H_\mathrm{m} = H$, wie behauptet.

Die soeben hergeleitete Eigenschaft ist es nun, die *Takagi* zur Definition des Klassenkörpers benutzt:

Definition 3.[16]) *Ein relativ-Galoisscher Körper K über k vom Relativgrade n heißt Klassenkörper zu der mod. m erklärten Idealgruppe H von k vom Index h, wenn*

    a) *die K mod. m zugeordnete Idealgruppe H_m von k „gleich" H (also speziell ihr Index $h_\mathrm{m} = h$) ist,*

    b) $\qquad\qquad\qquad h_\mathrm{m} = h = n \quad$ *ist.**)

5. *Takagi*s Gedankengang ist nun weiterhin der, daß er die Existenz eines Klassenkörpers zu jeder Idealgruppe H mod. m im Sinne dieser Definition durch eine verwickelte Konstruktion nachweist und gleichzeitig von dem so konstruierten Klassenkörper die Sätze 1—4 dartut, wofern man darin das Wort „Klassenkörper" stets im Sinne der Def. 3 versteht. Ehe wir diesen eigentlichen Beweis wiedergeben (§ 6), sei noch vorausgeschickt, wie *Takagi* von hier den Rückweg zur *Weber*schen Def. 1 findet.

Hierzu setzen wir also den Beweis der Sätze 1—4, gestützt auf die *Takagi*sche Def. 3 des Klassenkörpers, als bereits geführt voraus. Nach Satz 1 existiert dann zu jeder Idealgruppe H (unabhängig von deren Erklärungsmodul) ein und nur ein „*Takagi*scher Klassenkörper" K_T. Dieser genügt (für jeden Erklärungsmodul von H) der *Weber*schen Def. 1, wie aus dem Erfülltsein des ja noch viel mehr besagenden Satzes 4 ohne weiteres folgt. Also existiert zu jeder Idealgruppe H (unabhängig von deren Erklärungsmodul) ein Klassenkörper im Sinne der *Weber*schen Def. 1 mit den Eigenschaften von Satz 2—4. Es fehlt aber noch die Eindeutigkeitseigenschaft von Satz 1 im *Weber*schen Sinne. Ist nun K_W irgendein Klassenkörper zu dem mod. m erklärten H im Sinne der *Weber*schen Def. 1, und K_T, wie eben, der nach Satz 1 unabhängig vom Erklärungsmodul eindeutig bestimmte Klassenkörper zu H im Sinne der *Takagi*schen Def. 3, so ist nach Def. 1 die Gesamtheit der nicht in m aufgehenden Primideale 1. Grades $\mathfrak{p}_W$ aus k, die in K_W in verschiedene Primideale 1. Grades zerfallen, und nach Satz 4 die Gesamtheit der nicht in m aufgehenden Primideale 1. Grades $\mathfrak{p}_T$ aus k, die in K_T in verschiedene Primideale 1. Grades zerfallen, beidemal die Gesamtheit aller nicht in m aufgehenden Primideale 1. Grades $\mathfrak{p}$ aus H, und somit sind die $\mathfrak{p}_W$ mit den $\mathfrak{p}_T$ identisch. Daraus folgt nach einem

---

*) Für diese Definition gilt Entsprechendes wie für Def. 1 (S. 9, Anm. **)).

elementaren Satz[17]), daß auch die Gesamtheit der nicht in $\mathfrak{m}$ aufgehenden Primideale 1. Grades $\mathfrak{p}_{WT}$ aus k, die im komponierten Körper $K_{WT} = (K_W, K_T)$ in verschiedene Primideale 1. Grades zerfallen, mit der der $\mathfrak{p}_W$ und $\mathfrak{p}_T$ übereinstimmt. Durch Anwendung von (7) auf K_W, K_T und K_{WT} resultiert hieraus ohne weiteres, daß diese drei Körper dieselben Relativgrade über k haben müssen. Somit können K_W und K_T nicht echte Unterkörper von K_{WT} sein, sind also beide mit K_{WT}, d. h. auch miteinander identisch.

K_T ist somit auch der einzige Körper, der im Sinne der *Weber*schen Def. 1 Klassenkörper zu der Idealgruppe H ist, wie auch der Erklärungsmodul $\mathfrak{m}$ von H gewählt sei, d. h. es ist auch die Eindeutigkeitsaussage von Satz 1 im *Weber*schen Sinne richtig.

6. Entsprechend zu den letzten Überlegungen kann man noch die für die Anwendungen in § 10 wichtige Tatsache folgern:

Satz 9. *Der Klassenkörper K zu einer mod. $\mathfrak{m}$ erklärten Idealgruppe H aus k läßt sich auch (ohne die Forderung, daß K relativ-Galoissch zu k sei) allein durch die folgenden beiden Eigenschaften charakterisieren:*

　a) *alle nicht in $\mathfrak{m}$ aufgehenden Primideale 1. Grades aus H zerfallen in K in verschiedene Primideale 1. Grades;*

　b) *jedes nicht in $\mathfrak{m}$ aufgehende Primideal 1. Grades aus k, das in K mindestens einen Primidealfaktor 1. Grades besitzt, gehört zu H (und zerfällt dann also nach a) in K in lauter verschiedene Primideale 1. Grades).*

Aus a) und b) folgt nämlich durch Anwendung von (7) und des in Erl. 17 genannten Satzes wie eben, daß K und der zugehörige relativ-Galoissche Körper $\overline{K}$ (d. h. das Kompositum der zu K bezüglich k relativ-konjugierten Körper) denselben Relativgrad über k haben, also $\overline{K} = K$ und damit die Behauptung nach Def. 1 und Satz 1.

§ 6. Die eigentlichen Beweise der Takagischen Sätze.

Wir wenden uns nunmehr den Beweisen der *Takagi*schen Sätze 1—5 unter Zugrundelegung der *Takagi*schen Def. 3 des Klassenkörpers*) zu. Es soll dabei nicht auf alle Einzelheiten ausführlich eingegangen werden, sondern nur soweit, als es zum Verständnis des Gedankengangs erforderlich und für die Theorie an sich von Interesse ist. Für den Beweis der Existenzaussage in Satz 1 ist es notwendig, bereits von der Eindeutigkeitsaussage dieses Satzes Gebrauch zu machen. Daher ist der Nachweis für die letztere voranzustellen.

---

*) In diesem ganzen § ist also das Wort „Klassenkörper" stets im Sinne der Def. 3 zu verstehen.

A) Eindeutigkeitsbeweis.

Die hier zu beweisende Tatsache ist ein Spezialfall des folgenden, allgemeinen, für die ganze Theorie sehr wichtigen Satzes (siehe S. 10, Anm. ***)):

Satz 10. *Ist K Klassenkörper zu der Idealgruppe H mod. $\mathfrak{m}$, K' Klassenkörper zu der Idealgruppe H' mod. $\mathfrak{m}'$, so bedingen sich die Relationen*

$$H' \leqq H \quad und \quad K' \geqq K \qquad gegenseitig.$$

Beweis: a) Wir zeigen zunächst, daß, wenn K Klassenkörper zu der mod. $\mathfrak{m}$ erklärten Idealgruppe H ist, dies auch bei Erklärung von H nach irgendeinem ganzen Multiplum $\mathfrak{am}$ der Fall ist. Ist nämlich in den Bezeichnungen der Def. 3

$$H = H_{\mathfrak{m}}; \quad h = h_{\mathfrak{m}} = n,$$

so entsteht die K mod. $\mathfrak{am}$ zugeordnete Idealgruppe $H_{\mathfrak{am}}$ aus $H_{\mathfrak{m}}$ dadurch, daß man die $H_{\mathfrak{m}}$ zusammensetzenden Strahlklassen mod. $\mathfrak{m}$ in Strahlklassen mod. $\mathfrak{am}$ aufspaltet und von den letzteren alle und nur die beibehält, die Relativnormen zu $\mathfrak{am}$ primer Ideale aus K enthalten. Dabei kann sich aber der Index $h_{\mathfrak{am}}$ gegenüber $h_{\mathfrak{m}}$ höchstens vergrößern, nämlich dann und nur dann, wenn wirklich Strahlklassen mod. $\mathfrak{am}$ ausgelassen werden müssen. Da nun nach Satz 8 auch $h_{\mathfrak{am}} \leqq n$ sein muß, folgt $h_{\mathfrak{am}} = h_{\mathfrak{m}}$, so daß also $H_{\mathfrak{am}}$ aus allen zu $H_{\mathfrak{m}}$ gehörigen Strahlklassen mod. $\mathfrak{am}$ besteht. Nach Def. 2 ist also $H_{\mathfrak{am}} = H_{\mathfrak{m}} = H$, und somit K nach Def. 3 auch Klassenkörper zu dem mod. $\mathfrak{am}$ erklärten H.

Die Voraussetzungen von Satz 10 bleiben also unverändert bestehen, wenn H und H' nach dem gemeinsamen Erklärungsmodul $\mathfrak{mm}'$ erklärt werden. Da auch die Relation $H' \leqq H$ unabhängig vom Erklärungsmodul ist (S. 8), können wir somit zu dem nun folgenden Beweise des Satzes 10 von vornherein H und H' als mod. $\mathfrak{mm}'$ erklärt annehmen.

b) Ist nun $K \leqq K'$, so sind die Relativnormen der zu $\mathfrak{mm}'$ primen Ideale aus K', durch deren Strahlklassen mod. $\mathfrak{mm}'$ ja nach Def. 3 die mod. $\mathfrak{mm}'$ erklärte Idealgruppe H' gebildet wird, sämtlich auch Relativnormen zu $\mathfrak{mm}'$ primer Ideale aus dem Unterkörper K von K'. Also gehören die H' zusammensetzenden Strahlklassen mod. $\mathfrak{mm}'$ (wieder nach Def. 3) sämtlich zu H, d. h. es ist $H' \leqq H$.

c) Ist umgekehrt $H' \leqq H$, so führen die analytischen Relationen (6) und (7) des § 3 leicht zum Beweis der Behauptung $K \leqq K'$. Wir führen (ähnlich wie in dem Beweis auf S. 15/16) den komponierten Körper $K^* = (K, K')$ ein, und bezeichnen die Summen $\displaystyle\sum_{\mathfrak{p}} \frac{1}{N(\mathfrak{p})^s}$ über alle nicht in $\mathfrak{mm}'$ aufgehenden Primideale aus k, die in

$$\left.\begin{array}{lll} K \text{ und } K', & \text{d. h.} & \text{auch in } K^* \\ K \text{ und nicht in } K', & \text{d. h.} & \text{auch nicht in } K^* \\ K' \text{ und nicht in } K, & \text{d. h.} & \text{auch nicht in } K^* \end{array}\right\} (\text{siehe dazu Erl. 17})$$

in verschiedene Primideale 1. Relativgrades zerfallen bzw. mit $\left\{\begin{array}{l} S^* \\ S \\ S' \end{array}\right\}$.

Nach (7) ist dann

$$S^* + S + S' = S^* + (S^* + S) + (S^* + S') - 2S^*$$

$$= \left(\frac{1}{n^*} + \frac{1}{n} + \frac{1}{n'} - \frac{2}{n^*}\right) \log\frac{1}{s-1} + g(s)$$

$$= \left(\frac{1}{n} + \frac{1}{n'} - \frac{1}{n^*}\right) \log\frac{1}{s-1} + g(s), \; wo \; g(s) \to g(1) \; f\ddot{u}r \; s \to 1,$$

wenn n, n', n^* die Relativgrade von K, K', K^* über k bedeuten. Andererseits enthält die Idealgruppe H alle in den Summen S, S', S^* auftretenden Primideale, weil diese als Relativnormen aus K oder K' nach Def. 3 in H oder H' vorkommen und $H' \leq H$ ist. Da ferner n nach Def. 3 der Index von H ist, ergibt sich aus (6)

$$S^* + S + S' \leq \sum_{\mathfrak{p} \, in \, H} \frac{1}{N(\mathfrak{p})^s} = \frac{1}{n} \log\frac{1}{s-1} + f(s),$$

$$wo \; f(s) \to f(1) \; oder \; \to -\infty \; f\ddot{u}r \; s \to 1.$$

Durch Subtraktion der beiden erhaltenen Relationen folgt dann

$$0 \leq \left(\frac{1}{n^*} - \frac{1}{n'}\right) \log\frac{1}{s-1} + f(s), \; wo \; f(s) \to f(1) \; oder \; \to -\infty \; f\ddot{u}r \; s \to 1,$$

was nur für $n^* \leq n'$ richtig sein kann. Andererseits ist $n^* \geq n'$, weil K^* Oberkörper von K' ist. Somit ist $n^* = n'$ und $K^* = K'$. Es wird also K' durch Komposition mit K nicht erweitert, d. h. es ist $K \leq K'$.

Damit ist Satz 10 bewiesen. Ist nun unter den übrigen Voraussetzungen von Satz 10 speziell $H' = H$ (während $\mathfrak{m}'$ von $\mathfrak{m}$ verschieden sein kann), so folgt nach dem Bewiesenen $K \leq K'$ und $K' \leq K$, also $K = K'$. Zu einer Idealgruppe H von k kann es also, wie in Satz 1 behauptet, unabhängig von deren Erklärungsmodul, höchstens **einen** Klassenkörper K geben. Wir können daher, falls dieser vorhanden, auch von **dem Klassenkörper zu H** schlechthin, ohne Angabe eines Erklärungsmoduls reden.

B) Existenzbeweis.

Der Beweis der Existenzaussage in Satz 1, der, wie schon hervorgehoben, den Kernpunkt der ganzen Theorie bildet und die kompliziertesten Überlegungen erfordert, wird zweckmäßig gleich mit dem Beweis der Sätze 2 und 3 verbunden. Es handelt sich dann also um den Nachweis der folgenden Behauptung:

(B) *Zu jeder Idealgruppe H in k existiert ein Klassenkörper K (im Sinne der Def. 3), der die in Satz 2 und 3 genannten Eigenschaften besitzt.*

Man kommt in folgenden vier Schritten zum Ziel:

1. Reduktion von (B) auf den Fall einer Idealgruppe H von Primzahlpotenzindex l^ν mit zyklischer Faktorgruppe A/H,

2. Reduktion von (B) auf den Fall einer Idealgruppe H von Primzahlindex l,

3. Reduktion von (B) für den in 2. genannten Fall auf einen Grundkörper k, in dem die l-ten Einheitswurzeln enthalten sind,

4. Konstruktion eines K gemäß (B) im letztgenannten Falle.

Die Reduktionen 1. und 2. bezwecken, daß man es bei der Konstruktion 4. nur mit *dem einfachsten Typus* relativ-Galoisscher Körper, *den relativ-zyklischen Körpern vom Primzahlgrad* zu tun hat, während die Reduktion 3. dann noch bewirkt, daß man die zu konstruierenden, relativ-zyklischen Klassenkörper vom Primzahlgrad l durch eine *reine* Gleichung $x^l - \mu = 0$ in k erzeugen, also durch Angabe einer Zahl μ des Grundkörpers als $k(\sqrt[l]{\mu})$ charakterisieren kann.[18])

Reduktion 1.

Wir setzen die Richtigkeit von (B) für Idealgruppen von Primzahlpotenzindex mit zyklischer Faktorgruppe voraus. Wenn dann die vorgelegte Idealgruppe H vom Index h, für die (B) nachzuweisen ist, nicht zyklisch ist, so seien die Primzahlpotenzen $l_1^{\nu_1}, \ldots, l_s^{\nu_s}$ (mit dem Produkt h) die Invarianten ihrer Faktorgruppe A/H, sowie

$$C_1^{c_1} \ldots C_s^{c_s}; \quad (c_i \bmod. l_i^{\nu_i})$$

die zugehörige eindeutige Basisdarstellung von A/H. Dann liefern diejenigen s Idealgruppen H_i, die durch Auslassung je der i-ten Basisklasse C_i aus der Basisdarstellung von A/H entstehen, ersichtlich ein System von s Idealgruppen der Primzahlpotenzindizes $l_i^{\nu_i}$ mit zyklischen Faktorgruppen A/H_i, deren Durchschnitt $[H_1, \ldots, H_s]$ die Idealgruppe H ist. Es seien nun $K_1, \ldots, K_s$ die Klassenkörper zu $H_1, \ldots, H_s$, also K_i relativ-zyklisch vom Primzahlgrade $l_i^{\nu_i}$ über k und die Relativdiskriminante $\mathfrak{d}_i$ von K_i nach k nur durch Primteiler des Führers $\mathfrak{f}_i$ von H_i teilbar. Dann ist der komponierte Körper $K = (K_1, \ldots, K_s)$ der gesuchte Klassenkörper zu H.

Denn ist $\mathfrak{m}$ ein Erklärungsmodul für H (also nach S. 8 auch für die H enthaltenden Idealgruppen H_i), so ist einerseits die K mod. $\mathfrak{m}$ zugeordnete Idealgruppe $H_\mathfrak{m}$ in allen H_i enthalten, weil die Relativnormen der zu $\mathfrak{m}$ primen Ideale aus K auch solche aus den Teilkörpern

K_i von K sind, deren mod. $\mathfrak{m}$ zugeordnete Idealgruppen nach Def. 3 ja die H_i sind. Es ist also auch

$$H_\mathfrak{m} \leq [H_1, \ldots, H_s] = H$$

und somit speziell der Index $h_\mathfrak{m} \geq h$. Ist dann n der Relativgrad von K, so folgt nach Satz 8 die Ungleichungsfolge

$$n \geq h_\mathfrak{m} \geq h.$$

Andererseits ist gemäß der Komposition von K aus den K_i der Relativgrade $l_i^{\nu_i}$

$$n \leq l_1^{\nu_1} \ldots l_s^{\nu_s} = h.$$

Daraus ergibt sich $\qquad\qquad n = h_\mathfrak{m} = h$

und somit auch $\qquad\qquad H_\mathfrak{m} = H.$

Nach Def. 3 ist also K Klassenkörper zu H.

K hat ferner die Eigenschaften von Satz 2 und 3. Denn einerseits ist nach dem Gezeigten der Relativgrad $n = l_1^{\nu_1} \ldots l_s^{\nu_s}$ von $K = (K_1, \ldots, K_s)$ genau das Produkt der Relativgrade $l_i^{\nu_i}$ der ihn komponierenden Körper K_i, also diese K_i relativ zu k *unabhängig*.[19]) Daher ist, wie leicht aus dem Fundamentalsatz der Galoisschen Theorie folgt, die Galoissche Relativgruppe von K nach k das direkte Produkt aus den zyklischen Relativgruppen der Ordnungen $l_i^{\nu_i}$ der Körper K_i, also einstufig isomorph zur Idealklassengruppe A/H. Andererseits kann die Relativdiskriminante $\mathfrak{d}$ von K nach k nur solche Primideale von k enthalten, die in einer der Relativdiskriminanten $\mathfrak{d}_i$ der K_i, also in einem $\mathfrak{f}_i$ aufgehen (siehe Erl. 17 unter b)), so daß nach S. 9 o. alle Primteiler von $\mathfrak{d}$ im Führer $\mathfrak{f} = (\mathfrak{f}_1, \ldots, \mathfrak{f}_s)$ von H enthalten sind.

Reduktion 2.

Wird die Richtigkeit von (B) für Idealgruppen von Primzahlindex (in beliebigen Grundkörpern) vorausgesetzt, so läßt sich die Richtigkeit von (B) für Idealgruppen von Primzahlpotenzindex l^ν mit zyklischer Faktorgruppe durch Schluß von $\nu - 1$ auf ν beweisen. Sei dazu (B) bereits für Idealgruppen vom Index $\nu - 1$ mit zyklischer Faktorgruppe (in beliebigen Grundkörpern) bewiesen, und H eine Idealgruppe vom Index l^ν und vom Führer $\mathfrak{f}$ mit zyklischer Faktorgruppe A/H. Ist dann C eine Basisklasse von A/H, so erzeugt C^l eine H enthaltende Idealgruppe H_1 vom Index l (nämlich die Gesamtheit aller Idealklassen nach H, die l-te Potenzen von Idealklassen nach H sind). Ist dann K_1 der nach Annahme existierende relativ-zyklische Klassenkörper zu H_1 vom Relativgrade l, so zeigt man, wie hier nicht näher ausgeführt werden soll, daß sich in K_1 eine mod. $\mathfrak{f}$ erklärbare Idealgruppe $\overline{H}_1$ vom Index $l^{\nu-1}$ mit zyklischer Faktorgruppe so angeben läßt, daß

(a) der nach Annahme zu $\overline{H}_1$ existierende relativ-zyklische Klassenkörper K vom Relativgrade $l^{\nu-1}$ über K_1 auch relativ-zyklisch vom Relativgrade l^ν über k wird,

(b) die Relativnormen der zu $\mathfrak{f}$ primen Ideale von K nach k in H fallen.

Wegen (b) ist dann die K mod. $\mathfrak{f}$ zugeordnete Idealgruppe $H_\mathfrak{f} \leqq H$, also ihr Index $h_\mathfrak{f} \geqq l^\nu$, während nach Satz 8 aus (a) folgt: $h_\mathfrak{f} \leqq l^\nu$. Somit ist $h_\mathfrak{f} = l^\nu$, $H_\mathfrak{f} = H$, also K nach Def. 3 Klassenkörper zu H. Nach (a) hat ferner K die Eigenschaft von Satz 2. Schließlich hat K auch die Eigenschaft von Satz 3. Denn seine Relativdiskriminante nach k enthält nach einer bekannten Diskriminantenformel*) alle und nur die Primteiler, die in den Relativdiskriminanten von K nach K_1 und von K_1 nach k aufgehen. In den letzteren gehen aber nach Annahme nur Primteiler von $\mathfrak{f}$ auf, weil H_1 und $\overline{H}_1$ beide mod. $\mathfrak{f}$ erklärbar, also ihre Führer Teiler von $\mathfrak{f}$ sind.

Reduktion 3.

Wir setzen die Richtigkeit von (B) für Idealgruppen vom Primzahlindex l in allen die l-ten Einheitswurzeln enthaltenden Grundkörpern voraus, außerdem, daß die Relativdiskriminantenbasis von k (S. 22, Mitte) im Führer von H aufgeht. Ist dann k ein Grundkörper, der die l-ten Einheitswurzeln nicht enthält, und k' der durch Adjunktion der l-ten Einheitswurzeln zu k entstehende Körper, so läßt sich zu jeder Idealgruppe H vom Index l aus k eine bestimmte Idealgruppe H' vom Index l aus k' so angeben, daß der nach Annahme zu H' existierende relativ-zyklische Klassenkörper K' vom Relativgrade l über k' als Kompositum $K' = (K, k')$ von k' mit einem Oberkörper K von k erscheint, von dem sich dabei auf Grund seiner Konstruktion herausstellt, daß er Klassenkörper zu H mit den Eigenschaften von Satz 2 und 3 ist. Wir übergehen die nähere Ausführung dieses Beweises hier ebenfalls.[20]

Konstruktion 4.

Nach 1.—3. ist jetzt (B) auf die folgende Behauptung reduziert:

(B′) *Zu jeder Idealgruppe H vom Primzahlindex l eines Grundkörpers k, der die l-ten Einheitswurzeln enthält, existiert ein relativ-zyklischer Klassenkörper K vom Relativgrade l über k, in dessen Relativdiskriminante $\mathfrak{d}$ nur Primteiler des Führers $\mathfrak{f}$ von H aufgehen.*

a) Der Beweis von (B′), der den Kernpunkt des ganzen Gedankenganges bildet, wird, wie schon oben gesagt, durch wirkliche Konstruktion von K geführt. Um hierbei von dem in bestimmter, unten näher anzu-

---

*) „Zahlbericht", Satz 39. (Siehe auch § 9 vor (12), wo diese Formel angegeben ist.)

gebender Weise konstruierten relativ-zyklischen Körper l-ten Grades K über k nachzuweisen, daß er Klassenkörper zur Idealgruppe H aus k ist, kommt es in der Hauptsache darauf an zu zeigen, daß K überhaupt Klassenkörper zu einer Idealgruppe vom Index l aus k ist, d. h. mit anderen Worten, daß die Behauptung des *Takagi*schen Umkehrsatzes (Satz 5) für den Körper K zutrifft. Aus diesem Grunde stellt man dem Beweise von (B′) zweckmäßig den Nachweis des folgenden Spezialfalles von Satz 5 voran:

(B″) *Jeder relativ-zyklische Körper K vom Primzahlgrade l über k ist Klassenkörper zu einer Idealgruppe H aus k, in deren Führer $\mathfrak{f}$ nur Primteiler der Relativdiskriminante $\mathfrak{d}$ von K nach k aufgehen.*

Dieser wichtige Satz wird (übrigens gleich für beliebige Grundkörper k) auf Grund einer ausgedehnten Theorie der relativ-zyklischen Körper vom Primzahlgrade bewiesen. Wir wollen im folgenden, ohne auf alle Einzelheiten einzugehen, den Grundgedanken dieses Beweises, der im Prinzip schon von *Gauß* und *Dirichlet* in der Theorie der Geschlechter quadratischer Formen angewendet wurde, auseinandersetzen.

Es sei also k ein beliebiger Grundkörper und K ein relativ-zyklischer Körper vom Primzahlgrade l über k. Man kann zunächst zeigen, daß die Relativdiskriminante $\mathfrak{d}$ von K nach k die Form $\mathfrak{d} = \mathfrak{f}^{l-1}$ hat, wo $\mathfrak{f}$ ein ganzes Ideal aus k ist.*) Dieses Ideal $\mathfrak{f}$ verwenden wir nun zur Konstruktion einer Reihe von in enger Beziehung stehenden, sämtlich mod. $\mathfrak{f}$ erklärten Idealgruppen in K und k.**) Wir gehen aus von der mod. $\mathfrak{f}$ erklärten (also von den zu $\mathfrak{f}$ nicht primen Idealen befreiten) Gruppe $\bar{A}$ aller Ideale von K. Aus dieser entsteht die K mod. $\mathfrak{f}$ zugeordnete Idealgruppe $H_{\mathfrak{f}}$ in k als die Gesamtheit aller Strahlklassen mod. $\mathfrak{f}$, die Relativnormen aus $\bar{A}$ enthalten. Wenden wir ferner denselben Prozeß auf die (ebenfalls mod. $\mathfrak{f}$ erklärte) absolute Hauptklasse $\bar{H}_0$ von K an Stelle von $\bar{A}$ an, so erhalten wir eine mod. $\mathfrak{f}$ erklärte Idealgruppe H_1 in k, die sich also aus allen, Relativnormen aus $\bar{H}_0$ enthaltenden Strahlklassen mod. $\mathfrak{f}$ zusammensetzt.[21]) H_1 ist Untergruppe von $H_{\mathfrak{f}}$, weil $\bar{H}_0$ Untergruppe von $\bar{A}$ ist. Die Relativnormen aller Ideale aus einer und derselben Idealklasse $\bar{C}$ nach $\bar{H}_0$ fallen dann offenbar sämtlich in ein und dieselbe Idealklasse C nach H_1, so daß wir C die Relativnorm von $\bar{C}$ nennen können. Auf diese Weise ist jeder Idealklasse $\bar{C}$ nach $\bar{H}_0$ eine bestimmte, in $H_{\mathfrak{f}}$ enthaltene Idealklasse C nach H_1 als Relativnorm zugeordnet, und wenn $\bar{C}$ alle Klassen nach $\bar{H}_0$

---

*) „Zahlbericht", Satz 79 (bzw. seine Verallgemeinerung auf *relativ*-Galoissche Körper), angewendet auf relativ-zyklische Körper von Primzahlgrad.

**) Zum Unterschied von den Idealgruppen in k sollen die in K hier überall durch Überstreichen gekennzeichnet werden.

durchläuft, durchläuft C alle in $H_{\mathfrak{f}}$ enthaltenen Klassen nach H_1. Wegen des Produktgesetzes für die Relativnorm ist diese Zuordnung ferner isomorph, wobei der Isomorphismus aber i. a. mehrstufig ist. Um einen einstufigen Isomorphismus zu erhalten, fassen wir jetzt schließlich alle diejenigen Idealklassen $\bar{C}$ nach $\bar{H}_0$, deren Relativnorm C die Hauptklasse nach H_1 (also H_1 selbst) ist, in eine neue Idealgruppe $\bar{H}_1$ zusammen. Diese Idealgruppe $\bar{H}_1$ heißt das **Hauptgeschlecht von K**, ihre Nebengruppen (die Idealklassen nach $\bar{H}_1$) **die Geschlechter von K**. Wie aus der Gruppentheorie bekannt, wird dann die Idealklassengruppe nach $\bar{H}_1$ einstufig-isomorph zur Gruppe der $H_{\mathfrak{f}}$ zusammensetzenden Idealklassen nach H_1:

$$\bar{A}/\bar{H}_1 \text{ einstufig isomorph zu } H_{\mathfrak{f}}/H_1,$$

woraus wir für die uns allein interessierenden Indizes die Folgerung ziehen:

$$(\bar{A} : \bar{H}_1) = (H_{\mathfrak{f}} : H_1).$$

Diese Relation gestalten wir nun nach rechts und links hin zu einer fundamentalen Ungleichungsfolge aus, der wir dann das gewünschte Resultat ohne weiteres entnehmen können.

Für die Behandlung der linken Seite sei σ eine erzeugende Substitution der Galoisschen Gruppe von K nach k (also $\sigma^l = 1$); dann enthält das Hauptgeschlecht $\bar{H}_1$ sicher diejenige Idealgruppe $\bar{H}_1'$, die aus allen Klassen $\bar{C}'$ nach $\bar{H}_0$ von der Form $\bar{C}' = \dfrac{\bar{C}}{\sigma \bar{C}}$, oder, wie man auch symbolisch schreibt, $\bar{C}' = \bar{C}^{1-\sigma}$, gebildet wird, da deren Relativnorm ersichtlich die Hauptklasse nach H_1 ist.[22]) Wir haben also

$$(\bar{A} : \bar{H}_1') \geqq (\bar{A} : \bar{H}_1) = (H_{\mathfrak{f}} : H_1).$$

Der Index links ist nun ferner (wie bei *Gauß*) gleich der Anzahl a der **ambigen Klassen** (nach $\bar{H}_0$, d. h. im absoluten Sinne) von K, d. h. der Klassen $\bar{D}$, für die $\bar{D} = \sigma\bar{D}$ (d. h. $\bar{D}$ ihren konjugierten Klassen gleich oder symbolisch: $\bar{D}^{1-\sigma}$ die Hauptklasse $\bar{H}_0$) ist.[23]) Denn da immer genau a Klassen nach $\bar{H}_0$, nämlich solche, die sich nur um ambige unterscheiden, dieselbe symbolische $(1-\sigma)$-te Potenz haben, wird die Idealklassengruppe $\bar{A}/\bar{H}_0$ von K durch symbolische Potenzierung mit $1-\sigma$ (Bildung von $\bar{H}_1'$) genau auf den a-ten Teil ihrer Klassen reduziert. Somit haben wir nach links hin

$$a = (\bar{A} : \bar{H}_1') \geqq (\bar{A} : \bar{H}_1) = (H_{\mathfrak{f}} : H_1).$$

Nach rechts hin ist nun weiter

$$(H_{\mathfrak{f}} : H_1) = \frac{(A : H_1)}{(A : H_{\mathfrak{f}})} = \frac{h_1}{h},$$

wenn A die Bedeutung von früher hat und h_1, $h_{\mathfrak{f}}$ die Indizes von H_1, $H_{\mathfrak{f}}$ bezeichnen. Da nach Satz 8 schließlich $h_{\mathfrak{f}} \leq l$ ist, erhalten wir folgende *fundamentale Ungleichungsfolge*

$$\boxed{\,a = (\bar{A} : \bar{H}_1') \geqq (\bar{A} : \bar{H}_1) = (H_{\mathfrak{f}} : H_1) = \frac{(A : H_1)}{(A : H_{\mathfrak{f}})} = \frac{h_1}{h_{\mathfrak{f}}} \geqq \frac{h_1}{l}\cdot\,}$$

Nun läßt sich einerseits die linksstehende Anzahl a auf eine hier nicht näher zu beschreibende Weise ausrechnen[24]), andererseits auch der Index h_1 auf Grund der Struktur von H_1 unmittelbar angeben[25]), und es resultiert dabei die Beziehung

$$a \leqq \frac{h_1}{l}\cdot$$

Daraus folgt dann, *daß in unserer Ungleichungsfolge* an den beiden fraglichen Stellen *das Gleichheitszeichen gilt*. Dies bedeutet einerseits $h_{\mathfrak{f}} = l$, und somit (nach Def. 3) die behauptete Tatsache, daß K Klassenkörper zu der Idealgruppe $H_{\mathfrak{f}}$ aus k ist, in deren Erklärungsmodul $\mathfrak{f}$ (also um so mehr im Führer) nur Primteiler der Relativdiskriminante $\mathfrak{d} = \mathfrak{f}^{l-1}$ von K nach k aufgehen. Übrigens ergibt sich hieraus als Ergänzung zu (B″) noch:

(B‴) *Ist* $\mathfrak{d} = \mathfrak{f}^{l-1}$ *die Relativdiskriminante von* K *nach* k, *so ist der Führer der in* (B″) *genannten Idealgruppe* H *ein Teiler von* $\mathfrak{f}$.*)

Andererseits erhalten wir aus $(\bar{A} : \bar{H}_1') = (\bar{A} : \bar{H}_1)$, daß $\bar{H}_1' = \bar{H}_1$ und somit $a = \dfrac{h_1}{l}$ der Index von $\bar{H}_1$ ist, d. h. die für die Folge wichtigen Tatsachen:

(B⁗) *Ist* K *relativ-zyklisch vom Primzahlgrad* l *über* k *und* σ *eine erzeugende Substitution der Galoisschen Gruppe von* K *nach* k, *so ist das Hauptgeschlecht von* K *identisch mit der Gesamtheit aller symbolischen* $(1 - \sigma)$-*ten Potenzen von (absoluten) Idealklassen aus* K, *und die mit der Anzahl* a *der ambigen Klassen aus* K *übereinstimmende Anzahl der Geschlechter ist genau der* l-*te Teil der Klassenzahl* h_1 *nach der Idealgruppe* H_1 *in* k.[26])

b) Nach diesen Vorbereitungen wenden wir uns nunmehr zum Beweis der Behauptung (B′). Da man, wenn k die l-ten Einheitswurzeln enthält, den gesuchten Klassenkörper K zu H, wenn überhaupt, dann sicher in der Form $K = k\left(\sqrt[l]{\mu}\right)$ konstruieren kann, und da die Relativ-

---

*) Später (§ 9, Satz 16, 17) wird sich herausstellen, daß dies $\mathfrak{f}$ genau der Führer von H ist. Daher schon hier die Bezeichnung $\mathfrak{f}$. — (Siehe auch den nachfolgenden Beweis von (B′), wo dies für die speziellen Grundkörper k aus (B′) schon herauskommt). Die Reduktion 3. liefert diese Tatsache, unabhängig von den in § 9 benutzten analytischen Hilfsmitteln (L-Reihen mit Größencharakteren), ohne weiteres mit.

diskriminante eines Körpers $k(\sqrt[l]{\mu})$ sich durch μ in genau angebbarer Weise bestimmt[27]), ist es zweckmäßig, als Konstruktionsprinzip für K nicht direkt die Klassenkörpereigenschaft von K zu verwenden, sondern vielmehr die ebenfalls in (B′) behauptete Eigenschaft der Relativdiskriminante von K, nur Primteiler des Führers $\mathfrak{f}$ von H zu enthalten. Da nun, wenn (B′) richtig ist, die letztere Eigenschaft nicht allein dem Klassenkörper zu H, sondern auch den Klassenkörpern zu allen übrigen mod. $\mathfrak{f}$ erklärbaren Idealgruppen vom Index l zukommt, wird man so darauf geführt, *die geforderte Konstruktion für alle diese Idealgruppen gleichzeitig durchzuführen.*

Es seien also jetzt $H_1, \ldots, H_t$ die sämtlichen „verschiedenen" Idealgruppen mod. $\mathfrak{f}$ vom Index l, deren Anzahl t offenbar endlich ist, und leicht als Funktion von $\mathfrak{f}$ bestimmt werden kann. Man stellt dann ohne Schwierigkeit die (wieder allein durch $\mathfrak{f}$ bestimmte) Gesamtheit M aller derjenigen Zahlen $\mu_1, \mu_2, \ldots$ aus k auf[28]), die der folgenden Bedingung genügen:

(a) Ist $\mathfrak{d}_i = \mathfrak{f}_i^{l-1}$ die Relativdiskriminante von $K_i = k(\sqrt[l]{\mu_i})$, so soll $\mathfrak{f}_i$ Teiler*) von $\mathfrak{f}$ sein.

Wenden wir nun den zuvor bewiesenen Satz (B″) auf diese K_i an, so resultiert, daß sie sämtlich Klassenkörper zu gewissen Idealgruppen vom Index l sind. Diese Idealgruppen müssen ferner nach (B‴) mod. $\mathfrak{f}_i$, also nach (a) sicher auch mod. $\mathfrak{f}$ erklärbar sein, und sind somit gewisse unter unseren t Idealgruppen $H_1, \ldots, H_t$. Wegen der bereits bewiesenen Eindeutigkeit des Klassenkörpers sind also zunächst höchstens t der Körper K_i voneinander (und von k) verschieden. Wenn man ferner zeigen kann, daß genau t voneinander (und von k) verschiedene unter ihnen vorkommen, so folgt (wieder aus dem Eindeutigkeitssatz), daß wirklich zu jeder unserer t Idealgruppen $H_1, \ldots, H_t$ mod. $\mathfrak{f}$ vom Index l einer dieser t Körper als Klassenkörper zugeordnet ist. Damit ist dann die Existenzaussage in (B′) bewiesen (und zwar in dem Sinne durch tatsächliche Konstruktion, daß man die Gesamtheit aller zu den t Idealgruppen H_i mod. $\mathfrak{f}$ vom Index l gehörigen t Klassenkörper K_i konstruiert hat, ohne allerdings im einzelnen die Zuordnung der K_i zu den H_i angegeben zu haben).

Ferner sind nach (a) die „Relativdiskriminantenbasen" $\mathfrak{f}_i$ der K_i

---

*) Im Sinne der zu beweisenden Behauptung erscheint diese Forderung zunächst als zu weitgehend, und nur die weniger weitgehende, daß $\mathfrak{f}_i$ nur Primteiler von $\mathfrak{f}$ enthalte, als sinngemäß. Da jedoch (siehe Anm. auf S. 24) die $\mathfrak{f}_i$ in Wahrheit die Führer der Idealgruppen sind, zu denen die K_i Klassenkörper sind, muß $\mathfrak{f}_i$ Teiler von $\mathfrak{f}$ sein, wenn K_i Klassenkörper zu einer der mod. $\mathfrak{f}$ erklärbaren Idealgruppen $H_1, \ldots, H_t$ sein soll.

Teiler von $\mathfrak{f}$. Für diejenigen H_i, für die $\mathfrak{f}$ nicht nur Erklärungsmodul, sondern auch Führer ist, ist dann also die Richtigkeit von (B′) vollständig bewiesen.*) Um die übrigen H_i, deren Führer echte Teiler von $\mathfrak{f}$ sind, brauchen wir uns aber gar nicht zu kümmern, da diese ja die Rolle der ersteren übernehmen, wenn von vornherein $\mathfrak{f}$ durch die Teiler von $\mathfrak{f}$ ersetzt wird.

Der Nachweis dafür, daß wirklich genau t verschiedene unter den konstruierten Körpern $K_i = k\left(\sqrt[l]{\mu_i}\right)$ vorkommen, gelingt nun zwar nicht direkt, sondern vielmehr erst auf dem folgenden Umwege:

An Stelle der obigen Gesamtheit M aller der Bedingung (a) genügenden μ_i muß man vorerst die M enthaltende Gesamtheit M' aller μ_i' bilden, die der folgenden, erweiterten Bedingung genügen:

(a′) Ist $\mathfrak{d}_i' = \mathfrak{f}_i'^{l-1}$ die Relativdiskriminante von $K_i' = k\left(\sqrt[l]{\mu_i'}\right)$, so soll $\mathfrak{f}_i'$ Teiler von $\mathfrak{f}\mathfrak{q}_1 \ldots \mathfrak{q}_m$ sein.

Dabei sind $\mathfrak{q}_1, \ldots, \mathfrak{q}_m$ eine Anzahl von zu $\mathfrak{f}$ primen sog. *Hilfsprimidealen*, die folgende Forderung erfüllen:

(b) Ist $\alpha_1, \ldots, \alpha_m$ ein vollständiges System von in bezug auf l-te Zahlpotenzen unabhängigen l-ten Potenzresten mod. $\mathfrak{f}$ in der Gruppe der l-ten Idealpotenzen aus der Gruppe $H_0^{(1)}$ (dem Strahl mod.⁻1), so daß also dann und nur dann $\alpha_1^{a_1} \ldots \alpha_m^{a_m} = \alpha^l$ ist, wenn $a_1, \ldots, a_m$ durch l teilbar sind, so seien die Legendreschen l-ten Potenzrestsymbole
$$\left(\frac{\alpha_i}{\mathfrak{q}_j}\right) \quad \begin{cases} = 1 & \text{für } i = j \\ = 1 & \text{für } i \neq j \end{cases}.$$

Aus (b) folgt leicht:

(c) Es gibt nicht mehr Idealgruppen mod. $\mathfrak{f}\mathfrak{q}_1 \ldots \mathfrak{q}_m$ vom Index l, wie es mod. $\mathfrak{f}$ gibt, d. h. $H_1, \ldots, H_t$ sind auch das vollständige System aller mod. $\mathfrak{f}\mathfrak{q}_1 \ldots \mathfrak{q}_m$ erklärbaren Idealgruppen vom Index l.

Durch Anwendung der analytischen Relation (7) zeigt man ferner:

(d) $\mathfrak{q}_1, \ldots, \mathfrak{q}_m$ können der Bedingung (b) gemäß auf unendlich viele Arten gewählt werden.

Für die so bestimmten μ_i' gelingt dann auf Grund von (c) tatsächlich der Nachweis, daß unter den $K_i' = k\left(\sqrt[l]{\mu_i'}\right)$ genau t voneinander (und von k) verschiedene vorhanden sind. Wegen (c) beeinflußt nun das Hinzukommen der $\mathfrak{q}_1, \ldots, \mathfrak{q}_m$ den obigen Existenzbeweis gar nicht, d. h. die t verschiedenen Körper $K_1', \ldots, K_t'$ sind Klassenkörper zu $H_1, \ldots, H_t$. Dagegen könnten jetzt außer den Primteilern von $\mathfrak{f}$ auch

---

*) Überdies resultiert, weil nach (B‴) auch umgekehrt $\mathfrak{f}$ Teiler von $\mathfrak{f}_i$ ist, daß für unsere speziellen Grundkörper k wirklich das $\mathfrak{f}$ der Relativdiskriminante des Klassenkörpers zu H mit dem Führer $\mathfrak{f}$ von H übereinstimmt, wie in der Anm. auf S. 24 behauptet.

noch gewisse der Hilfsprimideale $q_1, \ldots, q_m$ in den Relativdiskriminanten der K'_i aufgehen. Da man aber nach (d) ein von $q_1, \ldots, q_m$ verschiedenes System $\bar{q}_1, \ldots, \bar{q}_m$ wählen darf, wobei wegen der Eindeutigkeit dieselben t Klassenkörper $K'_1, \ldots, K'_t$ zu $H_1, \ldots, H_t$ resultieren, müssen deren „Relativdiskriminantenbasen" f'_i als Teiler von $f q_1 \ldots q_m$ und $f \bar{q}_1 \ldots \bar{q}_m$ auch im größten gemeinsamen Teiler f dieser beiden Ideale aufgehen.[*])

Hiermit ist nunmehr (B'), also Satz 1—3 vollständig bewiesen.

C) Beweis des Umkehrsatzes (Satz 5).[**])

Für relativ-Abelsche Körper vom Primzahlgrad l wurde Satz 5 bereits beim Existenzbeweis B) unter (B'') bewiesen.

1. Entsprechend der Reduktion 2. unter B) kann man hieraus zunächst die Richtigkeit von Satz 5 für relativ-zyklische Körper K vom Primzahlpotenzgrad l^ν über k durch Schluß von $\nu - 1$ auf ν folgern. Dabei erweist es sich aus beweistechnischen Gründen als erforderlich, nicht nur die eigentliche, zu (B'') analoge Behauptung des Satzes 5 in die Induktion aufzunehmen, sondern auch das Analogon zu den in (B'''') genannten Eigenschaften der Geschlechtereinteilung in K, die auch hier wie schon für $\nu = 1$ mit der Behauptung des Satzes 5 eng verknüpft sind. Der Wortlaut der durch Induktion zu beweisenden Behauptung ist dann folgender:

(C) *Ist K ein relativ-zyklischer Körper vom Primzahlpotenzgrad l^ν über k mit der Relativdiskriminante $\mathfrak{d}$ und σ eine erzeugende Substitution der Galoisschen Gruppe von K nach k (also $\sigma^{l^\nu} = 1$), so läßt sich ein nur aus Primteilern von $\mathfrak{d}$ zusammengesetztes, ganzes, invariantes Ideal $\mathfrak{m}$ in k und dazu ein in $\mathfrak{m}$ aufgehendes, ganzes Ideal $\mathfrak{M}$ in K so angeben, daß zunächst die Relativnormen aus einer Strahlklasse mod. $\mathfrak{M}$ von K in ein und dieselbe Strahlklasse mod. $\mathfrak{m}$ von k fallen (so daß also jeder Strahlklasse mod. $\mathfrak{M}$ von K eine bestimmte Strahlklasse mod. $\mathfrak{m}$ von k als Relativnorm zugeordnet ist), und daß ferner*

a) *das Hauptgeschlecht $\bar{H}_1$ in K, d. h. die Gesamtheit derjenigen Strahlklassen mod. $\mathfrak{M}$ in K, deren Relativnorm die Hauptstrahlklasse mod. $\mathfrak{m}$ (der Strahl $H_0^{(\mathfrak{m})}$) in k ist, aus allen und nur den $(1-\sigma)$-ten Potenzen von Strahlklassen mod. $\mathfrak{M}$ aus K besteht, und die Anzahl*

---

*) Da hiernach M' mit M identisch ist, werden tatsächlich auch durch M genau t verschiedene Körper K_i geliefert; für die Konstruktion braucht man also den Umweg über M' an sich nicht zu nehmen, jedoch ist dieser Umweg für den Beweis bisher nicht zu umgehen.

**) Zum Beweise von Satz 4 braucht man Satz 5, so daß der letztere zuerst bewiesen werden muß.

der Geschlechter (Nebengruppen zu $\overline{H}_1$) von K genau der l^ν-te Teil der Strahlklassenzahl $h_0^{(\mathfrak{m})}$ nach $H_0^{(\mathfrak{m})}$ in k ist,

b) K Klassenkörper zu einer mod. $\mathfrak{m}$ erklärbaren Idealgruppe H aus k ist.[29])
Auf den Beweis von (C) soll hier nicht eingegangen werden.

2. Entsprechend der Reduktion 1. unter B) ergibt sich dann schließlich leicht die Richtigkeit von Satz 5 für beliebige relativ-Abelsche Körper K. Sind nämlich $l_1^{\nu_1}, \ldots, l_s^{\nu_s}$ die Primzahlpotenz-Invarianten der Galoisschen Relativgruppe von K nach k, so läßt sich K nach dem Fundamentalsatz der Galoisschen Theorie aus s unabhängigen (siehe Erl. 19), relativ-zyklischen Körpern K_i der Relativgrade $l_i^{\nu_i}$ komponieren. Nach dem schon Gezeigten sind dann die K_i Klassenkörper zu Idealgruppen H_i der Indizes $l_i^{\nu_i}$. Ferner existiert zu deren Durchschnitt $H = [H_1, \ldots, H_s]$, dessen Index ersichtlich höchstens $l_1^{\nu_1} \ldots l_s^{\nu_s}$ ist, ein Klassenkörper K', der nach Satz 10 alle Körper K_i, also auch K enthält. Da aber K' als Klassenkörper zu H höchstens den Relativgrad $l_1^{\nu_1} \ldots l_s^{\nu_s}$ haben kann, kann K' kein echter Oberkörper des Körpers K vom Relativgrade $l_1^{\nu_1} \ldots l_s^{\nu_s}$ sein, woraus $K' = K$ folgt. K ist also Klassenkörper zu H. Sind ferner $\mathfrak{f}_i$ die Führer der H_i, die nach dem Bewiesenen nur Primteiler der Relativdiskriminanten $\mathfrak{d}_i$ der K_i, um so mehr also nur Primteiler der Relativdiskriminante $\mathfrak{d}$ von K nach k enthalten, so enthält auch der Führer $\mathfrak{f} = (\mathfrak{f}_1, \ldots, \mathfrak{f}_s)$ von H (S. 9 o.) nur solche Primteiler. Damit ist Satz 5 vollständig bewiesen.

3. Wir merken an dieser Stelle noch den folgenden, eine gewisse Ergänzung zu Satz 10 (siehe auch S. 10, Anm. ***)) gebenden Satz an, dessen Beweis nunmehr leicht erbracht werden kann:

Satz 11. *Sind $K_1, \ldots, K_s$ die Klassenkörper zu den Idealgruppen $H_1, \ldots, H_s$ aus k, so ist der komponierte Körper $K^* = (K_1, \ldots, K_s)$ der Klassenkörper zum Durchschnitt $H_* = [H_1, \ldots, H_s]$ und der Durchschnittskörper $K_* = [K_1, \ldots, K_s]$ der Klassenkörper zur Vereinigungsgruppe $H^* = (H_1, \ldots, H_s)$.*

Beweis: a) Ist K' der Klassenkörper zu H_* und H' die Idealgruppe, zu der K^* Klassenkörper ist, so folgt nach Satz 10

$$\left\{ \begin{array}{l} \text{aus } H_* \leqq H_i, \quad \text{daß } K' \geqq K_i, \quad \text{also } K' \geqq K^* \text{ ist} \\ \quad,, \quad K^* \geqq K_i, \quad,, \quad H' \leqq H_i, \quad,, \quad H' \leqq H_* \quad,, \end{array} \right\} .$$

Unter nochmaliger Anwendung von Satz 10 folgt aber weiter

$$\left\{ \begin{array}{l} \text{aus } K' \geqq K^*, \quad \text{daß } H' \geqq H_* \text{ ist} \\ \quad,, \quad H' \leqq H_*, \quad,, \quad K' \leqq K^* \quad,, \end{array} \right\} .$$

Somit ergibt sich $K^* = K'$, $H_* = H'$.

b) Ganz entsprechend beweist man die Behauptung für K_* und H^*.

D) Beweis des Zerlegungssatzes (Satz 4).

Es sei K Klassenkörper zur Idealgruppe H aus k vom Führer $\mathfrak{f}$ und $\mathfrak{p}$ ein zu $\mathfrak{f}$ primes Primideal aus k. Die Behauptung von Satz 4 zerfällt dann in folgende beiden Teilbehauptungen, die einzeln bewiesen werden:

(a) *Zerfällt $\mathfrak{p}$ in K in verschiedene Primidealfaktoren vom Relativgrade f, so liegt $\mathfrak{p}^f$ in H.*

(b) *Ist $\mathfrak{p}^f$ die früheste Potenz von $\mathfrak{p}$, die in H liegt, so zerfällt $\mathfrak{p}$ in K in verschiedene Primidealfaktoren vom Relativgrade f.*

a) Der Beweis für (a) ergibt sich unmittelbar aus der *Takagi*schen Def. 3 des Klassenkörpers. Denn unter der Voraussetzung von (a) ist $\mathfrak{p}^f$ als Relativnorm seiner Primfaktoren aus K in der K mod. $\mathfrak{f}$ zugeordneten Idealgruppe $H_\mathfrak{f}$ enthalten, die nach Def. 3 mit H übereinstimmt.

b) Schwieriger ist der Beweis der Umkehrung (b).

1. Man reduziert ihn zunächst leicht auf den Spezialfall, daß $f = 1$ ist, also die Behauptung:

(D) *Liegt $\mathfrak{p}$ in H, so zerfällt $\mathfrak{p}$ in K in verschiedene Primidealfaktoren 1. Relativgrades.*

Wird nämlich die Richtigkeit von (D) vorausgesetzt, und ist $\mathfrak{p}$ ein Primideal aus der Klasse C nach H, so betrachtet man den Zerlegungskörper [30]) K_Z für $\mathfrak{p}$. Der Relativgrad von K über K_Z ist dann der gesuchte Relativgrad der Primfaktoren von $\mathfrak{p}$ in K. Nach Satz 5 ist nun K_Z Klassenkörper zu einer Idealgruppe H_Z aus k. Dies H_Z enthält einerseits H, weil K_Z in K enthalten ist, andererseits (nach (a)) das Primideal $\mathfrak{p}$ und somit die Klasse C von $\mathfrak{p}$ nach H, weil $\mathfrak{p}$ in K_Z in verschiedene Primideale 1. Relativgrades zerfällt; also enthält H_Z auch die aus H und C erzeugte Idealgruppe H'. Wenn ferner $\mathfrak{p}^f$ die früheste, in H enthaltene Potenz von $\mathfrak{p}$, also f die Ordnung von C in der Idealklassengruppe nach H ist, ist ersichtlich H'/H zyklisch von der Ordnung f, also $(H' : H) = f$.

Ist nun K' der Klassenkörper zu H', so ist einerseits $K' \geqq K_Z$, weil $H' \leqq H_Z$, andererseits $K' \leqq K_Z$, weil $\mathfrak{p}$ als Primideal aus H' nach (D) auch in K' in verschiedene Primideale 1. Relativgrades zerfällt und K_Z der umfassendste Körper unter K ist, für den $\mathfrak{p}$ diese Eigenschaft hat. Daher folgt $K' = K_Z$, also $H' = H_Z$ und $(H_Z : H) = f = \dfrac{h}{h_Z}$, wo h und h_Z die Indizes von H und H_Z, d. h. die Relativgrade von K und K_Z über k bezeichnen. Daraus ergibt sich unmittelbar, daß K über K_Z den Relativgrad f hat, daß also der Exponent f von $\mathfrak{p}$ bezüglich H wirklich der Relativgrad der Primfaktoren von $\mathfrak{p}$ in K ist.

2. Der noch zu erbringende Beweis von (D) reduziert sich weiter leicht auf den Spezialfall, daß K relativ-zyklisch vom Primzahlpotenzgrad über k ist. Ist nämlich, wie auf S. 28, $K = (K_1, \ldots, K_s)$, wo die K_i relativ-zyklisch von Primzahlpotenzgrad sind, und sind die K_i Klassenkörper zu den Idealgruppen H_i, deren Durchschnitt dann nach Satz 11 die Idealgruppe H ist, so folgt aus der Richtigkeit von (D) für die K_i, daß jedes $\mathfrak{p}$ aus dem Durchschnitt $H = [H_1, \ldots, H_s]$ in allen K_i und somit (siehe Erl. 17) in K in verschiedene Primideale 1. Relativgrades zerfällt.

3. Es bleibt demnach nur noch (D) für einen relativ-zyklischen Körper K vom Primzahlpotenzgrad l^ν zu beweisen. Man beweist dazu zunächst mit analytischen Hilfsmitteln, daß ein zu $\mathfrak{p}$ primer Erklärungsmodul $\mathfrak{m}$ für H so gewählt werden kann, daß die Strahlklasse C_0 mod. $\mathfrak{m}$, der $\mathfrak{p}$ angehört, nicht l-te Potenz einer Strahlklasse mod. $\mathfrak{m}$ ist.[31]) Ist nun $\mathfrak{m}$ so gewählt, so gibt es nach elementaren gruppentheoretischen Sätzen eine C_0 nicht enthaltende Idealgruppe H' mod. $\mathfrak{m}$ vom Index l. Der Durchschnitt $H_* = [H, H']$ ist dann, weil $\mathfrak{p}$ und somit C_0 nach Voraussetzung in H enthalten ist, eine echte Untergruppe von H, also vom Index l unter H und daher insgesamt vom Index $l^{\nu+1}$.

Es sei nun K' der relativ-zyklische Klassenkörper l-ten Grades zu H'. Dann ist nach Satz 11 der komponierte Körper $K^* = (K, K')$ Klassenkörper zu H_*, also vom Relativgrade $l^{\nu+1}$ über k, d. h. K und K' unabhängig relativ zu k. Ferner sei K_Z^* der Zerlegungskörper für $\mathfrak{p}$ bezüglich K^*. Dieser ist nach den Sätzen 5 und 10 Klassenkörper zu einer H^* enthaltenden, also ebenfalls mod. $\mathfrak{m}$ erklärbaren Idealgruppe H_{*Z} aus k. Da $\mathfrak{p}$ in ihm in verschiedene Primideale 1. Relativgrades zerfällt, muß auch die Strahlklasse C_0 mod. $\mathfrak{m}$ von $\mathfrak{p}$, und somit die ganze aus H_* und C_0 erzeugbare Idealgruppe $H \leq H_{*Z}$ sein. Daher ist $K_Z^* \leq K$. Da aber $K^* = (K, K')$ relativ-zyklisch über dem Zerlegungskörper K_Z^* sein muß[32]), kann K_Z^* nicht echter Unterkörper von K sein, weil ja K und K' a fortiori auch relativ zu einem solchen unabhängig sind; es ist also $K_Z^* = K$, d. h. es zerfällt tatsächlich $\mathfrak{p}$ in K in verschiedene Primideale 1. Relativgrades.

Damit ist (D) und somit der Satz 4 vollständig bewiesen.

§ 7. Das Zerlegungsgesetz für die Teiler der Relativdiskriminante.

Ist K ein relativ-Abelscher Körper über k mit der Relativdiskriminante $\mathfrak{d}$, so beherrscht man auf Grund der Sätze 5, 6 und 4 nur die Zerlegungsart aller nicht in $\mathfrak{d}$ aufgehenden Primideale aus k in K. Man kann jetzt aber leicht auch das Zerlegungsgesetz für die in $\mathfrak{d}$ aufgehenden Primideale aus k angeben, und zwar in einer gleichzeitig für alle Primideale aus k gültigen Formulierung, so daß also das Zerlegungsgesetz von Satz 4 für die in $\mathfrak{d}$ nicht aufgehenden Primideale nur als ein Spezialfall des nachstehenden allgemeinen Gesetzes anzusehen ist*):

Satz 12. *Ist K ein relativ-Abelscher Körper über k vom Relativgrade h und H die Idealgruppe vom Index h in k, zu der K Klassenkörper ist, so zerfallen die Primideale $\mathfrak{p}$ aus k in K nach folgendem Gesetz:*

Ist $H_\mathfrak{p}$ (Index $h_\mathfrak{p}$) die engste H enthaltende Idealgruppe von zu $\mathfrak{p}$ primem Führer[33]*) und $(H_\mathfrak{p} : H) = \dfrac{h}{h_\mathfrak{p}} = e$, ist ferner $\mathfrak{p}^f$ die früheste in $H_\mathfrak{p}$ enthaltene Potenz von $\mathfrak{p}$, und schließlich $g = \dfrac{h}{ef}$, so ist:*

$$\mathfrak{p} = (\mathfrak{P}_1 \ldots \mathfrak{P}_g)^e; \quad (\mathfrak{P}_i \text{ vom Relativgrad } f).$$

Beweis (siehe hierzu Erl. 30): Es sei $K_\mathfrak{p}$ der Klassenkörper zu $H_\mathfrak{p}$. Wegen der Minimaleigenschaft von $H_\mathfrak{p}$ hat $K_\mathfrak{p}$ nach den Sätzen 10 und 6 die Maximaleigenschaft, alle Unterkörper von K über k zu umfassen, deren Relativdiskriminante prim zu $\mathfrak{p}$ ist, und selbst ein solcher Körper zu sein. Daher ist $K_\mathfrak{p}$ der *Trägheitskörper* zu $\mathfrak{p}$ bezüglich K. Einerseits ist also nach Satz 4 das in Satz 12 definierte f der Relativgrad der Primfaktoren von $\mathfrak{p}$ in $K_\mathfrak{p}$, und somit auch der Relativgrad der Primfaktoren von $\mathfrak{p}$ in K. Andererseits ist der Index $(H_\mathfrak{p} : H) = \dfrac{h}{h_\mathfrak{p}} = e$ ersichtlich der Relativgrad von K über $K_\mathfrak{p}$ und somit der Exponent, zu dem $\mathfrak{p}$ seine Primfaktoren in K enthält. Daß dann deren Anzahl $g = \dfrac{h}{ef}$ sein muß, ist klar (Erl. 1).

§ 8. Der Satz von der arithmetischen Progression in k.

1. In § 5 hatten wir festgestellt, daß in der dortigen Relation (6) dann und nur dann die Eventualität $f(s) \to -\infty$ für $s \to 1$ zutrifft, wenn auch nur eine der L-Reihen $L(s, \chi)$; $(\chi \neq \chi_0)$ nach der Idealgruppe H für $s = 1$ verschwindet. Die Existenz eines Klassenkörpers K zu jeder Idealgruppe H aus k liefert nun unmittelbar die Tatsache, daß in (6) stets die andere Eventualität $f(s) \to f(1)$ für $s \to 1$ zutrifft, und *daß somit die $L(1, \chi)$; $(\chi \neq \chi_0)$ stets von Null verschieden sind.*

Da nämlich nach Satz 4 die in H enthaltenen Primideale $\mathfrak{p}$ aus k identisch sind mit den in K in verschiedene Primideale 1. Relativgrades zerfallenden Primidealen $\mathfrak{p}_1$ aus K, stimmt die linke Seite der für H gebildeten Relation (6) mit der linken Seite der für K gebildeten Re-

---

*) Die von *Takagi* angegebene Formulierung des Zerlegungsgesetzes für die Teiler der Relativdiskriminante ist komplizierter als die hier angegebene.

lation (7) überein.*) Weil nun aber in (7) sicher $g(s) \to g(1)$ für $s \to 1$ gilt, muß in (6) ebenfalls $f(s) \to f(1)$ für $s \to 1$ zutreffen.

Die damit für jede Idealgruppe H in k bewiesene Tatsache: $L(1, \chi) \neq 0$ für $\chi \neq \chi_0$ führt nun, wie bei *Dirichlet*, sofort zum Beweis des Satzes von der arithmetischen Progression in k. Ist nämlich C eine beliebige Idealklasse nach der Idealgruppe H, so kann man aus den Relationen (5) des § 5 jetzt durch Multiplikation mit $\chi(C^{-1})$ und Summation über alle h Charaktere χ die Relationen

$$\sum_{\mathfrak{p}\, in\, C} \frac{1}{N(\mathfrak{p})^s} = \frac{1}{h} \log \frac{1}{s-1} + g(s), \ wo \ g(s) \to g(1) \ für \ s \to 1,$$

erschließen, die die Existenz unendlich vieler Primideale (sogar vom 1. Grade) in jeder Klasse C nach H zur Folge haben. Weil die Idealklassen nach einem beliebigen H stets „Komplexionen" einer Anzahl von Strahlklassen sind, resultiert die schärfste Formulierung des hiermit bewiesenen Satzes, wenn für H der Strahl $H_0^{(\mathfrak{m})}$ genommen wird. Es ergibt sich dann das folgende *Analogon zu dem bekannten Dirichletschen Satz von der arithmetischen Progression:*

Satz 13. *In jeder Strahlklasse mod. $\mathfrak{m}$ von k gibt es unendlich viele Primideale 1. Grades.*

Speziell gibt es also z. B. für jedes zu $\mathfrak{m}$ prime α aus k unendlich viele „*Primzahlen*" π (d. h. Hauptprimideale (π)), so daß

$$\pi \equiv \alpha \ \text{mod. } \mathfrak{m}; \ \pi \ \text{von vorgeschriebener Signatur ist.}$$

2. Der Hauptpunkt beim Beweis des Satzes 13 ist natürlich das Nichtverschwinden der $L(1, \chi)$; $(\chi \neq \chi_0)$. Bekanntlich hat *Dirichlet* in dem von ihm behandelten Falle des rationalen Grundkörpers k diesen Nachweis dadurch erbracht, daß er geeignete quadratische Körper angab, deren Klassenzahlen sich als Produkte der fraglichen $L(1, \chi)$ mit von Null verschiedenen Faktoren darstellen ließen.[34]) Diesem *Dirichlet*schen Beweis liegt nun ein ganz allgemeiner Satz über die L-Reihen nach einer Idealgruppe H zugrunde, auf den wir hier eingehen wollen.

Wir müssen dazu zunächst die in § 5, (1) gegebene Definition der L-Reihen etwas verändern, nämlich zu den sog. *eigentlichen L-Reihen* übergehen.

Ist χ ein Charakter (siehe S. 12, Anm. *)) nach der Idealgruppe H vom Führer $\mathfrak{f}$, so wird durch χ jedem zu $\mathfrak{f}$ primen Ideal $\mathfrak{a}$ aus k ein Charakterwert $\chi(\mathfrak{a})$ zugeordnet, nämlich der Wert des Charakters χ für diejenige Klasse nach H, der $\mathfrak{a}$ angehört. Es handelt sich dann darum,

---

*) falls H in (6) nach einem echten Multiplum $\mathfrak{m}$ seines Führers erklärt ist, natürlich nur bis auf endlich viele Summanden, die aber nichts ausmachen.

χ auch für die zu $\mathfrak{f}$ nicht primen Ideale geeignet zu definieren. Hierzu betrachtet man die χ **zugeordnete Idealgruppe** H_χ, d. h. die umfassendste, H enthaltende Idealgruppe, für deren Ideale χ noch den Wert 1 liefert. Der Führer $\mathfrak{f}_\chi$ von H_χ (ein gewisser Teiler von $\mathfrak{f}$) heißt auch der **Führer des Charakters** χ. χ ist dann auch Charakter nach H_χ. Durch diese Auffassung von χ wird sein ursprünglicher Definitionsbereich ohne Änderung der auf diesen bezüglichen Charakterwerte auf die Gesamtheit der nur noch zu $\mathfrak{f}_\chi$ primen Ideale erweitert. Setzt man dann noch $\chi(\mathfrak{a}) = 0$ für zu $\mathfrak{f}_\chi$ nicht prime $\mathfrak{a}$, so heißt die jetzt für alle Ideale aus k definierte Funktion χ **der eigentliche Charakter** χ. Speziell hat hiernach (für jedes H) der eigentliche Hauptcharakter χ_0 für alle Ideale aus k den Wert 1. Ferner gilt ersichtlich $\chi(\mathfrak{a}) \cdot \chi(\mathfrak{b}) = \chi(\mathfrak{a} \cdot \mathfrak{b})$ für irgendwelche Ideale $\mathfrak{a}$, $\mathfrak{b}$ aus k.

Wir verstehen von jetzt an unter den $L(s, \chi)$ stets die mit den eigentlichen Charakteren χ nach H gebildeten **eigentlichen L-Reihen nach H:**

$$(8) \qquad L(s, \chi) = {\sum_{\mathfrak{a}}}' \frac{\chi(\mathfrak{a})}{N(\mathfrak{a})^s} = \prod_{\mathfrak{p}} \frac{1}{1 - \dfrac{\chi(\mathfrak{p})}{N(\mathfrak{p})^s}} \quad {}^{35}),$$

wo nunmehr $\mathfrak{a}$ alle ganzen Ideale und $\mathfrak{p}$ alle Primideale aus k durchläuft. Nach dem über χ_0 Gesagten ist speziell

$$L(s, \chi_0) = \sum_{\mathfrak{a}} \frac{1}{N(\mathfrak{a})^s} = \prod_{\mathfrak{p}} \frac{1}{1 - \dfrac{1}{N(\mathfrak{p})^s}} = \zeta_k(s)$$

die *Dedekind*sche ζ-Funktion von k.

3. Das in 2. angekündigte Theorem über diese eigentlichen L-Reihen lautet nun:

Satz 14. *Ist K der Klassenkörper zur Idealgruppe H aus k vom Index h, so ist*

$$\prod_\chi L(s, \chi) = \zeta_K(s),$$

d. h. das Produkt aller h eigentlichen L-Reihen nach H ist die Dedekindsche ζ-Funktion von K.

Beweis: Wegen der Produktzerlegung (8) für die $L(s, \chi)$ und der entsprechenden Zerlegung für $\zeta_K(s)$ genügt es, die Relation

$$\prod_\chi \left(1 - \frac{\chi(\mathfrak{p})}{N(\mathfrak{p})^s}\right) = \prod_{\mathfrak{P}_i \mid \mathfrak{p}} \left(1 - \frac{1}{N(\mathfrak{P}_i)^s}\right); \quad (\overline{N} \text{ Norm in } K)$$

für jedes einzelne Primideal $\mathfrak{p}$ aus k und die in ihm aufgehenden Primideale $\mathfrak{P}_i$ aus K zu beweisen. Ist nun

$$\mathfrak{p} = (\mathfrak{P}_1 \ldots \mathfrak{P}_g)^e; \quad \mathfrak{P}_i \text{ vom Relativgrad } f; \quad efg = h$$

die Zerlegung von $\mathfrak{p}$ in K, so ist auf der rechten Seite $\overline{N}(\mathfrak{P}_i) = N(\mathfrak{p})^f$

und die Anzahl der Faktoren gleich g. Die zu beweisende Relation nimmt also die Gestalt an:

$$\prod_{\chi} \left(1 - \frac{\chi(\mathfrak{p})}{N(\mathfrak{p})^s}\right) = \left(1 - \frac{1}{N(\mathfrak{p})^{fs}}\right)^g.$$

Da nun die rechte Seite auch in der Form $\displaystyle\prod_{\nu=0}^{f-1} \left(1 - \frac{\varepsilon^\nu}{N(\mathfrak{p})}\right)^g$ geschrieben

werden kann, wo ε eine primitive f-te Einheitswurzel ist, genügt es, folgende beiden Tatsachen über die links auftretenden Werte der Charaktere $\chi(\mathfrak{p})$ nachzuweisen:

(a) Es ist für genau gf Charaktere $\chi(\mathfrak{p}) \neq 0$.

(b) Diese gf Charakterwerte $\chi(\mathfrak{p})\cdot$ sind die g-mal gesetzte Reihe $1, \varepsilon, \varepsilon^2, \ldots, \varepsilon^{f-1}$ aller verschiedenen f-ten Einheitswurzeln.

Diese beiden Tatsachen ergeben sich nun leicht aus dem Zerlegungsgesetz von Satz 12.

a) Die Charaktere χ, für die $\chi(\mathfrak{p}) \neq 0$ ist, bilden eine Untergruppe $X_\mathfrak{p}$ der Gruppe X aller h Charaktere χ nach H. Wir zeigen, daß $X_\mathfrak{p}$ gerade die Gruppe aller Charaktere nach der dem Primideal $\mathfrak{p}$ in Satz 12 zugeordneten Idealgruppe $H_\mathfrak{p}$ vom Index $h_\mathfrak{p} = \dfrac{h}{e} = gf$ ist, und somit wirklich genau gf Charaktere enthält.

Ist nämlich χ ein Charakter aus $X_\mathfrak{p}$, also $\chi(\mathfrak{p}) \neq 0$, so ist der Führer von χ, d. i. der von H_χ (S. 33 o.) prim zu $\mathfrak{p}$, also wegen der Minimaleigenschaft von $H_\mathfrak{p}$ sicher $H_\mathfrak{p} \leqq H_\chi$. Dann liefert aber χ als Charakter nach H_χ um so mehr für die Ideale aus $H_\mathfrak{p}$ den Wert 1, ist also Charakter nach $H_\mathfrak{p}$. Ist umgekehrt χ ein Charakter nach $H_\mathfrak{p}$, so ist der Führer von χ als Teiler des Führers von $H_\mathfrak{p}$ prim zu $\mathfrak{p}$, also $\chi(\mathfrak{p}) \neq 0$ und χ in $X_\mathfrak{p}$.

b) Nach Satz 12 ist f die Ordnung der Klasse von $\mathfrak{p}$ in der Idealklassengruppe nach $H_\mathfrak{p}$. Daraus folgt aber*), daß die gf Charaktere χ aus $X_\mathfrak{p}$ für $\mathfrak{p}$ gerade die in (b) genannten Werte liefern.

4. Der damit bewiesene Satz 14 setzt den *Dirichlet*schen Beweis des Satzes von der arithmetischen Progression in helles Licht. Aus Satz 14 folgt nämlich unmittelbar die Relation

$$\lim_{s \to 1} (s-1)\,\zeta_k(s) \cdot \prod_{\chi \neq \chi_0} L(1,\chi) = \lim_{s \to 1} (s-1)\,\zeta_K(s),$$

die das Nichtverschwinden der $L(1,\chi)$; $(\chi \neq \chi_0)$ sofort erkennen läßt. Denn nach § 5, (2) ist ja das rechtsstehende Residuum von $\zeta_K(s)$ bei $s = 1$ von Null verschieden; es ist nämlich das Produkt der auch bei *Dirichlet* auftretenden Klassenzahl von K mit einem durch K bestimmten, von Null verschiedenen Faktor. [36])

---

*) Siehe das auf S. 3 o. zitierte Buch von *Hecke*, § 10, Satz 32.

§ 9. Die Heckesche Funktionalgleichung der L-Reihen.

1. Schon aus den bisherigen Entwicklungen geht hervor, daß die L-Reihen von fundamentaler Bedeutung für die Theorie der relativ-Abelschen Körper sind. Weitere wichtige Anwendungen ergeben sich nun aus der von *Hecke**) bewiesenen Tatsache, daß die Funktionen $L(s, \chi)$ durch die ganze komplexe Ebene fortsetzbar sind und Funktionalgleichungen von demselben Typus genügen, wie die *Riemann*sche ζ-Funktion und die *Dirichlet*schen L-Reihen des rationalen Körpers. Da in der ersten der genannten *Hecke*schen Arbeiten nur ein Spezialfall behandelt ist[37]), während man aus den beiden anderen, die sich gleich mit einem noch viel allgemeineren Typus von L-Reihen befassen[38]), die auf unsere $L(s, \chi)$ bezüglichen Formeln nur mit einiger Mühe herauslesen kann, mögen die Funktionalgleichungen für unsere $L(s, \chi)$, natürlich ohne den komplizierten Beweis, mitgeteilt werden.

Satz 15. *Die Funktion*

$$M(s, \chi) = \prod_{p=1}^{r_1} \Gamma\left(\frac{s + a_p}{2}\right) \cdot (\Gamma(s))^{r_2} \cdot \left(\frac{\sqrt{d\, N(\mathfrak{f}_\chi)}}{2^{r_2} \sqrt{\pi}^{\,n}}\right)^s \cdot L(s, \chi)$$

genügt der Funktionalgleichung

$$M(s, \chi) = W(\chi) \cdot M(1 - s, \bar{\chi}),$$

wo

$$W(\chi) = \frac{(-i)^{\sum_{p=1}^{r_1} a_p}}{\sqrt{N(\mathfrak{f}_\chi)}} \cdot \sum_{\mathfrak{r}\ \mathrm{mod.}\ \mathfrak{f}_\chi} \left(\chi(\mathfrak{r}) \cdot \sum_{(\varrho)} e^{2\pi i\, S(\varrho)}\right)$$

$$\left((\varrho) = \frac{\mathfrak{r}}{\mathfrak{f}_\chi \mathfrak{d}_0};\quad \varrho\ \mathrm{mod.}\ \frac{1}{\mathfrak{d}_0};\quad \varrho \gg 0\right) \qquad\qquad ist.$$

Dabei bezeichnet:

n *den Grad von* k,

r_1 *die Anzahl der reellen konjugierten zu* k,

r_2 *„ „ „ Paare konjugiert-komplexer konjugierter zu* k,

d *den absoluten Betrag der Diskriminante von* k,

$\mathfrak{d}_0$ *die Differente von* k, *so daß* $N(\mathfrak{d}_0) = d$ *ist,*

χ *einen eigentlichen Charakter,*

$\bar{\chi} = \chi^{-1}$ *den konjugiert-komplexen (reziproken) Charakter zu* χ,

$\mathfrak{f}_\chi$ *den Führer von* χ.

---

*) „Über die L-Funktionen und den *Dirichlet*schen Primzahlsatz für einen beliebigen Zahlkörper", Gött. Nachr. 1917. „Über eine neue Art von Zetafunktionen und ihre Beziehungen zur Verteilung der Primzahlen", **Math. Zeitschr.** 1 (1918) und 4 (1920).

Ferner ist $a_p = 1$ *oder* 0, *je nachdem der Charakterwert von* χ *im Bereich aller Hauptideale* (α) *mit* $\alpha \equiv 1$ *mod.* $\mathfrak{f}_\chi$ *vom Vorzeichen der p-ten reellen konjugierten zu* α *abhängt oder nicht.*[39]) *Schließlich durchläuft das Ideal* $\mathfrak{r}$ *in* $W(\chi)$ *irgendein vollständiges System von ganzen Repräsentanten derjenigen Strahlklassen* mod. $\mathfrak{f}_\chi$, *die die durch* $\mathfrak{f}_\chi \mathfrak{d}_0$ *bestimmte Strahlklasse* mod. 1 *zusammensetzen*), *und dann* (ϱ) *in der inneren Summe jedesmal irgendein vollständiges System von* mod. $\dfrac{1}{\mathfrak{d}_0}$ *inkongruenten*[40]), *total-positiven, assoziierten Zahlen, für die* $(\varrho) = \dfrac{\mathfrak{r}}{\mathfrak{f}_\chi \mathfrak{d}_0}$ *ist.* S *bedeutet die Spur in* k.

2. Wir betrachten zunächst den Faktor $W(\chi)$ aus der Funktionalgleichung von Satz 15. Die in ihm auftretende $\sum\limits_{\mathfrak{r}\,\text{mod.}\,\mathfrak{f}_\chi}$ ist als Verallgemeinerung der bekannten *Gauß*schen Summen[41]) anzusehen und wird daher ebenfalls **Gauß**sche **Summe in** k genannt. Die Funktionalgleichung liefert nun zunächst die Tatsache, *daß der absolute Betrag dieser Gaußschen Summen*

$$(9) \qquad \left| \sum_{\mathfrak{r}\,\text{mod.}\,\mathfrak{f}_\chi} \left(\chi(\mathfrak{r}) \cdot \sum_{(\varrho)} e^{2\pi i\, S(\varrho)} \right) \right| = \sqrt{N(\mathfrak{f}_\chi)}$$

ist. In der **Tat** folgt einerseits durch zweimalige Anwendung der Funktionalgleichung

$$W(\chi) \cdot W(\bar{\chi}) = 1,$$

andererseits ist aber, wie man auf Grund der Erklärung der $\sum\limits_{\mathfrak{r}\,\text{mod.}\,\mathfrak{f}_\chi}$ leicht feststellt,

$$\overline{W(\chi)} = \frac{i^{\sum\limits_{p=1}^{r_1} a_p}}{\sqrt{N(\mathfrak{f}_\chi)}} \cdot \sum_{\mathfrak{r}\,\text{mod.}\,\mathfrak{f}_\chi} \left(\bar{\chi}(\mathfrak{r}) \cdot \sum_{(\varrho)} e^{-2\pi i\, S(\varrho)} \right)$$

$$= \frac{i^{\sum\limits_{p=1}^{r_1} a_p}}{\sqrt{N(\mathfrak{f}_\chi)}} \, \bar{\chi}((\alpha^{-1})) \sum_{\mathfrak{r}'\,\text{mod.}\,\mathfrak{f}_\chi} \left(\bar{\chi}(\mathfrak{r}') \cdot \sum_{(\varrho')} e^{2\pi i\, S(\varrho')} \right),$$

wobei α irgendeine feste ganze Zahl aus k mit den Eigenschaften $\alpha \equiv 1$ mod. $\mathfrak{f}_\chi$; $\alpha \ll 0$ ist, und $\varrho' = -\varrho\alpha$; $\mathfrak{r}' = \mathfrak{r}(\alpha) = \mathfrak{r}(-\alpha)$ gesetzt ist, so daß $\mathfrak{r}', \varrho'$ ein ebensolches Wertsystem durchlaufen, wie vorher $\mathfrak{r}, \varrho$. Da $\bar{\chi}((\alpha^{-1})) = \chi((\alpha)) = (-1)^{\sum\limits_{p=1}^{r_1} a_p}$ ist (siehe Erl. 39), ergibt sich also

---

*) D. i. also die Idealklasse von $\mathfrak{f}_\chi \mathfrak{d}_0$ nach der Idealgruppe aller durch total positive Körperzahlen gelieferten Hauptideale, oder wie man gewöhnlich sagt, die **Idealklasse im engeren Sinne** von $\mathfrak{f}_\chi \mathfrak{d}_0$.

$\overline{W(\chi)} = W(\bar\chi)$. Daraus folgt $|W(\chi)| = W(\chi)\,\overline{W(\chi)} = W(\chi)\,W(\bar\chi) = 1$, also die obige Behauptung (9).

Für den Hauptcharakter χ_0 ist natürlich $W(\chi_0) = 1$, da hier $\mathfrak{f}_\chi = 1$ und durchweg $a_p = 0$ ist, und etwa $\mathfrak{r} = 1$ als vollständiges Repräsentantensystem gewählt werden kann. Den genauen Wert der übrigen Gaußschen Summen kann man aber bis heute nur in dem Spezialfall bestimmen, daß χ ein reeller Charakter, also $\chi^2 = \chi_0$ der Hauptcharakter ist.

3. Diese Bestimmung entspringt aus der folgenden interessanten Methode: Es sei K ein relativ-Abelscher Körper über k, der Klassenkörper zu der Idealgruppe H aus k vom Index h ist. Man kombiniert dann die Funktionalgleichungen der $L(s, \chi)$ nach H aus Satz 15 mit dem Resultat von Satz 14, d. h. verwendet die Tatsache, daß der Quotient

$$\frac{\prod\limits_\chi L(s, \chi)}{\zeta_K(s)} = 1$$

der sich durch Kombination der betr. Funktionalgleichungen*) ergebenden Funktionalgleichung genügen muß. Nach einigen leichten Rechnungen[42]) ergibt sich so die Tatsache, daß die Funktion

$$\varphi(s) = \left(\sqrt{\frac{d^h\,N\left(\prod\limits_\chi \mathfrak{f}_\chi\right)}{D}}\right)^s,$$

wo D der Diskriminantenbetrag von K ist, der Funktionalgleichung

$$\varphi(s) = \prod_\chi W(\chi)\cdot\varphi(1-s)$$

genügen muß. Daraus folgt aber die Identität in s

$$\left(\sqrt{\frac{d^h\,N\left(\prod\limits_\chi \mathfrak{f}_\chi\right)}{D}}\right)^{2s-1} = \prod_\chi W(\chi),$$

aus der zu entnehmen ist, daß die Basis der rechten und die linke Seite gleich 1 sein müssen.

Man hat also als erste Folgerung aus dieser Identität

$$(10) \qquad \prod_\chi W(\chi) = 1.$$

Aus (10) lassen sich i. a. die einzelnen $W(\chi)$ nicht bestimmen. Ist aber χ ein (vom Hauptcharakter verschiedener) reeller Charakter, und wendet man die erhaltene Relation (10) auf die χ zugeordnete Ideal-

---

*) Natürlich ist auch die Funktionalgleichung für $\zeta_K(s)$ als Spezialfall ($\chi = \chi_0$ und K für k) aus Satz 15 zu entnehmen.

gruppe H_χ an, nach der es dann außer dem Hauptcharakter χ_0 nur
noch diesen Charakter χ gibt, so resultiert wegen $W(\chi_0) = 1$ die Formel

$$(11) \qquad \sum_{\mathfrak{r} \bmod. \mathfrak{f}_\chi} \left(\chi(\mathfrak{r}) \cdot \sum_{(\varrho)} e^{2\pi i S(\varrho)} \right) = i^{\sum\limits_{p=1}^{r_1} a_p} \sqrt{N(\mathfrak{f}_\chi)}; \quad (\textit{für } \chi^2 = \chi_0).^{43})$$

Die *Gauß*schen Summen benutzt *Hecke*, um nach dem Muster des vierten
*Gauß*schen Beweises *des quadratischen Reziprozitätsgesetzes* im rationalen
Körper dieses Gesetz in einem beliebigen Grundkörper k zu beweisen.

Als zweite Folgerung aus unserer obigen Identität ergibt sich

$$d^h N\left(\prod_\chi \mathfrak{f}_\chi\right) = D.$$

Da nun bekanntlich auch $\qquad d^h N(\mathfrak{d}) = D$

ist, wo $\mathfrak{d}$ die Relativdiskriminante von K nach k bezeichnet, folgt

$$N\left(\prod_\chi \mathfrak{f}_\chi\right) = N(\mathfrak{d}).$$

Natürlich kann aus dieser Relation nicht ohne weiteres auf

$$(12) \qquad\qquad \prod_\chi \mathfrak{f}_\chi = \mathfrak{d}$$

geschlossen werden, da es, wenn k nicht der rationale Körper ist, in k
sehr wohl verschiedene Ideale mit gleicher Norm geben kann. Die
Relation (12) ist aber, wie man durch Anwendung weiterer analytischer
Hilfsmittel zeigen kann[44]), in der Tat richtig. Es gilt also:

Satz 16. *Ist K ein relativ-Abelscher Körper über k, der Klassenkörper zur Idealgruppe H vom Index h aus k ist, so ist die Relativ-
diskriminante $\mathfrak{d}$ von K nach k das Produkt $\prod\limits_\chi \mathfrak{f}_\chi \cdot$ der Führer aller
h Charaktere χ nach H.*

Wir stellen diesem Satz noch den folgenden zur Seite:

Satz 17. *Der Führer $\mathfrak{f}$ von H ist das kleinste gemeinsame Multiplum
$(\mathfrak{f}_\chi)$ aller Führer $\mathfrak{f}_\chi$ der h Charaktere χ nach H.*

Beweis: Die χ zugeordnete Idealgruppe H_χ, deren Führer $\mathfrak{f}_\chi$ ist,
ist die Gesamtheit aller Ideale von k, für die χ den Wert 1 liefert,
während H selbst (als Einheitselement der Gruppe A/H, von der die χ
das volle Charaktersystem sind) die Gesamtheit aller Ideale von k ist,
für die alle χ den Wert 1 liefern. Also ist H der Durchschnitt $[H_\chi]$
aller H_χ und somit $\mathfrak{f}$ nach S. 9 o. das kleinste gemeinsame Multiplum $(\mathfrak{f}_\chi)$
aller $\mathfrak{f}_\chi$.

Durch Satz 16 und 17 wird der in Satz 6 erkannte Zusammen-
hang zwischen dem Führer $\mathfrak{f}$ von H und der Relativdiskriminante $\mathfrak{d}$

von K nach k präzisiert. Insbesondere sieht man sofort, *daß $\mathfrak{f}$ ein Teiler von $\mathfrak{d}$ ist.*

Für den in § 6, (B″) behandelten Spezialfall eines relativ-zyklischen Körpers K vom Primzahlgrad l und der Relativdiskriminante $\mathfrak{d} = \mathfrak{f}^{l-1}$ ergibt sich jetzt unmittelbar die auf S. 24, Anm. ausgesprochene und auf S. 26, Anm. schon für spezielle Grundkörper k als richtig erkannte Behauptung, daß $\mathfrak{f}$ der Führer von H ist. In der Tat sind ja dann die Führer $\mathfrak{f}_\chi$ der $l-1$ vom Hauptcharakter χ_0 verschiedenen Charaktere $\chi,\ \chi^2,\ \ldots,\ \chi^{l-1}$ offenbar sämtlich einander gleich, nämlich gleich dem Führer von H, und ihr Produkt $\mathfrak{f}_\chi^{l-1}$ muß nach Satz 16 gleich $\mathfrak{d} = \mathfrak{f}^{l-1}$ sein, so daß wirklich $\mathfrak{f} = \mathfrak{f}_\chi$ der Führer von H ist.

§ 10. Die absolut-Abelschen Körper und die zu einem imaginär-quadratischen Grundkörper Abelschen Körper.

Die *Takagi*sche Theorie der relativ-Abelschen Körper liefert — und darin besteht wohl ihre schönste Anwendung — auf Grund des Umkehrsatzes 5 die naturgemäßesten Beweise der berühmten Theoreme von *Kronecker* über die *absolut-Abelschen* (d. h. zum rationalen Zahlkörper k_0[*]) Abelschen) *Körper* und die zu einem *imaginär-quadratischen Grundkörper $k_0\left(\sqrt{-d}\right)$ Abelschen Körper.*

1. Für die absolut-Abelschen Körper liefert nämlich Satz 5 fast unmittelbar den *Kronecker-Weber*schen Satz:

Satz 18. *Jeder absolut-Abelsche Körper ist Unterkörper eines Kreisteilungskörpers.*

Ein zu k_0 Abelscher Körper ist nämlich nach Satz 5 Klassenkörper zu einer Idealgruppe H von k_0. Ist m ein Erklärungsmodul für H, so enthält H den Strahl mod. m in k_0. Nach Satz 10 ist also K im Klassenkörper K_m zu $H_0^{(m)}$ enthalten. Nun ist aber dieser Klassenkörper K_m zu $H_0^{(m)}$, wie wir sofort zeigen werden, der Körper der m-ten Einheitswurzeln, und somit K wirklich Unterkörper eines Kreisteilungskörpers. (Natürlich genügt es, für m den Führer von H zu wählen.)

Um nun zu zeigen, daß der Klassenkörper K_m zum Strahl $H_0^{(m)}$ aus k_0 der Körper der m-ten Einheitswurzeln ist, beweisen wir in Rücksicht auf den zweiten Teil dieses § gleich den entsprechenden Satz für beliebige Grundkörper k, dessen Beweis um nichts schwieriger ist, als der für k_0.

Satz 19. *Ist k ein beliebiger Grundkörper und Z eine primitive m-te Einheitswurzel (m beliebig ganz positiv), so ist der Körper $K_m = k(Z)$*

---

[*] In diesem § bezeichnet k_0 durchweg den rationalen Zahlkörper.

Klassenkörper über k zu der durch alle zu m primen Ideale $\mathfrak{a}$ von k mit der Eigenschaft

$$N(\mathfrak{a}) \equiv 1 \text{ mod. } m$$

gelieferten Idealgruppe H_m aus k.[45])

Beweis: Die Behauptung ergibt sich unmittelbar aus Satz 9, indem man zeigt, daß ein zu m primes Primideal 1. Grades $\mathfrak{p}$ aus k in K_m in verschiedene Primideale vom Grade f zerfällt, wenn $\mathfrak{p}^f$ die früheste in H_m enthaltene Potenz von $\mathfrak{p}$ ist.

Zunächst ist nämlich klar, daß die Relativdiskriminante von K_m nach k nur Primteiler von m enthält, weil die Diskriminante m^m der (reduziblen) Gleichung $x^m - 1 = 0$, der Z genügt, nur solche Primteiler enthält. Daher zerfallen die zu m primen $\mathfrak{p}$ aus k in K in verschiedene Primideale.

Ist ferner $\mathfrak{p}$ ein zu m primes Primideal 1. Grades aus k, also $N(\mathfrak{p}) = p$ eine rationale (positive), zu m prime Primzahl, so läßt sich jedes ganze A aus K_m mod. $\mathfrak{p}$ in der Form:

$$A \equiv \sum_i a_i Z^i \text{ mod. } \mathfrak{p}$$

schreiben. Dabei dürfen die a_i als ganze rationale Zahlen gewählt werden, weil $\mathfrak{p}$ vom 1. Grade ist und weil die Diskriminante von Z nur Primteiler von m enthält, also prim zu $\mathfrak{p}$ ist.

Nach dem Fermatschen Satz und weil alle „mittleren" p-ten Polynomialkoeffizienten durch p teilbar sind, folgt dann durch sukzessives Potenzieren mit p

$$A^{p^{\varkappa}} \equiv \sum a_i Z^{ip^{\varkappa}} \text{ mod. } \mathfrak{p}; \quad (\varkappa = 0, 1, \ldots).$$

Wenn daher f der kleinste positive Exponent ist, für den $N(\mathfrak{p}^f) = p^f \equiv 1$ mod. m ist, d. h. $\mathfrak{p}^f$ in H_m liegt, so ergibt sich wegen $Z^m = 1$:

$$A^{p^f} \equiv A \text{ mod. } \mathfrak{p} \text{ für jedes ganze } A \text{ aus } K_m.$$

Ist also $\mathfrak{P}$ ein Primteiler von $\mathfrak{p}$ in K_m vom Grade f', so genügen alle $\bar{N}(\mathfrak{P}) = N(\mathfrak{p}^{f'}) = p^{f'}$ Restklassen mod. $\mathfrak{P}$ aus K_m der Kongruenz p^f-ten Grades:

$$x^{p^f} - x \equiv 0 \text{ mod. } \mathfrak{P},$$

woraus $f' \leqq f$ folgt, da diese Kongruenz höchstens p^f mod. $\mathfrak{P}$ inkongruente Wurzeln in K_m haben kann.

Andererseits ist nach dem Fermatschen Satz (in K_m), da Z als Einheit prim zu $\mathfrak{p}$ ist,

$$Z^{\bar{N}(\mathfrak{P}) - 1} = Z^{p^{f'} - 1} \equiv 1 \text{ mod. } \mathfrak{P}.$$

Da aber wegen $\left(\dfrac{x^m - 1}{x - 1}\right)_{x=1} = m = \prod_{i=1}^{m-1} (1 - Z^i)$ eine Differenz $1 - Z^i$;

$(i = 1, 2, \ldots, m-1)$ als Teiler von m nicht durch das zu m prime $\mathfrak{P}$ teilbar sein kann, muß $Z^{p^{f'}-1} = 1$, d. h. $p^{f'} \equiv 1$ mod. m sein. Hieraus folgt nach der Bestimmung von f, daß $f' \geqq f$ sein muß. Es ist somit $f' = f$, d. h. der Exponent f, für den zuerst p^f in H_m liegt, ist tatsächlich der Grad der in $\mathfrak{p}$ aufgehenden Primideale aus K_m, w. z. b. w.

2. Für die zu einem imaginär-quadratischen Grundkörper Abelschen Körper führen die entsprechenden Überlegungen ebenso einfach zur Entscheidung über den sog. **Kroneckerschen Jugendtraum,** *nämlich die Frage, ob alle solchen Körper durch Einheitswurzeln und singuläre Werte der absoluten Invariante $j(\tau)$ aus der Theorie der elliptischen Modulfunktionen (d. h. Werte, die $j(\tau)$ für Argumente τ aus dem imaginärquadratischen Grundkörper annimmt) erzeugt werden können.*

Die *Kronecker*sche Vermutung, daß dies der Fall sei, erweist sich aber als nur teilweise richtig. Wie *Fueter* und *Takagi* erkannten, wird nämlich auf die angegebene Weise nur ein Teil der fraglichen Körper geliefert, während man zur Erzeugung aller gewisse Teilwerte von *elliptischen Funktionen* heranziehen muß.

a)*) Wir beschäftigen uns zunächst mit den durch die singulären Werte von $j(\tau)$ gelieferten Körpern. Es sei $k = k_0(\sqrt{-d})$ ein imaginärquadratischer Körper mit der Diskriminante $-d < 0$. Ist dann $-D = -m^2 d$ (mit irgendeinem ganzen positiven m) eine Zahldiskriminante[46]) von k, so ordnen sich die Klassen nach der weiteren Modulgruppe (Determinante ± 1) äquivalenter Zahlen der Diskriminante $-D$ aus k eineindeutig den h_m Idealklassen nach derjenigen mod. m erklärten Idealgruppe zu, die aus allen (zu m primen) Hauptidealen (α) mit

$$\alpha \equiv r \text{ mod. } m; \quad (r \ rational)$$

besteht. Diese Idealgruppe nennt man den **Ring mod.** m (Bezeichnung $\bar{H}_m$) und die Idealklassen nach ihr die **Ringklassen mod.** m.

Die genannte Zuordnung besteht in folgendem: Jedes zu m prime Ideal $\mathfrak{a}$ aus k besitzt eine *Basis* (α_1, α_2) *in* $\bar{H}_m$.[47]) Die Quotienten $\tau = \dfrac{\alpha_2}{\alpha_1}$ der Basiszahlen α_1, α_2 aller möglichen Basen aller Ideale einer und derselben Ringklasse mod. m sind dann nach der weiteren Modulgruppe äquivalente Zahlen der Diskriminante $-D = -m^2 d$, und ver-

---

*) Eine ausführliche Darstellung der im folgenden skizzierten Theorie findet man in *Weber*, „Lehrbuch der Algebra", III., 2. Aufl., 1908, sowie in dem neuerdings erschienenen Buche von *R. Fueter*, „Vorlesungen über die singulären Moduln und die komplexe Multiplikation der elliptischen Funktionen", I., Leipzig 1924. — Siehe außerdem meine Darstellung dieser Theorie an der auf S. 44, Anm. *) zitierten Stelle.

schiedenen Ringklassen entsprechen nach der weiteren Modulgruppe inäquivalente Basisquotienten. Ist nun $\tau_1, \ldots, \tau_{\bar{h}_m}$ ein vollständiges Repräsentantensystem von Basisquotienten der $\bar{h}_m$ Ringklassen mod. m, so sind die $\bar{h}_m$ Funktionswerte der absoluten Invariante $j(\tau)$:

$$j(\tau_1), \ldots, j(\tau_{\bar{h}_m}),$$

(die sog. **Klasseninvarianten von** $\overline{H_m}$), wegen der Invarianz von $j(\tau)$ gegenüber Substitutionen der weiteren Modulgruppe, unabhängig von den gewählten Repräsentanten den $\bar{h}_m$ Ringklassen eineindeutig zugeordnet.

Es zeigt sich dann auf Grund funktionentheoretischer und arithmetischer Eigenschaften der Funktion $j(\tau)$ (in gewisser Weise analog wie vorhin beim Kreisteilungskörper aus denen der Exponentialfunktion $e^{2\pi i \tau}$), daß die Klasseninvarianten $j(\tau_i)$ von $\overline{H}_m$ ganze algebraische Zahlen sind, und daß ein zu einem geeigneten Multiplum $\bar{m}$ von m primes Primideal 1. Grades $\mathfrak{p}$ von k in jedem der Körper $k(j(\tau_i))$ in verschiedene Primideale f-ten Grades zerfällt, wenn $\mathfrak{p}^f$ als früheste Potenz von $\mathfrak{p}$ in $\overline{H}_m$ liegt.[48]) Daraus folgt nach Satz 9, daß jeder dieser Körper $k(j(\tau_i))$ der Klassenkörper $\overline{K}_m$ zu $\overline{H}_m$ (der sog. **Ringklassenkörper mod.** m) ist, und also alle in den Sätzen 2—4 genannten Eigenschaften hat.

Ist $(1, \omega)$ eine Basis von k, so ist offenbar $j(m\omega)$ eine der Klasseninvarianten von $\overline{H}_m$. Daher können wir das erhaltene Ergebnis auch so aussprechen:

Satz 20. *Ist* $(1, \omega)$ *eine Basis des imaginär-quadratischen Körpers* k *und* m *ganz rational, so ist der Körper* $\overline{K}_m = k(j(m\omega))$ *der Klassenkörper zum Ring* $\overline{H}_m$ *aus* k, *d. h. zu derjenigen Idealgruppe mod.* m, *die durch alle zu* m *primen Hauptideale* (α) *aus* k *mit*

$$\alpha \equiv r \text{ mod. } m; \quad (r \text{ rational})$$

gebildet wird.

b) Nach Satz 19 ist ferner der Körper $K_m = k\left(e^{\frac{2\pi i}{m}}\right)$ der Klassenkörper zu der durch

$$N(\mathfrak{a}) \equiv 1 \text{ mod. } m$$

definierten Idealgruppe H_m mod. m. Der komponierte Körper

$$K_m^* = (K_m, \overline{K}_m) = k\left(e^{\frac{2\pi i}{m}}, j(m\omega)\right)$$

ist also nach Satz 11 der Klassenkörper zum Durchschnitt $H_{*m} = [H_m, \overline{H}_m]$.

Dieser Durchschnitt H_{*m} ist nun ersichtlich die durch alle (zu m primen) Hauptideale (α) mit

$$\alpha \equiv r \text{ mod. } m; \quad r^2 \equiv 1 \text{ mod. } m; \quad (r \text{ rational})$$

gelieferte Idealgruppe mod. m. Es gilt also:

Satz 21. *Ist $(1, \omega)$ eine Basis des imaginär-quadratischen Körpers k
und m ganz rational, so ist der Körper*

$$K_m^* = (K_m, \overline{K}_m) = k\left(e^{\frac{2\pi i}{m}},\; j(m\omega)\right)$$

*der Klassenkörper zu derjenigen Idealgruppe H_{*m} mod. m aus. k, die durch
alle zu m primen Hauptideale (α) aus k mit*

$$\alpha \equiv r \bmod. m; \quad r^2 \equiv 1 \bmod. m; \quad (r\ rational)$$

gebildet wird.

c) Der Grund nun, weswegen diese Körper K_m^* nicht, wie *Kronecker*
fälschlich vermutete, alle relativ-Abelschen Körper über k erschöpfen,
liegt darin, daß die Idealgruppe H_{*m} nicht notwendig mit der engsten,
mod. m erklärbaren Idealgruppe, dem Strahl $H_0^{(m)}$ identisch ist. Denn die
Kongruenzbedingungen für H_{*m} haben nicht notwendig $\alpha \equiv \pm 1$ mod. m
zur Folge. Man sieht aber sofort, daß die Faktorgruppe $H_{*m}/H_0^{(m)}$ eine
Gruppe vom Typus $(2, 2, \ldots, 2)$ ist, wo die Anzahl s der Invarianten 2
jedenfalls nicht größer als die Anzahl der in m aufgehenden Primzahlen
ist. Daraus folgt auf Grund unserer Theorie leicht, daß der Klassenkörper $K_0^{(m)}$ zu $H_0^{(m)}$ über K_m^* aus s unabhängigen quadratischen Körpern
komponierbar, also durch Adjunktion von s Quadratwurzeln aus Zahlen
von K_m^* zu K_m^* erzeugbar ist. Da nun offenbar jede mod. $\mathfrak{m}$ erklärbare
Idealgruppe H in k auch nach einem rationalen m, etwa $m = N(\mathfrak{m})$
erklärt werden kann, folgt nach demselben Schluß wie in 1.:

Satz 22. *Alle zu einem imaginär-quadratischen Grundkörper k Abelschen Körper K lassen sich durch singuläre Werte von $j(\tau)$, Einheitswurzeln und Quadratwurzeln des so bestimmten Rationalitätsbereichs erzeugen. Speziell kommt man für die K von ungeradem Relativgrade mit
singulären Werten von $j(\tau)$ und Einheitswurzeln allein aus.*

d) Wie schon hervorgehoben, lassen sich alle fraglichen Körper K
dadurch erzeugen, daß man neben den singulären Werten von $j(\tau)$ an
Stelle der Einheitswurzeln gewisse Teilwerte von elliptischen Funktionen
heranzieht. *Weber* (l. c.), nach ihm *Fueter* (l. c.) und *Takagi* (in der
ersten seiner auf S. 2 zitierten Arbeiten) benutzen dazu die von der
0-ten Dimension homogene elliptische Funktion 2-ter Stufe

$$S^2(u) = \frac{\vartheta_{11}^2\left(\dfrac{u}{\omega_1}\right)}{\vartheta_{01}^2\left(\dfrac{u}{\omega_1}\right)} = \varkappa\,\mathrm{sn}^2\,\frac{\pi\vartheta_{00}^2 u}{\omega_1} = \frac{\sqrt{(e_3 - e_1)(e_2 - e_3)}}{\wp(u) - e_2}$$

der Perioden ω_1, ω_2. Die Konstruktion mittels dieser Funktion $S^2(u)$
hat den Nachteil, daß sie nicht den Strahlklassenkörper $K_\mathfrak{m}$ zum Strahl
$H_0^{(m)}$ selbst liefert, sondern das Kompositum von $K_\mathfrak{m}$ mit dem Ringklassenkörper $\overline{K}_4$ oder $\overline{K}_2$, je nachdem 2 in k Primideal bleibt oder

zerlegt wird. Es liegt das daran, daß die Funktion $S^2(u)$ eine elliptische Funktion 2-ter Stufe ist, d. h. nur bei den Modulsubstitutionen einer gewissen Kongruenzgruppe 2-ter Stufe invariant ist. Wenn der genannte Nachteil auch für den Nachweis des an die Stelle von Satz 22 tretenden *Vollständigkeitssatzes* nichts ausmacht, da ja die so gelieferten Klassenkörper a fortiori alle zu k relativ-Abelschen Körper enthalten (weil schon die Strahlklassenkörper $K_\mathfrak{m}$ dies tun), so scheint es mir doch aus Gründen der Eleganz berechtigt, eine Konstruktion der Strahlklassenkörper $K_\mathfrak{m}$ selbst zu erstreben. Hierzu hat man eine von der 0-ten Dimension homogene elliptische Funktion 1-ter Stufe zu benutzen, also etwa die von *Weber* eingeführte Funktion

$$\tau(u) = \frac{g_2 g_3}{g_2^3 - 27 g_3^2}\, \wp(u)\ \text{(i. a.)}, \qquad \tau(u) = \frac{\wp^2(u)}{g_2}\ \left(\text{für } k = k_0(\sqrt{-1})\right),$$

$$\tau(u) = \frac{\wp^3(u)}{g_3}\ \left(\text{für } k = k_0(\sqrt{-3})\right).$$

Für den durch diese Funktion $\tau(u)$ gelieferten „Teilungskörper" $\mathfrak{T}_\mathfrak{m}$ konnte *Weber* a. a. O. zwar zeigen[49]), daß er relativ-Abelsch zu k und seine Galoissche Relativgruppe zur Strahlklassengruppe mod. $\mathfrak{m}$ (ev. mehrstufig) isomorph ist (Satz 2); er vermochte jedoch nicht den Nachweis zu erbringen, daß in $\mathfrak{T}_\mathfrak{m}$ das im Strahlklassenkörper $K_\mathfrak{m}$ bestehende Zerlegungsgesetz für die Primideale aus k (Satz 4) oder wenigstens das für den Identitätsbeweis von $\mathfrak{T}_\mathfrak{m}$ mit $K_\mathfrak{m}$ hinreichende Zerlegungsgesetz für die Primideale 1. Grades aus k (Def. 1, Satz 9) gilt. Aus diesem Grunde mußte er für die endgültige Konstruktion der Klassenkörper zu k die Funktion $S^2(u)$ heranziehen.[50])

Wie man dennoch mit der *Weber*schen Funktion $\tau(u)$ zum Ziel kommt, gedenke ich an besonderer Stelle*) auseinanderzusetzen, so daß ich mir hier ein genaueres Eingehen auf den Weg von *Weber, Fueter, Takagi* ersparen kann.

§ 11. Drei ungelöste Probleme aus der Theorie der relativ-Abelschen Körper.**)

1. Das Hilbertsche Konstruktionsproblem.***)

Anknüpfend an die soeben behandelten beiden Spezialfälle des rationalen und imaginär-quadratischen Grundkörpers erhebt sich die Frage, ob es auch für beliebige Grundkörper k möglich ist, die zugehörigen Klassenkörper und somit nach Satz 5 alle zu ihnen relativ-Abelschen

---

Körper durch spezielle Funktionswerte für Argumente aus k von geeigneten analytischen Funktionen zu erzeugen. Diese Frage hat *Hecke*[*]) für reell-quadratische Zahlkörper in Angriff genommen und hat durch Anwendung gewisser Modulfunktionen von zwei Veränderlichen eine Reihe wichtiger und schöner Resultate in dieser Richtung erzielt. Von der allgemeinen Lösung des aufgeworfenen Problems ist man aber, nicht zum mindesten infolge des Fehlens der funktionentheoretischen Hilfsmittel, noch weit entfernt.

2. Das Hilbertsche Hauptidealproblem.

Wir wollen für einen beliebigen Grundkörper k unter dem **absoluten Klassenkörper im engeren Sinne** den Klassenkörper zum Strahl $H_0^{(1)}$ mod. 1, d. h. zu der **absoluten Hauptklasse im engeren Sinne,** verstehen. Für diesen (ebenfalls schon von *Hilbert* betrachteten) Klassenkörper $K_0^{(1)}$ vermutete *Hilbert,* außer den in Satz 1—4 zusammengestellten und durch die *Takagi*schen Sätze bewiesenen Eigenschaften, noch die folgende, die er in dem von ihm allein behandelten Spezialfall, daß $K_0^{(1)}$ relativ-quadratisch zu k ist, auch beweisen konnte.

Im absoluten Klassenkörper im engeren Sinne zu k werden alle Ideale von k Hauptideale im engeren Sinne.

Diese Vermutung ist bisher nur in dem Spezialfalle bestätigt, daß die absolute Idealklassengruppe im engeren Sinne von k *zyklisch,* also auch $K_0^{(1)}$ *relativ-zyklisch zu k* ist, außerdem für den Typus (l, l) [*Furtwängler,* „Über das Verhalten der Ideale des Grundkörpers im Klassenkörper", Monatshefte für Math. u. Phys. XXVII (1916)].

Sind nämlich $l_1^{v_1}, \ldots, l_s^{v_s}$ die Invarianten der absoluten Idealklassengruppe von k im engeren Sinne, wobei dann also (wenn diese zyklisch ist) $l_1, \ldots, l_s$ verschiedene Primzahlen sind, und ist wie auf S. 28

$$K_0^{(1)} = (K_1, \ldots, K_s); \quad H_0^{(1)} = [H_1, \ldots, H_s],$$

K_i relativ-zyklisch vom Grade $l_i^{v_i}$ und Klassenkörper zu H_i, so kommt es nur darauf an, zu zeigen, daß die Ideale aus k in bezug auf die Hauptideale im engeren Sinne aus K_i zu l_i prime Exponenten haben Denn daraus folgt ja ohne weiteres, daß ihr Exponent in bezug auf die Hauptideale im engeren Sinne aus $K_0^{(1)}$, als Teiler der s je zu l_i primen Exponenten für die K_i und des Maximalexponenten $h_0^{(1)} = \prod_{i=1}^{s} l_i^{v_i}$ in k, gleich 1 sein muß.

Wendet man nun den Satz (C) aus § 6, C) auf einen der relativ-zyklischen Körper K_i an, so ist darin $\mathfrak{m} = \mathfrak{M} = 1$ zu setzen, weil K_i

---

[*]) „Höhere Modulfunktionen und ihre Anwendungen auf die Zahlentheorie", Math. Ann. 71 (1911). „Über die Konstruktion relativ-Abelscher Zahlkörper durch Modulfunktionen von zwei Variablen", Math. Ann. 74 (1913).

als Klassenkörper zu dem mod. 1 erklärten H_i die Relativitätsdiskriminante 1 hat. Es ist dann aus (C) zu entnehmen, daß

(a) das Hauptgeschlecht in K_i mit der Gesamtheit aller $(1 - \sigma_i)$-ten Potenzen von absoluten Idealklassen im engeren Sinne aus K_i identisch ist, wo σ_i eine erzeugende Substitution der Galoisschen Gruppe von K_i bezeichnet;

(b) die Anzahl der Geschlechter in K_i gleich dem $l_i^{\nu_i}$-ten Teil, der Klassenzahl von k im engeren Sinne $h_0^{(1)}$ (nach $H_0^{(1)}$) ist, also den zu l_i primen Wert $\prod\limits_{\varkappa \,\neq\, i} l_\varkappa^{\nu_\varkappa}$ hat.

Aus (a) und (b) folgert man nun, genau wie im Beweis von (B″) (S. 23/24), daß die Anzahl der *ambigen Idealklassen im engeren Sinne* von K_i den in (b) genannten, zu l_i primen Wert hat, daß also alle in der Gruppe dieser ambigen Klassen vorkommenden Ideale zu l_i prime Exponenten in bezug auf die Hauptideale im engeren Sinne von K_i haben. Da aber jedes Ideal aus k in K_i einer ambigen Klasse angehört, weil es bei σ_i ungeändert bleibt, folgt die Behauptung.

Wie man sieht, versagt diese und auch verwandte Schlußweisen, wenn K_i aus relativ-zyklischen Körpern mit nicht zueinander primen Relativgraden komponiert ist. Es fehlt hier bisher eine Durchführung der schon für den relativ-zyklischen Fall reichlich schwierigen Theorie der Geschlechter.

3. Das Klassenkörperturmproblem.

Furtwängler hat die Frage aufgeworfen[*]), ob die durch k eindeutig bestimmte Körperfolge („Klassenkörperturm")

$$k = k_0 \leqq k_1 \leqq k_2 \leqq \cdots,$$

wo jedesmal k_i der absolute Klassenkörper zu k_{i-1} ist, notwendig einmal dadurch abbricht, daß ein k_i die absolute Klassenzahl 1 bekommt, oder ins Unendliche fortgehen kann. Hierüber ist bisher gar nichts bekannt, außer einem ganz speziellen Resultat, das nur einen ersten Anhalt liefert, in der a. S. 45, Z. 14 v. u. zitierten Arbeit von *Furtwängler. Artin*[*]) bemerkt, daß durch eine ev. Verschärfung der bekannten *Minkowski*schen Ungleichung für den Diskriminantenbetrag d eines algebraischen Zahlkörpers n-ten Grades mit r_2 Paaren konjugiert-komplexer **Körper**:

$$d > \left(\frac{\pi}{4}\right)^{2r_2} \left(\frac{n^n}{n!}\right)^2 > \frac{\left(\frac{\pi}{4}\,e^2\right)^n}{2\,\pi\,n\,e^{\frac{1}{6n}}}$$

das Abbrechen bewiesen werden könnte. Damit nämlich die Annahme eines unendlich hohen Klassenkörperturmes mit einem Wachstumsgesetz

$$d > \varphi(n)$$

<hr>

[*]) Nach mündlicher Mitteilung von *E. Artin* an den Verfasser.

für den Diskriminantenbetrag d eines Zahlkörpers n-ten Grades zu einem Widerspruch führt, genügt es, daß die Funktion $\varphi(n)$ die asymptotische Eigenschaft

$$\lim_{n \to \infty} (\varphi(n_0 n))^{\frac{1}{n}} = + \infty \quad \text{für} \quad n_0 > 1$$

hat. Denn da die Relativdiskriminanten der k_i nach k_0 gemäß Satz 3 sämtlich 1 sind, müßte der Diskriminantenbetrag d_i von k_i durch $d_i = d_0^{n_i}$ gegeben sein, wenn d_0 den von k_0 und n_i den Relativgrad von k_i über k_0 bezeichnet. Aus dem angenommenen Wachstumsgesetz folgte dann

$$d_i = d_0^{n_i} > \varphi(n_0 n_i), \quad \text{also} \quad d_0 > (\varphi(n_0 n_i))^{\frac{1}{n_i}},$$

was mit der angegebenen asymptotischen Eigenschaft von $\varphi(n)$ bei der Existenz beliebig großer n_i zum Widerspruch führte.

Für die *Minkowski*sche Abschätzungsfunktion

$$\varphi(n) = \frac{\left(\frac{\pi}{4} e^2\right)^n}{2 \pi n\, e^{\frac{1}{6n}}}$$

ist

$$\lim_{n \to \infty} (\varphi(n_0 n))^{\frac{1}{n}} = \left(\frac{\pi}{4} e^2\right)^{n_0}$$

endlich, so daß man damit nicht zum Ziel kommt, wenn der Grundkörper k_0 einen Diskriminantenbetrag $d_0 \geqq \left(\frac{\pi}{4} e^2\right)^{n_0}$ hat, was „fast immer" (d. h. bis auf endlich viele Körper n_0-ten Grades) eintritt. Man erkennt aber, daß es hinreichte, wenn in der *Minkowski*schen Ungleichung rechts noch irgendeine n-te Potenz einer gegen $+ \infty$ strebenden Funktion, also etwa $(\log n)^n$ oder $(\log\log n)^n$, ... als Faktor hinzugesetzt werden dürfte. Daß de facto die *Minkowski*sche Ungleichung nicht die wahre untere Grenze der bei gegebenem n möglichen d darzustellen scheint, wie die Spezialfälle $n = 2, 3, 4$ lehren, spricht für die Richtigkeit des *Abbrechens*. Ob allerdings der hier angegebene Weg zum Beweise geeignet ist, muß dahingestellt bleiben.

Die Bestätigung dieser Vermutung des Abbrechens würde dann bedeuten, daß man zu jedem algebraischen Körper k einen relativ-metazyklischen Oberkörper K finden kann, so daß in K nicht nur die Ideale des Grundkörpers, sondern überhaupt alle Ideale zu Hauptidealen werden, also ein gewisses Seitenstück zu dem in 2. genannten *Hilbert*schen Hauptidealsatz.

Erläuterungen.

1) Es sei hier an folgende elementare Tatsachen erinnert: Die Zerlegung eines Primideals $\mathfrak{p}$ von k in Primidealfaktoren in einem relativ-Galoisschen Oberkörper K vom Relativgrade n über k hat stets die Form:

$$\mathfrak{p} = (\mathfrak{P}_1 \ldots \mathfrak{P}_g)^e \qquad (\mathfrak{P}_i \text{ vom Relativgrade } f),$$

wird also durch die drei positiven ganzen Zahlen g (Anzahl der verschiedenen in $\mathfrak{p}$ aufgehenden Primideale $\mathfrak{P}_i$), f (gemeinsamer Relativgrad dieser $\mathfrak{P}_i$), e (gemeinsamer Exponent dieser $\mathfrak{P}_i$) vollständig charakterisiert. Zwischen diesen drei Zahlen besteht überdies noch stets die Relation $efg = n$. Ist $\mathfrak{p}$ selbst vom Grade f_0, so sind die $\mathfrak{P}_i$ vom vollen Grade $f_0 f$. — Es ist dann und nur dann $e > 1$, wenn $\mathfrak{p}$ Teiler der Relativdiskriminante von K nach k ist.

2) D. h. α ist Quotient zweier ganzer, zu $\mathfrak{m}$ primer, mod. $\mathfrak{m}$ kongruenter Zahlen. — Im Bereiche der zu $\mathfrak{m}$ primen, d. h. als reduzierter Idealbruch in Zähler und Nenner zu $\mathfrak{m}$ primen Zahlen haben Kongruenzen mod. $\mathfrak{m}$ den sich unmittelbar aus der Auffassung der primen Restklassen mod. $\mathfrak{m}$ als multiplikative Gruppe ergebenden Sinn.

3) D. h. die konjugierten zu α in den zu k konjugierten Körpern, soweit letztere reell sind, kurz **die reellen konjugierten zu α** sind positiv. Die Kombination der Vorzeichen dieser reellen konjugierten zu α nennt man auch **die Signatur von α.**

4) Für die Einteilung nach $H_0^{(\mathfrak{m})}$ (in die Strahlklassen mod. $\mathfrak{m}$) ist das ohne weiteres ersichtlich; für die nach H_0 (in die absoluten Idealklassen) hat man $\mathfrak{m} = 1$ zu setzen. Jedoch ist $H_0^{(1)}$ i. a. echte Untergruppe von H_0, so daß die Einteilung nach H_0 (in die absoluten Idealklassen) erst durch „Komplexion" aus der nach $H_0^{(1)}$ (in die Strahlklassen mod. 1) entsteht. Denn $H_0^{(1)}$ besteht nach seiner Definition nur aus allen durch total-positive Körperzahlen gelieferten Hauptidealen, H_0 aber aus allen Hauptidealen.

5) *Takagi* nennt das: *„Kongruenzklassengruppe mod.* $\mathfrak{m}$" oder *„Klassengruppe mod.* $\mathfrak{m}$", indem er an die Entstehung durch „Komplexion" einer Gruppe von Strahlklassen mod. $\mathfrak{m}$ zu einer neuen Idealgruppe denkt. Wir vermeiden hier diese Bezeichnung, um den Unterschied zwischen den den Klasseneinteilungen als Hauptklassen zugrunde liegenden (unendlichen) Idealgruppen und den durch deren (endliche) Faktorgruppen gebildeten Idealklassengruppen nicht zu verwischen.

6) Das folgt unmittelbar daraus, daß einerseits in jeder absoluten Idealklasse unendlich viele zu einem beliebigen $\mathfrak{a}$ prime Ideale vorkommen, und daß andererseits in jeder Restklasse mod. $\mathfrak{m}$ und zu jeder Signatur unendlich viele zu einem beliebigen $\mathfrak{a}$ prime Zahlen existieren.

7) Seien $H^{(\mathfrak{m}_1)}$ und $H^{(\mathfrak{m}_2)}$ die mod. $\mathfrak{m}_1$ und mod. $\mathfrak{m}_2$ erklärten Repräsentanten von H, ferner $\mathfrak{a}$ ein Ideal, wie es nach Def. 2 existieren muß und $\mathfrak{d} = (\mathfrak{m}_1, \mathfrak{m}_2)$. Es genügt zu zeigen, daß alle zu einem geeigneten Ideal $\mathfrak{d}$ primen Ideale des Strahles $H_0^{(\mathfrak{d})}$ in $H^{(\mathfrak{m}_1)}$ enthalten sind; denn dann setzt sich ja das von den zu $\mathfrak{d}$ nicht primen Idealen befreite $H^{(\mathfrak{m}_1)}$ aus einer Gruppe von ebenso befreiten Strahlklassen mod. $\mathfrak{d}$ zusammen, was nach Def. 2 die „Gleichheit" von $H^{(\mathfrak{m}_1)}$ mit einer Idealgruppe mod. $\mathfrak{d}$ bedeutet. Wir wählen nun $\mathfrak{d} = \mathfrak{a}\mathfrak{m}_1\mathfrak{m}_2$. Ist dann α eine zu $\mathfrak{d}$ prime Körperzahl, für die $\alpha \equiv 1 \mod. \mathfrak{d}$; $\alpha \gg 0$ ist (d. h. (α) ein zu $\mathfrak{d}$ primes, sonst beliebiges Ideal aus $H_0^{(\mathfrak{d})}$), so läßt sich ein zu $\mathfrak{d}$ primes $\beta \gg 0$ so bestimmen, daß

$\beta \equiv \alpha$ mod. $\mathfrak{m}_1$, $\beta \equiv 1$ mod. $\mathfrak{m}_2$ wird, weil diese beiden Kongruenzen für den größten gemeinsamen Teiler $\mathfrak{d}$ ihrer Moduln miteinander verträglich sind, und die Forderungen: β prim zu $\mathfrak{d}$ und $\beta \gg 0$ unabhängig von Kongruenzvorschriften sind. Es ist dann (β) wegen der zweiten Kongruenz und $\beta \gg 0$ in $H^{(\mathfrak{m}_2)}$, also, da (β) prim zu $\mathfrak{d}$, und damit zu $\mathfrak{a}$, auch in $H^{(\mathfrak{m}_1)}$ enthalten, und daher wegen der ersten Kongruenz auch (α) in $H^{(\mathfrak{m}_1)}$ enthalten, w. z. b. w.

8) Die Idealgruppe $A^{(\mathfrak{m})}$ ist ein spezielles $H^{(\mathfrak{m})}$. Nach Def. 2 sind alle $A^{(\mathfrak{m})}$ einander „gleich", so daß wir im Sinne unserer Festsetzung von S. 7 für alle $A^{(\mathfrak{m})}$ das gemeinsame Zeichen A verwenden müssen. Die Idealgruppe A in der früheren Bedeutung als Gruppe aller Ideale von k ist dann vom jetzigen Standpunkt nur ein Repräsentant (nämlich $A^{(1)}$) der „Idealgruppe" A in ihrer jetzigen Bedeutung. Die Zeichen A/H und $(A:H)$ sind daher so zu verstehen, daß bei Wahl irgendeines möglichen Erklärungsmoduls $\mathfrak{m}$ für H jedesmal auch A nach demselben $\mathfrak{m}$ erklärt zu denken ist.

9) Sind $H_1^{(\mathfrak{m})}$ und $H_2^{(\mathfrak{m})}$ die mod. $\mathfrak{m}$ erklärten Repräsentanten von H_1 und H_2, also $H_1^{(\mathfrak{m})}$ Untergruppe von $H_2^{(\mathfrak{m})}$, so enthält $H_2^{(\mathfrak{m})}$ alle zu $\mathfrak{m}$ primen Ideale des Strahles $H_0^{(\mathfrak{f}_1)}$, da diese ja in $H_1^{(\mathfrak{m})}$ vorkommen; wie in Erl. 7 ist also H_2 auch mod. $\mathfrak{f}_1$ erklärbar, d. h. sein Führer $\mathfrak{f}_2$ Teiler von $\mathfrak{f}_1$. Erklärt man dann H_1 und H_2 mod. $\mathfrak{f}_1$, so daß sich beide immer aus ganzen Strahlklassen mod. $\mathfrak{f}_1$ zusammensetzen, so gehört die durch irgendein zu $\mathfrak{f}_1$ aber nicht zu $\mathfrak{m}$ primes Ideal von H_1 bestimmte Strahlklasse mod. $\mathfrak{f}_1$ auch zu H_2, weil sie sicher zu $\mathfrak{m}$ prime Ideale enthält. Daher ist auch bei Erklärung nach $\mathfrak{f}_1$ (und somit erst recht bei Erklärung nach irgendeinem ganzen Multiplum von $\mathfrak{f}_1$), H_1 in H_2 enthalten.

10) *Weber* bewies, daß zu jedem H höchstens ein Klassenkörper K existieren kann (also die Eindeutigkeitsaussage von Satz 1), und daß (in den Bezeichnungen von Satz 2) $n \geq h$ ist (siehe Satz 8). Er vermutete ferner: $n = h$ (siehe Def. 3). Für die Spezialfälle des rationalen oder eines imaginär-quadratischen Grundkörpers k, die er hauptsächlich im Auge hatte, brauchte er den allgemeinen Existenznachweis nicht, da er die Existenz dort funktionentheoretisch einsehen konnte (siehe § 10).

11) Wenn k der rationale Körper ist, dessen einzige Einheiten ± 1 sind, ist der Strahl $H_0^{(m)}$ die Gesamtheit aller „Hauptideale" $\pm a$, für die $a \equiv 1$ mod. m; $a > 0$ ist; es lassen sich also die Strahlklassen mod. m durch die positiven „Hälften" der $\varphi(m)$ primen Restklassen mod. m repräsentieren (wobei dann zu jeder solchen *Halbrestklasse* auch noch die durch Multiplikation mit -1 aus ihren Zahlen entstehende negative *Halbrestklasse* hinzuzurechnen ist). Die Charaktere χ nach $H_0^{(m)}$ (unter denen ja alle nach irgendeiner Idealgruppe H mod. m vorkommen) sind dann einfach die $\varphi(m)$ Charaktere der Gruppe der primen Restklassen mod. m und die L-Reihen (1) die mit diesen *Restklassencharakteren* gebildeten Summen $\sum\limits_{(a,m)=1} \dfrac{\chi(a)}{a^s}$ über alle ganzen positiven, zu m primen a, wie sie von *Dirichlet* betrachtet wurden.

12) Ein vollständiger, allgemeiner Beweis findet sich bisher nur in der zweiten der in der Anm. auf S. 2 zitierten *Weber*schen Arbeiten. Will man sich diesen Beweis in die moderne Schreibweise übersetzen, so tut man gut, den bei *Hecke* l. c. (S. 3 o.) §§ 40—42 für den Spezialfall der *Dedekind*schen ζ-Funktion (also $H = H_0$, $\chi = \chi_0$) dargestellten Beweis zum Vergleich heranzuziehen. — Es sei übrigens darauf hingewiesen, daß die genannten Tatsachen unter alleiniger Voraus-

setzung der Konvergenz der *Dedekind*schen ζ-Reihe $\zeta(s) = \sum\limits_{\mathfrak{a}} \dfrac{1}{N(\mathfrak{a})^s}$ für $\Re(s) > 1$

(also eines Teiles des bei *Hecke* l. c. dargestellten Beweises) zwanglos aus denjenigen Integraldarstellungen der $L(s, \chi)$ gefolgert werden können, die man zur Herleitung der Funktionalgleichungen (siehe § 9), der $L(s, \chi)$ verwendet. Da man für eine vollständige Theorie der relativ-Abelschen Körper diese Funktionalgleichungen sowieso nicht entbehren kann (siehe § 9), erscheint es für eine systematische Durchführung zweckmäßig, die gesamte Theorie der L-Reihen inkl. ihrer Funktionalgleichungen der Definition des Klassenkörpers und dem Beweis der Sätze über ihn voranzustellen.

13) Da $\mathfrak{a} = 1$ mit dem Charakterwert $\chi(\mathfrak{a}) = 1$ stets in den Summen für die $L(s, \chi)$ vorkommt, ist $\lim\limits_{\Re(s) \to +\infty} L(s, \chi) = 1$.

14) $g(s, \chi)$ besitzt, wie man leicht nachrechnet, die für $\Re(s) > \frac{1}{2}$ konvergente Reihe $n_0 \sum \dfrac{1}{p^{ms}}$ über alle ganzen $m \geq 2$ und alle natürlichen Primzahlen p als absolute Majorante (n_0 Grad von k).

15) Die Beiträge der (endlich vielen) Teiler $\mathfrak{p}_1$ von $\mathfrak{m}$ in (7) können in $g(s)$ gezogen werden.

16) Der Grund, weswegen wir nicht einfach diese *Takagi*sche Definition an Stelle der *Weber*schen von vorneherein eingeführt haben, ist der, daß die *Weber*sche Definition naturgemäßer und zum Verständnis der ganzen Klassenkörpertheorie geeigneter ist und auch für die Anwendungen vor der *Takagi*schen Vorteile bietet.

17) *Sind K_1 und K_2 relativ-Galoissche Körper über k, so zerfällt ein Primideal $\mathfrak{p}$ aus k im komponierten Körper $K = (K_1, K_2)$ dann und nur dann in verschiedene Primideale 1. Relativgrades, wenn $\mathfrak{p}$ sowohl in K_1 als auch in K_2 in verschiedene Primideale 1. Relativgrades zerfällt.*

Da in der mir zugänglichen Literatur kein ausführlicher Beweis dieses Satzes zu finden ist, soll ein solcher hier beigefügt werden:

a) Zerfällt $\mathfrak{p}$ in K in verschiedene Primfaktoren 1. Relativgrades, so ist es als Relativnorm eines seiner Primfaktoren aus K erst recht Relativnorm je eines Ideals (das dann ersichtlich Primideal sein muß) aus K_1 und K_2, also der Relativgrad seiner Primfaktoren in K_1 und K_2 beidesmal gleich 1. Die letzteren sind ferner verschieden, weil sie Produkte verschiedener Primfaktoren aus K sind.

b) Zerfällt $\mathfrak{p}$ in K_1 und K_2 je in verschiedene Primfaktoren 1. Relativgrades, so sind zunächst (Erl. 1) die Relativdiskriminanten von K_1 und K_2, also auch die von K prim zu $\mathfrak{p}$. (Letzteres begründet man leicht mittels des Satzes 76 des „Zahlberichts", nach dem der Trägheitskörper jedes Primfaktors $\mathfrak{P}$ von $\mathfrak{p}$ in K sowohl K_1 als auch K_2 enthält, also mit K zusammenfällt. Siehe auch Erl. 30.) Daher zerfällt $\mathfrak{p}$ in K in verschiedene Primfaktoren. Aus demselben Grunde ist ferner jedes „für $\mathfrak{p}$ ganze" (d. h. als reduzierter Idealbruch im Nenner zu $\mathfrak{p}$ prime) A aus K in der Form $\sum\limits_{\iota, \varkappa} \alpha_{\iota \varkappa} \Omega_1^{(\iota)} \Omega_2^{(\varkappa)}$ mit für $\mathfrak{p}$ ganzen $\Omega_1^{(\iota)}$ aus K_1 und $\Omega_2^{(\varkappa)}$ aus K_2 und für $\mathfrak{p}$ ganzen $\alpha_{\iota \varkappa}$ aus k darstellbar; da nun, wenn $\mathfrak{P}_1$ bzw. $\mathfrak{P}_2$ je einen Primfaktor von $\mathfrak{p}$ in K_1 bzw. K_2 bezeichnen, nach Voraussetzung die $\Omega_1^{(\iota)}$ mod. $\mathfrak{P}_1$ und $\Omega_2^{(\varkappa)}$ mod. $\mathfrak{P}_2$ je Zahlen aus k kongruent sind, folgt für den größten gemeinsamen Teiler $(\mathfrak{P}_1, \mathfrak{P}_2)$, daß jedes für $\mathfrak{p}$ ganze A aus K mod. $(\mathfrak{P}_1, \mathfrak{P}_2)$ einer Zahl aus k kongruent ist. Wenn somit $(\mathfrak{P}_1, \mathfrak{P}_2) \neq 1$ ist, was für mindestens ein Paar $\mathfrak{P}_1, \mathfrak{P}_2$ ersichtlich eintreten muß, ist hiernach ($\mathfrak{P}_1$, $\mathfrak{P}_2$) ein in $\mathfrak{p}$ aufgehendes Primideal 1. Relativgrades von K. Die Primfaktoren von $\mathfrak{p}$ in K sind also verschieden und haben den Relativgrad 1, w. z. b. w.

18) Enthält k die l-ten Einheitswurzeln, ist ferner K relativ-zyklisch vom Primzahlgrad l über k, σ die erzeugende Substitution der Galoisschen Relativgruppe von K nach k (also $\sigma^l = 1$) und A eine K relativ zu k erzeugende Zahl, so läßt sich eine primitive l-te Einheitswurzel ζ so angeben, daß die *Lagrangesche Resolvente*

$$\varLambda = A + \zeta^{-1} \cdot \sigma A + \cdots + \zeta^{-(l-1)} \cdot \sigma^{l-1} A \neq 0$$

wird. Dann genügt wegen $\sigma\varLambda = \zeta \cdot \varLambda$, also $\sigma\varLambda^l = \varLambda^l =$ Zahl μ aus k, die Zahl $\varLambda$ der reinen Gleichung $x^l - \mu = 0$ in k und erzeugt K relativ zu k.

19) D. h. keiner von ihnen hat mit dem Kompositum der übrigen einen echten Oberkörper von k als gemeinsamen Teilkörper. — Offenbar gilt: Dann und nur dann, wenn die relativ-Galoisschen Körper $K_1, \ldots, K_s$ über k relativ zu k unabhängig sind, hat der aus ihnen komponierte Körper $(K_1, \ldots, K_s)$ genau das Produkt ihrer Relativgrade zum Relativgrad über k. (*Weber*, „Lehrbuch der Algebra", Kleine Ausgabe, § 61, 7.)

20) Es sei an dieser Stelle darauf hingewiesen, daß der von *Takagi* a. a. O. S. 79, Z. 12/13 v. o. angegebene Schluß fehlerhaft ist, wenn der Teiler n von $l-1$ (der Relativgrad von k' über k) keine Primzahl ist. Man kann das Heruntersteigen von k' zu k wegen der Unmöglichkeit dieses Schlusses für zusammengesetzte n nicht auf einmal vollziehen, sondern muß in einzelnen Schritten vom „Primzahlsprung" durch die verschiedenen Zwischenkörper von k' zu k heruntergehen. (Diese Bemerkung verdanke ich *E. Artin.*)

21) Unter **Normenrest mod. $\mathfrak{f}$ bezgl.** K versteht man jede zu $\mathfrak{f}$ prime Zahl α aus k, die der Relativnorm einer zu $\mathfrak{f}$ primen Zahl A aus K mod. $\mathfrak{f}$ kongruent ist. Mittels dieses Begriffes läßt sich dann die Idéalgruppe H_1 (wie es *Takagi* zu ihrer Einführung tut) auch so charakterisieren: Für ungerades l ist H_1 die Gesamtheit aller durch Normenreste α mod. $\mathfrak{f}$ bezgl. K gelieferten Hauptideale (α). Für $l = 2$ müssen die α außerdem noch der Vorzeichenbedingung genügen, daß sie in allen denjenigen reellen konjugierten zu k positiv sind, in denen μ negativ ist.

22) $\overline{C}^{1-\sigma}$ enthält (zu $\mathfrak{f}$ prime) Ideale der Form $\dfrac{\mathfrak{A}}{\sigma\mathfrak{A}}$, deren Relativnorm das Ideal 1 ist, also sicher zu H_1 gehört, so daß nach dem Gesagten die sämtlichen Relativnormen aus $\overline{C}^{1-\sigma}$ in H_1 fallen.

23) Bei *Gauß* kann die symbolische Potenz $\overline{C}^{1-\sigma}$ immer durch das Quadrat $\overline{C}^2$ ersetzt werden, da es sich um den Fall $l = 2$ handelt und k der rationale Körper ist; denn dann ist $\overline{C} \cdot \sigma\overline{C}$ als Relativnorm sicher die Hauptklasse, also $\sigma\overline{C} = \overline{C}^{-1}$.

24) Die Überlegungen sind analog zu den im „Zahlbericht", Kap. XV und XXXII verwendeten.

25) Hierzu verwendet man die in Erl. 21 angegebene Erklärung von H_1.

26) Wir haben in (B'''') das Analogon zu den *Gauß*schen Hauptsätzen, *daß jede Klasse des Hauptgeschlechts das Quadrat einer Klasse ist*, und *daß die Anzahl der wirklichen Geschlechter genau die Hälfte aller möglichen ist.* (Siehe dazu auch Erl. 23.)

27) Sie bestimmt sich, wie in dem im „Zahlbericht" § 126 durchgeführten Spezialfall, aus gewissen Teilbarkeits- und Kongruenzeigenschaften der Zahl μ.

28) Das gelingt auf Grund der in Erl. 27 angeführten Teilbarkeits- und Kongruenzbedingungen, die sich aus (a) für die μ_i ergeben.

29) Im Falle $\nu = 1$ folgt die Richtigkeit dieses Satzes zwar nicht unmittelbar aus (B'') und (B''''). Die Definition der Geschlechter in a) ist ja allgemeiner, als

die beim Beweis von (B″) eingeführte, indem das Hauptgeschlecht hier so eingeengt ist, daß der Idealgruppe H_1 aus (B‴′) hier der Kongruenzstrahl $H_0^{(\mathfrak{m})}$ entspricht. Es läßt sich aber auf Grund von (B″) und (B‴′) zeigen, daß auch bei dieser verallgemeinerten Geschlechterdefinition die Behauptungen von (C), insbesondere a), richtig sind, wenn man für $\mathfrak{m}$ wie im Beweis von (B″) die „Relativdiskriminantenbasis" $\mathfrak{f}$ wählt und $\mathfrak{M}$ geeignet bestimmt.

30) Wir müssen im folgenden einige einfache Tatsachen aus der *Hilbert*schen Theorie des relativ-Galoisschen Zahlkörpers („Zahlbericht" Kap. X) benutzen, und zwar die folgenden Spezialisierungen der *Hilbert*schen Sätze auf relativ-Abelsche Zahlkörper:

Ist K relativ-Abelsch über k vom Relativgrade h, so sind jedem Primideal $\mathfrak{p}$ von k eine Reihe von charakteristischen, ineinandergeschachtelten Zwischenkörpern zwischen k und K zugeordnet, die mit der Zerlegung von $\mathfrak{p}$ in K in Primidealpotenzen zusammenhängen, und von denen uns hier nur die beiden ersten, der *Zerlegungskörper* und der *Trägheitskörper* interessieren. Diese werden auf Grund des Fundamentalsatzes der Galoisschen Theorie, nach dem sich die Untergruppen der Relativgruppe $\mathfrak{G}$ von K nach k und die Zwischenkörper zwischen k und K eineindeutig entsprechen, so definiert: Ist

$$\mathfrak{p} = (\mathfrak{P}_1 \ldots \mathfrak{P}_g)^e; \quad (\mathfrak{P}_i \text{ vom Relativgrad } f); \quad (efg = h)$$

die Zerlegung von $\mathfrak{p}$ in K in Primidealpotenzen, so bildet die Gesamtheit aller Substitutionen von $\mathfrak{G}$, die die $\mathfrak{P}_i$ invariant lassen, die **Zerlegungsgruppe** $\mathfrak{G}_Z$ und die Gesamtheit aller Substitutionen von $\mathfrak{G}_Z$, die sogar die Restklassen mod. $\mathfrak{P}_i$ invariant lassen, die **Trägheitsgruppe** $\mathfrak{G}_T$; für diese Gruppen gilt:

$$\mathfrak{E} \leqq \mathfrak{G}_T \leqq \mathfrak{G}_Z \leqq \mathfrak{G},$$
$$\underset{e}{} \quad \underset{f}{} \quad \underset{g}{}$$

(zyklische Faktorgruppe)

wo die daruntergeschriebenen Zahlen die sukzessiven Indizes angeben. Für die zugeordneten Körper (jedesmal alle Elemente von K, die bei der betr. Gruppe invariant sind) K_Z (**Zerlegungskörper**) und K_T (**Trägheitskörper**) gilt dann nach dem Fundamentalsatz:

$$K \geqq K_T \geqq K_Z \geqq k,$$
$$\underset{e}{} \quad \underset{f}{} \quad \underset{g}{}$$

(relativ-zyklisch)

wo die daruntergeschriebenen Zahlen die sukzessiven Relativgrade bezeichnen. Die Zerlegung von $\mathfrak{p}$ geht dann so vor sich, daß $\mathfrak{p}$ in K_Z in g verschiedene Primideale 1. Relativgrades zerfällt, jene Primideale beim Übergang zu K_T lediglich ihren Relativgrad auf f erhöhen, und dann beim Übergang zu K je e-te Potenzen von Primidealen werden. Schließlich lassen sich K_Z und K_T in folgender Weise charakterisieren:

K_Z ist der größte Zwischenkörper zwischen k und K, in dem $\mathfrak{p}$ noch in verschiedene Primideale 1. Relativgrades zerfällt, d. h. jeder andere solche Körper ist Unterkörper von K_Z.

K_T ist der größte Zwischenkörper zwischen k und K, in dem $\mathfrak{p}$ noch in verschiedene Primideale zerfällt, dessen Relativdiskriminante also noch prim zu $\mathfrak{p}$ ist, d. h. jeder andere solche Körper ist Unterkörper von K_T.

31) Hierzu hat man, falls nicht schon der Führer $\mathfrak{f}$ von H dies leistet, die Existenz eines geeigneten Primideals $\mathfrak{q}$ mittels der Relation (7) nachzuweisen, so daß $\mathfrak{m} = \mathfrak{f}\mathfrak{q}$ ein Erklärungsmodul mit der erforderlichen Eigenschaft wird.

32) Der Trägheitskörper ist mit K^* identisch, weil das zu $\mathfrak{m}$ prime $\mathfrak{p}$ nicht in den Relativdiskriminanten von K und K', also auch nicht in der von K^* aufgeht.

33) Die Idealgruppe $H_{\mathfrak{p}}$ ist natürlich als Durchschnitt aller H enthaltenden Idealgruppen von zu $\mathfrak{p}$ primem Führer (zu denen z. B. A gehört) stets eindeutig bestimmt. Falls $\mathfrak{p}$ nicht in $\mathfrak{d}$, also nicht im Führer $\mathfrak{f}$ von H aufgeht, ist $H_{\mathfrak{p}} = H$, und es resultiert das Zerlegungsgesetz von Satz 4.

34) Auf diese Weise behandelte *Dirichlet* nur die $L(1, \chi)$ mit reellen Charakteren ($\chi^2 = \chi_0$). Das Nichtverschwinden der $L(1, \chi)$ mit komplexen χ konnte er funktionentheoretisch beweisen.

35) Der Unterschied dieser eigentlichen L-Reihen gegen die früheren besteht im Hinzukommen des $\prod\limits_{\mathfrak{p}}$ über alle in $\mathfrak{f}$, aber nicht in $\mathfrak{f}_\chi$ aufgehenden $\mathfrak{p}$ also einer elementaren Funktion, als Faktor.

36) Da es sich bei *Dirichlet* nur um reelle Charaktere χ handelt, die sich offenbar stets als Charaktere nach Idealgruppen H vom Index 2 (nämlich den ihnen zugeordneten H_χ, S. 33 o.) auffassen lassen, kommt er mit quadratischen Körpern aus. Übrigens läuft auch der von *Dirichlet* auf funktionentheoretischem Wege geführte Beweis für das Nichtverschwinden der $L(1, \chi)$ mit komplexen Charakteren, der mit deren Produkt operiert, im Prinzip auf den Satz 14 hinaus.

37) Nämlich der Fall eines Charakters χ, der ohne Vorzeichenfestsetzungen erklärbar ist (in der nachstehenden Bezeichnung: alle $a_p = 0$).

38) Den L-Reihen $L(s, \lambda) = \sum\limits_{\mathfrak{a}} \dfrac{\lambda(\mathfrak{a})}{N(\mathfrak{a})^s}$ mit Größencharakteren λ. Die Größencharaktere λ sind die allgemeinsten Funktionen $\lambda(\mathfrak{a})$ der Ideale $\mathfrak{a}$ aus k, die den Bedingungen $\lambda(\mathfrak{a} \cdot \mathfrak{b}) = \lambda(\mathfrak{a}) \cdot \lambda(\mathfrak{b})$ und $|\lambda(\mathfrak{a})| = 1$ (oder 0) genügen. Speziell gehören alle Klassencharaktere χ zu ihnen.

39) Genauer: Ist $\alpha_1, \ldots, \alpha_{r_1}$ ein System von Zahlen aus k derart, daß

$$\alpha_p \equiv 1 \bmod. \mathfrak{f}_\chi; \quad \alpha_p < 0 \ \textit{in} \ k^{(p)}; \quad \alpha_p > 0 \ \textit{in} \ k^{(q)} \ \textit{für} \ q \neq p; \quad (p, q = 1, \ldots, r_1),$$

so ist a_p durch $\chi((\alpha_p)) = (-1)^{a_p}$; ($a_p = 0$ oder 1) erklärt. Da für $\alpha \equiv 1 \bmod. \mathfrak{f}_\chi$; $\alpha \gg 0$ stets $\chi((\alpha)) = 1$ ist, und alle Quadrate $\gg 0$ sind, ist wirklich $\chi((\alpha_p)) = \pm 1$. Ferner ist aus demselben Grunde a_p hierdurch eindeutig (unabhängig von der speziellen Wahl der α_p) definiert. Schließlich ergibt sich aus

$$\chi((\alpha)) = (-1)^{a_1 b_1} \cdots (-1)^{a_{r_1} b_{r_1}} = (-1)^{\sum\limits_{p=1}^{r_1} a_p b_p}$$

$$\textit{für} \ \alpha \equiv 1 \bmod. \mathfrak{f}_\chi \ \textit{und} \ \mathrm{sgn}\, \alpha = (-1)^{b_p} \ \textit{in} \ k^{(p)}$$

die Identität dieser Definition der a_p mit der im Text genannten.

40) $\varrho \equiv \varrho' \bmod. \dfrac{1}{\mathfrak{d}_0}$ bedeutet, daß $(\varrho - \varrho')\mathfrak{d}_0$ ein ganzes Ideal ist. Nach einem *Dedekind*schen Satz (*Hecke*, in dem auf S. 3 o. zitierten Buche, § 36) ist dann $S(\varrho) \equiv S(\varrho') \bmod. 1$, also $e^{2\pi i S(\varrho)} = e^{2\pi i S(\varrho')}$. Daraus ergibt sich leicht die Unabhängigkeit der $\sum\limits_{\mathfrak{r} \bmod \mathfrak{f}_\chi}$ von der besonderen Wahl der Repräsentanten $\mathfrak{r}$ und ϱ.

41) Siehe z. B. *Dirichlet-Dedekind*, Vorlesungen über Zahlentheorie, 4. Aufl., Suppl. I. — Falls k der rationale Körper ist, geht tatsächlich die $\sum\limits_{\mathfrak{r} \bmod. \mathfrak{f}_\chi}$ über

in $\displaystyle\sum_{r \bmod. f} \chi(r)\, e^{\frac{2\pi i r}{f}}$, wo χ einen eigentlichen Restklassencharakter mod. f bezeichnet und r ein positives, primes Restsystem mod. f durchläuft. — Bekanntlich haben diese *Gauß*schen Summen den absoluten Betrag $\sqrt{f}$.

42) Herausheben der Γ-Faktoren, die sich auf Grund der kombinierten Funktionalgleichung durch Vergleichung ihrer Pole (unter gleichzeitiger Gewinnung gewisser Relationen für die den verschiedenen χ entsprechenden Zahlen a_p) als im Zähler und Nenner dieselben erweisen.

43) Für den Spezialfall, daß k der rationale Körper ist, liefert (11) das bekannte *Gauß*sche Resultat: Ist f eine positive, ganze, quadratfreie, ungerade Zahl, und χ der für positive, zu f prime r durch das Jacobi-Legendresche Symbol definierte, reelle Restklassencharakter $\left(\dfrac{r}{f}\right)$, so ist

$$\sum_{r \bmod. f} \left(\frac{r}{f}\right) e^{\frac{2\pi i r}{f}} = i^{\frac{1-(-1)^{\frac{f-1}{2}}}{2}}\; \sqrt{f}.$$

Es ist nämlich dann f der Führer von χ, weil f quadratfrei ist. Da ferner die Werte von χ für negative Zahlen $-r$ dieselben wie die für $+r$ sein müssen, weil $\pm r$ dasselbe „Ideal" liefern, ist für negative Zahlen

$$\chi(-r) = \left(\frac{r}{f}\right) = (-1)^{\frac{f-1}{2}} \left(\frac{-r}{f}\right)$$

zu setzen, woraus nach Erl. 39 (für das dortige α_1 kann etwa $-(f-1)$ genommen werden) für das einzige a_1 folgt: $a_1 = 0$ oder 1, je nachdem $f \equiv 1$ oder 3 mod. 4,

also $a_1 = \dfrac{1-(-1)^{\frac{f-1}{2}}}{2}$.

44) Man braucht dazu die in Erl. 38 angeführten L-Reihen $L(s, \lambda)$ mit Größencharakteren λ, und zeigt durch Verwendung von deren Funktionalgleichungen auf Grund eines zu Satz 14 ganz analogen Satzes, daß außer $N\left(\prod_{\chi} \mathfrak{f}_\chi\right) = N(\mathfrak{b})$ auch noch $\lambda\left(\prod_{\chi} \mathfrak{f}_\chi\right) = \lambda(\mathfrak{b})$ für jeden Größencharakter λ gilt. Daraus darf man dann wegen der Eigenschaften der Größencharaktere auf (12) schließen.

45) Für $k = k_0$ ist die Norm $N((a))$ eines „Ideals" a aus k_0 einfach $|a|$. Es besteht dann H_m aus allen positiven $a \equiv 1$ mod. m und den zugehörigen $-a$, d. h. ist der Strahl $H_0^{(m)}$ (siehe auch Erl. 11).

46) Gemeint ist die Diskriminante $b^2 - 4ac$ der primitiven quadratischen Gleichung $ax^2 + bx + c = 0$, der die betr. Zahl genügt.

47) D. h. ein Zahlenpaar α_1, α_2 aus $\overline{H}_m$, so daß alle und nur die durch a teilbaren ganzen Zahlen α der dem Ring $\overline{H}_m$ zugrundeliegenden Zahlgruppe (d. h. alle und nur die ganzen α, die einer rationalen Zahl mod. m kongruent sind) durch $\alpha = a_1 \alpha_1 + a_2 \alpha_2$ mit ganzen rationalen a_1, a_2 gegeben werden.

48) Man kann durch diese Methoden darüber hinaus auch beweisen, daß die sog. **Klassengleichung von** $\overline{H}_m$, nämlich das Polynom $\bar{h}_m$-ten Grades

$$\overline{H}_m(x) = \prod_{i=1}^{\bar{h}_m} (x - j(\tau_i)),$$

dessen Wurzeln die $j(\tau_i)$ sind, ganze rationale Koeffizienten hat und relativ-Abelsch über k mit zur Ringklassengruppe (ev. mehrstufig) isomorpher Galoisscher Relativgruppe ist, ferner auch daß $\overline{H}_m(x)$ irreduzibel in k (also der Isomorphismus einstufig) ist. Dies folgt zwar alles auch aus dem Folgenden mit den Hilfsmitteln unserer Theorie, ist aber von Interesse, wenn man Existenz und Eigenschaften des Klassenkörpers für diesen Spezialfall beweisen will, ohne die allgemeine Theorie vorauszusetzen.

49) *Weber* selbst beweist dort nur die entsprechenden Tatsachen relativ zum Ringklassenkörper K_1 mod. 1, d. h. zum absoluten Klassenkörper (S. 3, Anm.), an Stelle von k. Seine Methoden ergeben aber leicht auch die Behauptungen des Textes, wenn man nur an Stelle der Multiplikation des Argumentes u mit einem Hauptideal (μ) (*komplexen Multiplikation*) allgemeiner die Division des Periodenideals $\mathfrak{w} = (\omega_1, \omega_2)$ durch ein beliebiges Ideal $\mathfrak{m}$ treten läßt.

50) Es sei hier auf mehrere Inkorrektheiten und Fehler in der *Weber*schen Darstellung der Teilungskörpertheorie (a. a. O., Abschn. XXIII) hingewiesen:

a) In § 160 (S. 594) lautet die richtige Bedingung für das Zerfallen eines Primhauptideals $\mathfrak{p} = (\pi)$ von k im *Weber*schen Körper $\mathfrak{L}$ in Primideale 1. Grades an Stelle von $\pi \equiv 1$ mod. 2 offenbar:

$$\pi \equiv 1 \ \text{mod.}\ 2, \ \text{wenn 2 in } k \text{ zerfällt;}$$

$$\pi \equiv \pm 1 \ \text{mod.}\ 4, \ \text{wenn 2 in } k \text{ unzerlegt bleibt.}$$

Denn nach *Weber* § 156, (4) ist der dortige Körper $\mathfrak{L}$ in den beiden unterschiedenen Fällen in unserer Bezeichnung der Ringklassenkörper $\overline{K}_2$ bzw. $\overline{K}_4$. Diese Berichtigung ist dann auch in dem grundlegenden Resultat 8 (S. 596) dieses § 160 auszuführen.

b) In § 167 (S. 615) bei dem Schluß (5) wird irrtümlicherweise der durch die Teilwerte von $\tau(u)$ gelieferte Teilungskörper $\mathfrak{T}_\mathfrak{m}$ an Stelle des durch die Teilwerte von $S^2(u)$ gelieferten Teilungskörpers $\mathfrak{T}'_\mathfrak{m}$ gesetzt. Weber bezeichnet $\mathfrak{T}'_\mathfrak{m}$ ebenfalls mit $\mathfrak{T}_\mathfrak{m}$ (S. 592), trotzdem er gleich anschließend feststellt, daß $\mathfrak{T}'_\mathfrak{m}$ aus $\mathfrak{T}_\mathfrak{m}$ erst durch Adjunktion des Moduls $\varkappa$ entsteht. Durch den genannten Schluß bei (5) wird in Wahrheit nur erkannt, daß $\mathfrak{T}'_\mathfrak{m}$ das Kompositum des Strahlklassenkörpers $K_\mathfrak{m}$ mit $\overline{K}_2$ bzw. $\overline{K}_4$ ist; um aber auf ähnliche Weise auf $\mathfrak{T}_\mathfrak{m} = K_\mathfrak{m}$ zu schließen, müßte man noch genauere Untersuchungen über das Kongruenzverhalten mod. $\mathfrak{p}$ des Moduls $\varkappa$ bei Potenzierung mit p anstellen.

c) In § 169 (S. 619f.) wird fälschlich bewiesen, daß der Strahlklassenkörper $K_\mathfrak{m}$ durch Komposition aus geeigneten Ringklassen- und Kreisteilungskörpern (nämlich, in unserer Bezeichnung von Satz 21, den $K_{p^\nu}^*$) für die Primzahlpotenzteiler p^ν von $m = N(\mathfrak{m})$ gewonnen werden kann. Dieser Fehlschluß würde nach unseren Entwicklungen (S. 43/44) dazu führen, daß jeder zu k relativ-Abelsche Körper (mit zu 2 primer Relativdiskriminante, da *Weber* durchweg $\mathfrak{m}$ zu 2 prim voraussetzt) durch singuläre Werte von $j(\tau)$ und Einheitswurzeln geliefert wird. In der Tat hat *Fueter* anfänglich (Crelle 130 (1905), S. 197) geglaubt, so den *Kronecker*schen Jugendtraum in seiner ursprünglichen Fassung bestätigt zu haben. Später (Math. Ann. 75 (1914), S. 178, Anm. 1) erkannte jedoch *Fueter* den *Weber*schen Fehler. Dieser liegt nicht in dem genannten § 169 selbst, sondern an einer früheren Stelle, nämlich in der falschen, ohne Beweis ausgesprochenen Behauptung am Schluß von § 158 (S. 592), daß $\mathfrak{T}_\mathfrak{m}$ aus den $\mathfrak{T}_{p^\nu}$ für die Primidealpotenzteiler p^ν von $\mathfrak{m}$ komponierbar sei.

Berichtigungen und Ergänzungen.

S. 12, Z. 8 v. o. füge hinzu: „(α ganz)“.

S. 13, Z. 6 v. u. streiche· „bisher nur“.

Die von *Hecke* bewiesene Fortsetzbarkeit der L-Reihen durch die ganze komplexe Ebene (I, S. 35) erlaubt einen funktionentheoretischen Beweis, der von der Existenz des Klassenkörpers keinen Gebrauch macht, allerdings ebenfalls mit dem Produkt $\prod_{\chi} L(s, \chi)$ aller L-Reihen, also im Prinzip mit der *Dedekind*schen ζ-Funktion des Klassenkörpers (I, Satz 14) operiert. Siehe dazu *Hecke* l. c. (I, S. 30) S. 171/172 und l. c. (I, S. 35, erste Arbeit).

S. 20, Z. 1 v. u. füge hinter „$l^{\nu-1}$“ hinzu: „mit zyklischer Faktorgruppe“.

(Vgl. **I a**, S. 68, Anm. 8.)

S. 21, Z. 19 v. o. füge hinter „voraus“ hinzu: „, außerdem, daß die Relativdiskriminantenbasis von K (S. 22, Mitte) im Führer von H aufgeht“.

(Vgl. **I a**, § 18, S. 114.)

S. 24, Anm. füge am Schluß hinzu: „Die Reduktion 3. liefert diese Tatsache, unabhängig von den in § 9 benutzten analytischen Hilfsmitteln (L-Reihen mit Größencharakteren) ohne weiteres mit.“

(Vgl. **I a**, § 18, S. 114f.)

S. 27, Z. 10 v. u. füge hinter „ganzes“ ein: „invariantes“.

(Vgl. **I a**, S. 129, Anm. 49.)

S. 38, Z. 4 v. o. lies: „Die *Gauß*schen Summen benutzt Hecke . . .“.

Der gemeinte *Hecke*sche Beweis („Reziprozitätsgesetz und *Gauß*sche Summen in quadratischen Zahlkörpern“, Gött. Nachr. 1919 und l. c. (I, S. 30), Kap. VIII) macht von der Formel (11) selbst keinen Gebrauch.

S. 45, Z. 14 v. u. füge hinzu: „, außerdem für den Typus (l, l) (*Furtwängler*, „Über das Verhalten der Ideale des Grundkörpers im Klassenkörper“, Monatsh. f. Math. u. Phys. XXVII (1916))“.

S. 46, Z. 9 v. u. füge hinter „bekannt“ hinzu: „, außer einem speziellen Resultat, das nur einen ersten Anhalt liefert, in der auf S. 45, Z. 14 v. u. zitierten Arbeit von *Furtwängler*“.

S. 51, Erl. 20 lies: „*Takagi* a. a. O. S. 79, Z. 12/13 v. o.“.

Als Gegenbeispiel gegen die von *Takagi* dort ausgesprochene Behauptung sei etwa angeführt: $l = 5$, $n = 4$, $\mathfrak{G}$ die durch die Relationen

$$S^5 = E, \quad T^4 = E, \quad T^{-1}S\,T = S^{-1}$$

definierte Gruppe von der Ordnung 20, in der $\mathfrak{H} = \{S\}$ tatsächlich Normalteiler von der Ordnung 5 mit zyklischer Faktorgruppe $\mathfrak{G}/\mathfrak{H} = \{\mathfrak{H}T\}$ von der Ordnung 4 ist, aber das nicht zu $\mathfrak{H}$ gehörige Element ST^2 die Ordnung $2 \cdot 5$ (nicht 5) hat.

Teil I a: Beweise zu Teil I.

Einleitung.

Anregungen von verschiedenen Seiten Folge leistend, gebe ich anschließend diejenigen Beweise ausführlich wieder, die ich in **I** nur angedeutet hatte. Unberücksichtigt bleiben nur

1. die Sätze **I**, § 5, S. 12, a) und b) über die Konvergenzabszissen der L-Reihen,

2. die über den eigentlichen Rahmen der Klassenkörpertheorie hinausgehenden, kursorischen Ausführungen in **I**, § 9 über die *Hecke*sche Funktionalgleichung der L-Reihen,

3. die speziellen Ausführungen in **I**, § 10 über die zu einem imaginär-quadratischen Grundkörper Abelschen Körper,

bezüglich deren wohl die in **I** gegebenen Literaturhinweise genügen.

§ 1. Hilfssätze über Abelsche Gruppen.

Die Klassenkörpertheorie ist auf Schritt und Tritt mit gruppentheoretischen Begriffen und Gesichtspunkten durchsetzt. Es handelt sich dabei in der Hauptsache um Untergruppen $\mathfrak{H}$ mit endlichem Index von unendlichen Abelschen Gruppen $\mathfrak{G}$, und meist kommt es nur auf den Wert der Indizes $(\mathfrak{G} : \mathfrak{H})$ an, zuweilen auch auf den Typus der zugehörigen Faktorgruppen $\mathfrak{G}/\mathfrak{H}$. Wir stellen zur Vermeidung von Wiederholungen die immer wieder anzuwendenden gruppentheoretischen Schlußweisen, soweit sie nicht ganz elementar sind, in Gestalt von zwei Hilfssätzen voran. Es bezeichne dabei, wie überhaupt im folgenden,

$$\mathfrak{H}\mathfrak{K} \text{ die Vereinigungsgruppe,} \quad [\mathfrak{H}, \mathfrak{K}] \text{ den Durchschnitt}$$

zweier Untergruppen $\mathfrak{H}, \mathfrak{K}$ einer Abelschen Gruppe, ferner

$$\mathfrak{G} \cong \mathfrak{G}' \text{ die einstufige Isomorphie}$$

zweier Abelscher Gruppen $\mathfrak{G}, \mathfrak{G}'$.

Hilfssatz 1. (Reduktionsprinzip.) *Sind $\mathfrak{H}, \mathfrak{K}$ Untergruppen einer Abelschen Gruppe, so ist*

$$\mathfrak{H}\mathfrak{K}/\mathfrak{K} \cong \mathfrak{H}/[\mathfrak{H}, \mathfrak{K}], \quad also\ insbesondere \quad (\mathfrak{H}\mathfrak{K} : \mathfrak{K}) = (\mathfrak{H} : [\mathfrak{H}, \mathfrak{K}]).$$

Beweis: $H\mathfrak{K} \leftrightarrow H[\mathfrak{H}, \mathfrak{K}]$, wo H die Elemente von $\mathfrak{H}$ durchläuft, erweist sich leicht als eineindeutige isomorphe Zuordnung zwischen $\mathfrak{H}\mathfrak{K}/\mathfrak{K}$ und $\mathfrak{H}/[\mathfrak{H}, \mathfrak{K}]$.

Hilfssatz 2. (Isomorphieprinzip.) *Es seien $\mathfrak{G}, \mathfrak{G}'$ Abelsche Gruppen und $\mathfrak{H}$ eine Untergruppe von $\mathfrak{G}$. Ist dann*

$$G \to G'\mathfrak{H}',$$

wo G, G' die sämtlichen Elemente von $\mathfrak{G}, \mathfrak{G}'$ durchlaufen, eine eindeutige, isomorphe Abbildung von $\mathfrak{G}$ auf $\mathfrak{G}'/\mathfrak{H}'$ und entspricht ferner bei dieser Abbildung der Untergruppe $\mathfrak{H}$ von $\mathfrak{G}$ und nur ihr die Untergruppe $\mathfrak{H}'$ von $\mathfrak{G}'$, so ist

$$\mathfrak{G}/\mathfrak{H} \cong \mathfrak{G}'/\mathfrak{H}', \quad also\ insbesondere\ (\mathfrak{G} : \mathfrak{H}) = (\mathfrak{G}' : \mathfrak{H}').$$

Beweis: $G\mathfrak{H} \leftrightarrow G'\mathfrak{H}'$ erweist sich leicht als eineindeutige, isomorphe Zuordnung zwischen $\mathfrak{G}/\mathfrak{H}$ und $\mathfrak{G}'/\mathfrak{H}'$.

Die in den vorstehenden Hilfssätzen enthaltenen Schlußweisen werden wir im folgenden auf mannigfache multiplikative und additive Zahlgruppen und multiplikative Idealgruppen aus den zu betrachtenden algebraischen Zahlkörpern anzuwenden haben. Der Übersichtlichkeit halber verabreden wir hinsichtlich der Bezeichnungen von vornherein folgendes:

Sind Bezeichnungsfestsetzungen, wie

$$\mathfrak{a} \neq 0, \quad \alpha \neq 0, \quad \beta \equiv 1 \ \mathrm{mod.\, m}$$

vorangegangen, so sollen $\mathfrak{a}$, α, β und auch Zeichen wie $\mathfrak{a}^l$, α^l, (β) gleichzeitig zur Bezeichnung der Gruppen aller Ideale bzw. Zahlen der betreffenden Art aus dem betrachteten Körper[2]) dienen, und demgemäß Zeichen wie $\mathfrak{a}/(\alpha)$, $(\mathfrak{a} : (\alpha))$, $\beta\,\alpha^l$, $[\mathfrak{a}^l, \beta\,\alpha^l]$ für Faktorgruppe, Gruppenindex, Vereinigungsgruppe[3]), Durchschnitt verwendet werden. Ist diese Auffassung gemeint, so reden wir, um Verwechslungen mit einzelnen Elementen der betr. Gruppen vorzubeugen, ausdrücklich von der Gruppe $\mathfrak{a}$, ... Bei Verwendung der gruppentheoretischen Symbole für Faktorgruppe, Gruppenindex und Durchschnitt (nicht Vereinigungsgruppe) braucht natürlich das Vorliegen dieser Auffassungsweise nicht noch besonders betont zu werden. Ob Zahlgruppen multiplikativ oder additiv gemeint sind, steht jedesmal von selbst eindeutig fest, je nachdem nämlich die 0 in ihnen nicht vorkommt oder vorkommt.

Bei den vorher angegebenen Bezeichnungen ist z. B. $\mathfrak{a}/(\alpha)$ die Gruppe der Idealklassen im absoluten Sinne und $[\mathfrak{a} : (\alpha)]$ die Idealklassenzahl im absoluten Sinne.

§ 2. Die unendlichen Primstellen.
(Zu I, § 3, S. 5 und Erl. 3.)

Es ist aus formalen Gründen zweckmäßig, die in die Definition des Strahls mod. m eingehende Bedingung: $\alpha \gg 0$ *(total-positiv)* und deren Auswirkungen in der Klassenkörpertheorie in die Kongruenzsprache zu übersetzen. Dazu führen wir neben den unendlich vielen Primidealen $\mathfrak{p}$ von k, die wir dann auch die *endlichen Primstellen* von k nennen, noch endlich viele *unendliche Primstellen* $\mathfrak{p}_\infty$ von k ein.

Wir ordnen jedem der r_1 reellen konjugierten Körper $k^{(i)}$ $(i = 1, \ldots, r_1)$ zu k eine Primstelle $\mathfrak{p}_{\infty,1}^{(i)}$ und jedem der r_2 Paare konjugiert-komplexer konjugierter Körper $k^{(i)}$, $\overline{k}^{(i)}$ $(i = r_1 + 1, \ldots, r_1 + r_2)$ zu k eine Primstelle $\mathfrak{p}_{\infty,2}^{(i)}$ zu. Entsprechend der Zerlegung jeder Grundgleichung für k im reellen Zahlkörper nennen wir die Primstellen $\mathfrak{p}_{\infty,1}^{(i)}$ *vom 1-ten Grade*, die Primstellen $\mathfrak{p}_{\infty,2}^{(i)}$ *vom 2-ten Grade*. Beim Übergang zu einem Oberkörper K von k vom Relativgrade N entsprechen einem reellen konjugierten $k^{(i)}$ eine Anzahl $R_1^{(i)}$ reeller konjugierter $K^{(i,j)}$ $(j = 1, \ldots, R_1^{(i)})$ und eine Anzahl $R_2^{(i)}$ Paare konjugiert-komplexer konjugierter $K^{(i,j)}$, $\overline{K}^{(i,j)}$ $(j = R_1^{(i)} + 1, \ldots, R_1^{(i)} + R_2^{(i)})$, wobei $R_1^{(i)} + 2 R_2^{(i)} = N$, während einem Paare konjugiert-komplexer konjugierter $k^{(i)}$, $\overline{k}^{(i)}$ stets N Paare konjugiert-komplexer konjugierter $K^{(i,j)}$, $\overline{K}^{(i,j)}$ $(j = 1, \ldots, N)$ entsprechen. Wir sagen im ersteren Falle, die Primstelle 1-ten Grades $\mathfrak{p}_{\infty,1}^{(i)}$ von k zerfalle in K in $R_1^{(i)}$ Primstellen 1-*ten Relativgrades* (und 1-ten Grades) $\mathfrak{P}_{\infty,1}^{(i,j)}$ und $R_2^{(i)}$ Primstellen 2-*ten Relativgrades* (und 2-ten Grades) $\mathfrak{P}_{\infty,2}^{(i,j)}$:

$$\mathfrak{p}_{\infty,1}^{(i)} = \mathfrak{P}_{\infty,1}^{(i,1)} \cdots \mathfrak{P}_{\infty,1}^{(i,\,R_1^{(i)})} \mathfrak{P}_{\infty,2}^{(i,\,R_1^{(i)}+1)} \cdots \mathfrak{P}_{\infty,2}^{(i,\,R_1^{(i)}+R_2^{(i)})} \qquad (i = 1, \ldots, r),$$

---

2) Es sei hierzu auch an die in **I**, S. 3 u. getroffenen Bezeichnungsfestsetzungen erinnert.

3) Bei additiven Zahlgruppen verwenden wir übrigens hier sinngemäß das Zeichen $+$.

im letzteren Falle, die Primstelle 2-ten Grades $\mathfrak{p}^{(i)}_{\infty,2}$ von k zerfalle in K in N Primstellen 1-*ten Relativgrades* (und 2-ten Grades) $\mathfrak{P}^{(i,j)}_{\infty,2}$:

$$\mathfrak{p}^{(i)}_{\infty,2} = \mathfrak{P}^{(i,1)}_{\infty,2} \cdots \mathfrak{P}^{(i,N)}_{\infty,2} \qquad (i = r_1 + 1, \ldots, r_1 + r_2).$$

In diesem Sinne ist

$$p_\infty = \mathfrak{p}^{(1)}_{\infty,1} \cdots \mathfrak{p}^{(r_1)}_{\infty,1} \mathfrak{p}^{(r_1+1)}_{\infty,2} \cdots \mathfrak{p}^{(r_1+r_2)}_{\infty,2}$$

die Zerlegung der einzigen solchen Primstelle (1-ten Grades) p_∞ des rationalen Zahlkörpers. Ist insbesondere K relativ-Galoissch über k, so ist, entsprechend I, Erl. 1, für eine Primstelle 1-ten Grades $\mathfrak{p}^{(i)}_{\infty,1}$ von k entweder $R^{(i)}_2 = 0$ oder $R^{(i)}_1 = 0$, d. h. $\mathfrak{p}^{(i)}_{\infty,1}$ zerfällt in K entweder in N Primstellen 1-ten Relativgrades (und 1-ten Grades) $\mathfrak{P}^{(i,j)}_{\infty,1}$:

$$\mathfrak{p}^{(i)}_{\infty,1} = \mathfrak{P}^{(i,1)}_{\infty,1} \cdots \mathfrak{P}^{(i,N)}_{\infty,1}$$

oder in $\dfrac{N}{2}$ Primstellen 2-ten Relativgrades (und 2-ten Grades) $\mathfrak{P}^{(i,j)}_{\infty,2}$:

$$\mathfrak{p}^{(i)}_{\infty,1} = \mathfrak{P}^{(i,1)}_{\infty,2} \cdots \mathfrak{P}^{\left(i,\frac{N}{2}\right)}_{\infty,2};$$

im letzteren Falle ist natürlich der Relativgrad N von K über k durch 2 teilbar.

Für die unendlichen Primstellen $\mathfrak{p}_\infty$ von k erklären wir $\mathfrak{a}$ *prim zu* $\mathfrak{p}_\infty$ durch $\mathfrak{a} \neq 0$ und definieren dann im Bereich der zu $\mathfrak{p}_\infty$ primen Zahlen aus k eine *Restklasseneinteilung* mod. $\mathfrak{p}_\infty$ durch die Festsetzungen:

1. Wenn $\mathfrak{p}_\infty$ vom 1-ten Grade ist, so bedeute

$$\alpha \equiv \beta \bmod. \mathfrak{p}_\infty,$$

daß α und β in dem zu $\mathfrak{p}_\infty = \mathfrak{p}^{(i)}_{\infty,1}$ gehörigen reellen konjugierten Körper $k^{(i)}$ gleiche Vorzeichen haben, daß also sgn. $\alpha^{(i)} = $ sgn. $\beta^{(i)}$ ist. Es gibt dann nur die beiden primen Restklassen ± 1 mod. $\mathfrak{p}_\infty$.

2. Wenn $\mathfrak{p}_\infty$ vom 2-ten Grade ist, so gelte stets

$$\alpha \equiv \beta \bmod. \mathfrak{p}_\infty.$$

Es gibt dann also nur die eine prime Restklasse 1 mod. $\mathfrak{p}_\infty$. Offenbar bilden die so definierten primen Restklassen mod. $\mathfrak{p}_\infty$ eine *multiplikative Gruppe* von der Ordnung 2 oder 1, je nachdem $\mathfrak{p}_\infty$ vom Grade 1 oder 2 ist.

Additiv dagegen gilt allgemein nur die Regel:

$$\text{Aus} \quad \alpha \equiv \gamma, \quad \beta \equiv \gamma \quad \text{folgt} \quad \alpha + \beta \equiv \gamma \bmod. \mathfrak{p}_\infty.$$

§ 3. Die additiven und multiplikativen Restklassengruppen.
(Zu I, § 3, S. 5 und Erl. 2, 3.)

An Stelle der in I, § 3 für die Definition der Idealgruppen benutzten *endlichen* Idealmoduln $\mathfrak{m}$, d. h. von ganzen Potenzprodukten aus endlich vielen endlichen Primstellen von k, legen wir jetzt von vornherein *endliche oder unendliche* Idealmoduln $\tilde{\mathfrak{m}}$ zugrunde, d. h. ganze Potenzprodukte aus endlich vielen endlichen und unendlichen Primstellen von k, in die aber natürlich die unendlichen Primstellen höchstens zur 1-ten Potenz eingehen sollen. Solche Idealmoduln heben wir durch ein darüber gesetztes Zeichen ~ hervor und bezeichnen dann mit $\mathfrak{m}$ den *endlichen Bestandteil* von $\tilde{\mathfrak{m}}$.

Die Definition der primen Restklassengruppe nach einem solchen Idealmodul $\tilde{\mathfrak{m}}$ geben wir der Übersichtlichkeit halber im Rahmen einer systematischen

Zusammenstellung der verschiedenen Arten von Restklassengruppen, die wir im weiteren Verlaufe benötigen. Ausgangspunkt sind die auf bekannte Art (für die $\mathfrak{p}_\infty$ siehe § 2) erklärten Begriffe

$\mathfrak{a}$ *ganz.* | $\mathfrak{a}$ *ganz und prim zu* $\tilde{\mathfrak{m}}$. [4])

Aus diesen entstehen durch Ausdehnung des Bereichs der in Betracht gezogenen Ideale $\mathfrak{a}$ die Begriffe

$\mathfrak{a}$ *ganz für* $\mathfrak{m}$, | $\mathfrak{a}$ *prim zu* $\tilde{\mathfrak{m}}$,

wenn ein ganzes, zu $\mathfrak{m}$ primes c existiert, so daß $c\mathfrak{a}$ ganz ist. | wenn ein ganzes, zu $\tilde{\mathfrak{m}}$ primes c existiert, so daß $c\mathfrak{a}$ ganz und prim zu $\tilde{\mathfrak{m}}$ ist.

Auf Grund dieser Begriffe erklären wir zunächst die Relationen

$\alpha \equiv 0 \ \mathrm{mod.}^+ \mathfrak{m}$, | $\alpha \equiv 1 \ \mathrm{mod.}\ \tilde{\mathfrak{m}}$,

wenn $\dfrac{(\alpha)}{\mathfrak{m}}$ ganz für $\mathfrak{m}$ ist. | wenn $\dfrac{(\alpha-1)}{\mathfrak{m}}$ ganz für $\mathfrak{m}$ und $\alpha \equiv 1 \ \mathrm{mod.}\ \mathfrak{p}_\infty$ für die in $\tilde{\mathfrak{m}}$ eingehenden Primstellen $\mathfrak{p}_\infty$ ist.

Diese α bilden eine *additive Gruppe* von für $\mathfrak{m}$ ganzen Zahlen. | Diese α bilden eine *multiplikative Gruppe* von zu $\tilde{\mathfrak{m}}$ primen Zahlen.

Sehen wir nun **erstens** diese Zahlgruppen als Untergruppen

der additiven Gruppe aller Zahlen | der multiplikativen Gruppe aller Zahlen $\neq 0$

aus k an, so liefern die Nebengruppen *Restklasseneinteilungen*, die durch die *Kongruenzrelationen*

$\alpha \equiv \beta \ \mathrm{mod.}^+ \mathfrak{m}$, | $\alpha \equiv \beta \ \mathrm{mod.}\ \tilde{\mathfrak{m}}$,

wenn $\alpha - \beta \equiv 0 \ \mathrm{mod.}^+ \mathfrak{m}$, | wenn $\dfrac{\alpha}{\beta} \equiv 1 \ \mathrm{mod.}\ \tilde{\mathfrak{m}}$,

beschrieben werden können, und die Faktorgruppen sind die zugehörigen *Restklassengruppen,* die wir

die volle Restklassengruppe $\mathrm{mod.}^+ \mathfrak{m}$ | *die volle Restklassengruppe* $\mathrm{mod.}\ \tilde{\mathfrak{m}}$

nennen. Sehen wir dagegen **zweitens** jene Zahlgruppen nur als Untergruppen

der additiven Gruppe aller für $\mathfrak{m}$ ganzen Zahlen | der multiplikativen Gruppe aller zu $\tilde{\mathfrak{m}}$ primen Zahlen

aus k an, so liefern die Nebengruppen nur einen Teil der obigen Restklassen, nämlich Untergruppen der obigen Restklassengruppen, die wir

die ganze Restklassengruppe $\mathrm{mod.}^+ \mathfrak{m}$ | *die prime Restklassengruppe* $\mathrm{mod.}\ \tilde{\mathfrak{m}}$

nennen.

Ist speziell $\tilde{\mathfrak{m}} = \mathfrak{m}$ endlich und sind α, β prim zu $\mathfrak{m}$, so bedingen sich offenbar die Relationen $\alpha \equiv \beta \ \mathrm{mod.}^+ \mathfrak{m}$ und $\alpha \equiv \beta \ \mathrm{mod.}\ \mathfrak{m}$ gegenseitig; wenn α, $\beta \neq 0$ und ganz für $\mathfrak{m}$ sind, ist jedenfalls die erstere, additive Kongruenz eine Folge der letzteren, multiplikativen Kongruenz, während umgekehrt nur gilt:

$$\text{Aus } \alpha \equiv \beta \ \mathrm{mod.}^+ \mathfrak{m} \ (\alpha, \beta \neq 0) \text{ folgt } \alpha \equiv \beta \ \mathrm{mod.}\ \frac{\mathfrak{m}}{\mathfrak{m}_0},$$

wo $\mathfrak{m}_0 = (\alpha, \mathfrak{m}) = (\beta, \mathfrak{m})$ ist.

---

4) Für $\tilde{\mathfrak{m}} = 1$ verstehen wir darunter $\mathfrak{a} \neq 0$.

Hilfssatz 1. *Ist* $\mathfrak{c}$ *ganz und prim zu* $\tilde{\mathfrak{m}}$, *so existiert ein ganzes (zu* $\tilde{\mathfrak{m}}$ *primes)* $\mathfrak{b}$, *so daß* $\mathfrak{c}\,\mathfrak{b} = (\gamma)$ *mit* $\gamma \equiv 1 \bmod. \tilde{\mathfrak{m}}$ *wird.*

Beweis: Zunächst existiert bekanntlich ein ganzes, zu $\tilde{\mathfrak{m}}$ primes $\mathfrak{b}_1$ in der absoluten Idealklasse von $\mathfrak{c}^{-1}$:

$$\mathfrak{c}\,\mathfrak{b}_1 = (\gamma_1),$$

ferner, weil bekanntlich schon die durch ganze, zu $\mathfrak{m}$ prime Zahlen γ_1 gelieferten Restklassen mod. $\mathfrak{m}$ eine multiplikative Gruppe bilden, ein ganzes δ_0 in der primen Restklasse von γ_1^{-1} mod. $\mathfrak{m}$:

$$\gamma_1\,\delta_0 \equiv 1 \bmod. \mathfrak{m},$$

und schließlich erreicht man durch den Ansatz

$$\delta_1 = \delta_0 + m\,\gamma_1$$

mit einem hinreichend großen, ganz-rationalen, positiven Multiplum m von $\mathfrak{m}$, daß δ_1 die gleiche Signatur wie γ_1 bekommt, d. h. daß das angegebene ganze, der Bedingung

$$\gamma_1\,\delta_1 \equiv 1 \bmod. \mathfrak{m}$$

genügende δ_1 auch der Bedingung

$$\gamma_1\,\delta_1 \equiv 1 \bmod. p_\infty$$

genügt, so daß also sicher

$$\gamma = \gamma_1\,\delta_1 \equiv 1 \bmod. \tilde{\mathfrak{m}}$$

wird. Daraus ergibt sich dann mit dem ganzen (zu $\tilde{\mathfrak{m}}$ primen) $\mathfrak{b} = \mathfrak{b}_1\,(\delta_1)$ die Behauptung.

Hilfssatz 2. *Die ganzen Restklassen* mod.$^+$ $\mathfrak{m}$ *und die primen Restklassen* mod. $\tilde{\mathfrak{m}}$ *können durch ganze Zahlen repräsentiert werden. Hieraus ergeben sich die endlichen Ordnungen*

$N(\mathfrak{m})$	$\Phi(\tilde{\mathfrak{m}}) = 2^{d_u}\,\Phi(\mathfrak{m})$
für die ganze Restklassengruppe mod.$^+$ $\mathfrak{m}$.	*für die prime Restklassengruppe* mod. $\tilde{\mathfrak{m}}$; *dabei ist* d_u *die Anzahl der in* $\tilde{\mathfrak{m}}$ *eingehenden unendlichen Primstellen 1-ten Grades.*

Beweis: Ist α ganz für $\mathfrak{m}$, d. h. $(\alpha) = \dfrac{\mathfrak{b}}{\mathfrak{c}}$ mit ganzem $\mathfrak{b}$ und ganzem, zu $\mathfrak{m}$ primem $\mathfrak{c}$, und werden $\mathfrak{b}$ und γ gemäß Hilfssatz 1 und dann β aus $\alpha = \dfrac{\beta}{\gamma}$ bestimmt, so wird $(\beta) = \mathfrak{b}\,\mathfrak{b}$ ganz und offenbar $\alpha \equiv \beta$ mod.$^+$ $\mathfrak{m}$, sowie, falls α, also $\mathfrak{b}$ sogar prim zu $\mathfrak{m}$ ist, auch $\alpha \equiv \beta$ mod. $\tilde{\mathfrak{m}}$.

Zum Nachweis der restlichen Behauptungen ist dann noch zu zeigen, daß in jeder primen Restklasse mod. $\mathfrak{m}$ ganze Zahlen δ vorgeschriebener Signatur vorkommen. Ausgehend von der mittels einer Basis für die ganzen Zahlen von k ohne weiteres herzuleitenden Existenz ganzer γ vorgeschriebener Signatur ergibt sich das ähnlich wie im Beweise von Hilfssatz 1, indem $\delta = \delta_0 + m\,\gamma$ bei vorgegebenem ganzen δ_0 für ein hinreichend großes, ganz-rationales, positives Multiplum m von $\mathfrak{m}$ die Signatur von γ hat.

Natürlich sind die vollen Restklassengruppen mod.$^+$ $\mathfrak{m}$ und mod. $\tilde{\mathfrak{m}}$ von unendlicher Ordnung (von dem Spezialfall $\mathfrak{m} = 1$ abgesehen).

Wir heben schließlich die folgenden leicht einzusehenden Tatsachen hervor:

Hilfssatz 3. (Zusammensetzungsprinzip.) *Es ist*

a *ganz für* m	a *prim zu* m̃

gleichbedeutend mit

a *ganz für alle in* m *eingehenden Prim-ideale* p.	a *prim zu allen in* m̃ *eingehenden Prim-stellen* p *und* p∞.
Die volle bzw. die ganze Restklassen-gruppe mod.$^+$ m	*Die volle bzw. die prime Restklassen-gruppe* mod. m̃

stellt sich als direktes Produkt

der vollen bzw. der ganzen Restklassen-gruppen mod.$^+$ p^a	*der vollen bzw. der primen Restklassen-gruppen* mod. p^a *und* mod. p∞

dar, wo die p^a *und* p∞ *alle in* m̃ *eingehenden Primstellenpotenzen durchlaufen.*

§ 4. Die Idealgruppen mod. m̃.
(Zu I, § 3, S. 5—9.)

Wir definieren auf Grund der in den §§ 2, 3 getroffenen Festsetzungen den *Strahl* mod. m̃ (Bezeichnung $H_0^{(\tilde{m})}$) für irgendeinen der eingeführten Idealmoduln (nicht, wie in I, § 3, S. 5, nur für die speziellen Idealmoduln m$p∞$) als Gruppe der durch alle Zahlen $\alpha \equiv 1$ mod. m̃ gelieferten Hauptideale (α) und übertragen dann die in I, § 3, S. 5—9 eingeführten Begriffe sinngemäß. Dadurch tritt lediglich eine Modifikation der Begriffe: *Erklärungsmodul* und *Führer* ein: Bei einer im Sinne von I, § 3 mod. m, also im jetzigen Sinne mod. m$p∞$ erklärbaren Ideal-gruppe H wird nämlich jetzt noch unterschieden, ob H nach Teilern m̃ = m $\Pi'p∞$ des vollen Idealmoduls m$p∞$ = m$\Pi p∞$ erklärbar ist. Demgemäß bringt die Angabe des Führers f̃ = f $\Pi'p∞$ von H jetzt mehr zum Ausdruck, als die Angabe des im Sinne von I, § 3 verstandenen Führers f; die letztere Angabe läuft ja im jetzigen Sinne nur auf die Angabe hinaus, daß f$p∞$ = f$\Pi p∞$ ein Erklärungsmodul für H ist.

Nach § 2, S. 60, 2. gehen in f̃ natürlich stets höchstens unendliche Primstellen 1-ten Grades ein.[5]

Insbesondere ist jetzt der Strahl $H_0^{(1)}$ mod. 1 die absolute Hauptklasse H_0 im weiteren Sinne, während die absolute Hauptklasse im engeren Sinne der Strahl $H_0^{(p∞)}$ mod. p∞ ist (vgl. I, Erl. 4 und S. 36, Anm.). Unter absoluter Haupt-klasse, Idealklassengruppe, ... verstehen wir im folgenden stets die im weiteren Sinne.

Wir fügen noch den Beweis des folgenden, in I, § 3, S. 6 gebrauchten Hilfs-satzes an, der in I, Erl. 6 nur angedeutet wurde:

Hilfssatz. *In jeder Idealklasse C nach einer Idealgruppe* $H^{(\tilde{m})}$ *mod. m̃ existieren unendlich viele, zu einem gegebenen ganzen Ideal* a *prime, ganze Ideale* b.

Beweis: Es genügt die Existenz eines solchen b zu beweisen, da dann durch Anwendung auf a b statt a die Existenz eines weiteren solchen b' $\neq$ b folgt usf.

---

5) Dementsprechend kann das volle Produkt $p∞ = \Pi p∞$ in den vorstehenden Ausführungen auch durch das Teilprodukt $\Pi p_{∞, 1}$ ersetzt werden, wie es vielleicht im Hinblick auf I, Erl. 3 sinngemäßer gewesen wäre. — Es empfiehlt sich trotzdem nicht, die unendlichen Primstellen 2-ten Grades aus den in Betracht gezogenen Idealmoduln von vornherein auszuschließen, weil man dann Idealmoduln nicht unverändert in beliebige Relativkörper übernehmen kann.

Ist nun $\mathfrak{c}$ ein Ideal aus C (also sicher prim zu $\tilde{\mathfrak{m}}$), so existiert zunächst bekanntlich ein ganzes, zu $\mathfrak{a}$ und $\tilde{\mathfrak{m}}$ primes $\mathfrak{b}_1$ in der absoluten Idealklasse von $\mathfrak{c}$:

$$\mathfrak{c}(\gamma_1) = \mathfrak{b}_1,$$

ferner bekanntlich ein ganzes, zu $\mathfrak{a}$ primes δ_0 in der primen Restklasse von γ_1^{-1} mod. $\mathfrak{m}$:

$$\gamma_1 \delta_0 \equiv 1 \text{ mod. } \mathfrak{m},$$

und schließlich kann, ähnlich wie im Beweise zu § 3, Hilfssatz 1, durch den Ansatz $\delta_1 = \delta_0 + am\gamma_1$ mit einem hinreichend großen, ganz-rationalen, positiven Multiplum am von $\mathfrak{a}\mathfrak{m}$ sogar

$$\gamma = \gamma_1 \delta_1 \equiv 1 \text{ mod. } \tilde{\mathfrak{m}}$$

mit ganzem, zu $\mathfrak{a}$ primem δ_1 erreicht werden. Daraus ergibt sich dann mit dem ganzen, zu $\mathfrak{a}$ primen $\mathfrak{b} = \mathfrak{b}_1(\delta_1)$:

$$\mathfrak{c}(\gamma) = \mathfrak{b}, \quad \text{wo} \quad \gamma \equiv 1 \text{ mod. } \tilde{\mathfrak{m}},$$

also die Existenz eines $\mathfrak{b}$, wie verlangt.

§ 5. Die Idealklassenzahl $h^{(\tilde{\mathfrak{m}})}$ nach einer Hauptidealgruppe $H^{(\tilde{\mathfrak{m}})}$.

(Zu I, § 3, S. 5.)

Bezeichnungen:

$\mathfrak{a}, \alpha$ prim zu $\tilde{\mathfrak{m}}$.

$\beta_0 \equiv 1$ mod. $\tilde{\mathfrak{m}}$.

β Zahlen einer *Zahlgruppe* mod. $\tilde{\mathfrak{m}}$ (d. h. einer die Gruppe β_0 enthaltenden Untergruppe der Gruppe α).

ε Einheiten.

η_0 Einheiten aus der Zahlgruppe β_0, d. h. $\eta_0 = [\varepsilon, \beta_0]$.

η Einheiten aus der Zahlgruppe β, d. h. $\eta = [\varepsilon, \beta]$.

Satz 1. *Die Idealklassenzahl $h^{(\tilde{\mathfrak{m}})}$ nach der Idealgruppe $H^{(\tilde{\mathfrak{m}})}$ aller Hauptideale (β) hat den endlichen Wert*

$$h^{(\tilde{\mathfrak{m}})} = h_0 \frac{(\alpha : \beta)}{(\varepsilon : \eta)},$$

wo h_0 die absolute Idealklassenzahl ist.[6]

---

6) Wir sehen hier die Zahlgruppe β mod. $\tilde{\mathfrak{m}}$ als ursprünglich gegeben und die Hauptidealgruppe $H^{(\tilde{\mathfrak{m}})} = (\beta)$ als durch sie geliefert an, so wie es z. B. der Definition des Strahls $H_0^{(\tilde{\mathfrak{m}})} = (\beta_0)$ aus dem Zahlstrahl β_0 mod. $\tilde{\mathfrak{m}}$ entspricht. Auf diese Weise kann jede Hauptidealgruppe $H^{(\tilde{\mathfrak{m}})}$ mod. $\tilde{\mathfrak{m}}$ entstanden gedacht werden; allerdings ist dann die Zahlgruppe β mod. $\tilde{\mathfrak{m}}$ (wegen der Einheiten) nicht eindeutig bestimmt. Diese Unbestimmtheit kompensiert sich aber, wie es sein muß und wie man auch leicht direkt beweisen kann, im Zähler und Nenner des in der Formel für $h^{(\tilde{\mathfrak{m}})}$ auftretenden Bruches $\dfrac{(\alpha : \beta)}{(\varepsilon : \eta)}$, der übrigens nach dem Beweise ganzzahlig ist.

Beweis: Mittels des Reduktionsprinzips (§ 1, Hilfssatz 1) findet sich

$$h^{(\tilde{m})} = (\mathfrak{a} : (\beta)) = (\mathfrak{a} : (\alpha))\,((\alpha) : (\beta))$$
$$= (\mathfrak{a} : (\alpha))\,(\alpha/\varepsilon : \beta\varepsilon/\varepsilon) = (\mathfrak{a} : (\alpha))\,(\alpha : \beta\varepsilon) = (\mathfrak{a} : (\alpha))\,\frac{(\alpha : \beta)}{(\beta\varepsilon : \beta)}$$
$$= (\mathfrak{a} : (\alpha))\,\frac{(\alpha : \beta)}{(\varepsilon : [\varepsilon, \beta])} = (\mathfrak{a} : (\alpha))\,\frac{(\alpha : \beta)}{(\varepsilon : \eta)}\,.$$

Dabei ist $(\mathfrak{a} : (\alpha)) = h_0$, weil in jeder absoluten Idealklasse zu $\tilde{m}$ prime Ideale vorkommen. Ferner ist $(\alpha : \beta)$ endlich, nämlich die Anzahl der Zahlklassen nach der Zahlgruppe β (Teiler der Anzahl $(\alpha : \beta_0) = \Phi(\tilde{m})$ der primen Restklassen mod. $\tilde{m}$). Schließlich ist $(\varepsilon : \eta)$ endlich, nämlich die Anzahl der durch Einheiten gelieferten Zahlklassen nach der Zahlgruppe β (Teiler der Anzahl $(\varepsilon : \eta_0) = e(\tilde{m})$ der durch Einheiten gelieferten Restklassen mod. $\tilde{m}$).

Mittels der eben genannten Anzahlen h_0, $\Phi(\tilde{m})$, $e(\tilde{m})$ drückt sich nach Satz 1 speziell die Strahlklassenzahl $h_0^{(\tilde{m})}$ in der Form aus

$$h_0^{(\tilde{m})} = h_0\,\frac{\Phi(\tilde{m})}{e(\tilde{m})}\,.$$

§ 6. Zusätzliche Bemerkungen zu den Definitionen und Sätzen der Klassenkörpertheorie hinsichtlich der unendlichen Primstellen.

(Zu I, §§ 4—6.)

Die *Weber*sche Definition des Klassenkörpers (I, Def. 1) und die in ihrem Sinne verstandenen allgemeinen Sätze der Klassenkörpertheorie (I, Sätze 1—7, 9—13, 16, 17) werden offenbar ihrem Inhalte nach nicht geändert, wenn man sie für Idealgruppen mod. $\tilde{m}$ im Sinne von § 4 formuliert, weil das ja lediglich ein genaueres Eingehen auf die Erklärungsmöglichkeiten der Idealgruppen bedeutet. Man muß dabei allerdings in I, Sätze 3, 5, 6, 16 nach wie vor unter $\mathfrak{f}$, $\mathfrak{f}_\chi$ die endlichen Bestandteile der jetzigen Führer $\tilde{\mathfrak{f}}$, $\tilde{\mathfrak{f}}_\chi$ verstehen, während I, Satz 17 wegen der Übertragbarkeit der Tatsachen in I, § 3, S. 8/9 sogar für die vollen Führer $\tilde{\mathfrak{f}}$, $\tilde{\mathfrak{f}}_\chi$ gilt.

Dagegen erfährt die in I, § 5, 1. gegebene Definition der „zugeordneten Idealgruppe" jetzt eine ohne weiteres ersichtliche inhaltliche Erweiterung, bei der aber I, Satz 8 unverändert besteht, wie aus dem Beweise in I, § 5, 3. hervorgeht. Wenn sich auch demnach die für die ferneren Beweise grundlegende *Takagi*sche Definition des Klassenkörpers (I, Def. 3) entsprechend erweitert, so bleibt daher doch der Äquivalenzbeweis mit der *Weber*schen Definition (I, § 5, 4., 5) unverändert bestehen, und auch der Beweis von I, § 6, A), Satz 10, der dann zeigt, daß die genannte Erweiterung der *Takagi*schen Definition nur scheinbar ist (Eindeutigkeit des Klassenkörpers unabhängig vom Erklärungsmodul!).

Es ordnen sich somit unserem Standpunkte einzig und allein die Aussagen in **I**, Sätze 3, 5, 6, 16 über den Zusammenhang zwischen Führer und Relativdiskriminante nicht unter. Das läßt sich nun aber für **I**, Sätze 3, 5, 6 in übertragenem Sinne doch dadurch erreichen, daß man in diesen Sätzen als Analogon der Alternative:

eine endliche Primstelle $\mathfrak{p}$ von k geht in der Relativdiskriminante $\mathfrak{d}$ von K nach k nicht auf bzw. auf

die Alternative:

eine unendliche Primstelle $\mathfrak{p}_\infty$ von k zerfällt in K in Primstellen 1-ten bzw. 2-ten Relativgrades

nimmt. In diesem Sinne gelten dann jene Sätze für den **vollen Führer** $\bar{\mathfrak{f}}$ von H, und ihre auf die $\mathfrak{p}_\infty$ bezüglichen Behauptungen sind gleichzeitig das dem Zerlegungsgesetz **I**, Sätze 4, 12 für die endlichen Primstellen $\mathfrak{p}$ zur Seite tretende **Zerlegungsgesetz für die unendlichen Primstellen** $\mathfrak{p}_\infty$ **im Klassenkörper:**

Satz 2. *Die unendlichen Primstellen* $\mathfrak{p}_\infty$ *von* k *werden im Klassenkörper* K *zur Idealgruppe* H *vom Führer* $\bar{\mathfrak{f}}$ *und Index* h *nach dem Gesetz zerlegt:*

(a.) *Geht* $\mathfrak{p}_\infty$ *in* $\bar{\mathfrak{f}}$ *nicht ein, so zerfällt* $\mathfrak{p}_\infty$ *in* K *in* h *Primstellen vom Relativgrade* 1.

(b.) *Geht* $\mathfrak{p}_\infty$ *in* $\bar{\mathfrak{f}}$ *ein, so zerfällt* $\mathfrak{p}_\infty$ *in* K *in* $\dfrac{h}{2}$ *Primstellen vom Relativgrade* 2.

Für die $\mathfrak{p}_{\infty,2}$ ist dieses Gesetz trivial, da diese einerseits nie in $\bar{\mathfrak{f}}$ eingehen (§ 4), andererseits stets in Primstellen 1-ten Relativgrades zerfallen (§ 2). Es genügt also, den Beweis für die $\mathfrak{p}_{\infty,1}$ zu erbringen. Diesen werden wir nun zwanglos bei der genauen Ausführung der in **I**, § 6, B), C) skizzierten Beweise für das Führer-Relativdiskriminantengesetz aus **I**, Sätze 3, 5, 6 erhalten.

Eben deshalb haben wir das Zerlegungsgesetz von Satz 2 in Analogie zu diesem letzteren Gesetz entwickelt, und nicht, wie es zunächst naturgemäßer erscheint, in Analogie zu dem Zerlegungsgesetz **I**, Sätze 4, 12. Ein Beweis in Analogie zu dessen in **I**, § 6, D) gegebenen Beweise ist übrigens auch möglich. Man hat dazu nur die formale Analogie von Satz 2 zu **I**, Satz 4 dadurch herzustellen, daß man die durch die Hauptideale (α) mit

$$\alpha \equiv 1 \ \mathrm{mod.} \ \mathfrak{f}\,\frac{\mathfrak{p}_\infty}{\mathfrak{p}_{\infty,1}}, \qquad \alpha \equiv -1 \ \mathrm{mod.} \ \mathfrak{p}_\infty$$

gelieferte Strahlklasse mod. $\mathfrak{f}\mathfrak{p}_\infty$ als die Strahlklasse von $\mathfrak{p}_{\infty,1}$ mod. $\mathfrak{f}\mathfrak{p}_\infty$ bezeichnet. Da die Zugehörigkeit dieser Strahlklasse zu einer Idealgruppe H mit dem endlichen Führerbestandteil $\mathfrak{f}$ darüber entscheidet, ob H ohne Aufnahme von $\mathfrak{p}_{\infty,1}$ in $\tilde{\mathfrak{f}}$ erklärbar ist[7]), so ist dann die Alternative:

$\mathfrak{p}_{\infty,1}$ geht in $\tilde{\mathfrak{f}}$ nicht ein bzw. ein

von Satz 2 gleichbedeutend mit der zu I, Satz 4 analogen Alternative:

$\mathfrak{p}_{\infty,1}$ (d. h. seine Strahlklasse mod. $\mathfrak{f}\mathfrak{p}_\infty$) kommt in H vor bzw. nicht vor.

Was den Beweis von Satz 2 auf dem erstgenannten, von uns zu befolgenden Wege anlangt, so stellen wir schon hier fest, daß die in I, § 6, B), Reduktion 1. und I, § 6, C), 2. vollständig ausgeführten Reduktionen des Führer-Relativdiskriminantengesetzes auf relativ-zyklische Körper von Primzahlpotenzgrad ohne weiteres auch für den vollen Führer $\tilde{\mathfrak{f}}$ und den oben angegebenen, übertragenen Sinn des „Aufgehens in der Relativdiskriminante $\mathfrak{d}$" durchführbar sind; denn einerseits gilt die a. a. O. benutzte Relation $\mathfrak{f} = (\mathfrak{f}_1, \ldots, \mathfrak{f}_s)$ unverändert für die vollen Führer: $\tilde{\mathfrak{f}} = (\tilde{\mathfrak{f}}_1, \ldots, \tilde{\mathfrak{f}}_s)$, wie der Beweis in I, S. 8/9 zeigt; andererseits steht der a. a. O. benutzten Tatsache, daß ein Primideal $\mathfrak{p}$ dann und nur dann in $\mathfrak{d}$ aufgeht, wenn es in mindestens einem $\mathfrak{d}_i$ aufgeht, als Analogon die nach § 2 offenbar richtige Tatsache zur Seite, daß eine Primstelle $\mathfrak{p}_{\infty,1}$ dann und nur dann in K in Primstellen 2-ten Relativgrades zerfällt, wenn sie in mindestens einem K_i in Primstellen 2-ten Relativgrades zerfällt.

Der Beweis von Satz 2 wird hiernach erbracht sein, wenn wir seine Aussagen (a.), (b.) in die sowieso noch näher auszuführenden Beweise von I, § 6, B), Reduktion 2., Reduktion 3., Konstruktion 4. und I, § 6, C), 1. einbeziehen, was im folgenden geschehen wird. Dabei handelt es sich bei den auf den Existenzsatz (I, Sätze 1—3) zielenden Beweisen (also in I, § 6, B), Reduktion 2., Reduktion 3., Satz (B′)) um die Aussage (a.), bei den auf den Umkehrsatz (I, Satz 5) zielenden Beweisen (also in I, § 6, Sätze (B″), (B‴) und I, § 6, Satz (C)) um die Aussage (b.) des Satzes 2.

§ 7. Genaue Ausführung von I, § 6, B), Reduktion 2.

Wir definieren die in I, S. 20 genannte Idealgruppe $\overline{H}_1$ in K_1 folgendermaßen:

(1.) *$\overline{H}_1$ sei die Gruppe aller zu $\tilde{\mathfrak{f}}$ primen Ideale aus K_1, deren Relativnormen nach k in die Idealgruppe H fallen.*

Dann gilt:

(2.) *$\overline{H}_1$ ist Idealgruppe* mod. $\tilde{\mathfrak{f}}$.

---

7) Siehe dazu auch die Definition der Zahlen a_p in I, Satz 15 und das darüber in I, Erl. 39 Gesagte.

Für ein zum Strahl mod. $\tilde{\mathfrak{f}}$ in K_1 gehöriges Hauptideal (B_1), für das also bei geeigneter Wahl von B_1 unter seinen assoziierten gilt $\mathsf{B}_1 \equiv 1$ mod. $\tilde{\mathfrak{f}}$, folgt nämlich wegen der Invarianz von $\tilde{\mathfrak{f}}$ bei den Relativsubstitutionen von K_1 nach k auch $N_{K_1 k}(\mathsf{B}_1) \equiv 1$ mod. $\tilde{\mathfrak{f}}$, so daß also die Relativnorm $N_{K_1 k}((\mathsf{B}_1)) = (N_{K_1 k}(\mathsf{B}_1))$ zum Strahl mod. $\tilde{\mathfrak{f}}$ in k gehört. Da H als Idealgruppe mod. $\tilde{\mathfrak{f}}$ in k diesen Strahl enthält, gehört somit nach (1.) der Strahl mod. $\tilde{\mathfrak{f}}$ in K_1 zu $\overline{H}_1$, was die Behauptung (2.) ist.

(3.) *$\overline{H}_1$ hat den Index $l^{\nu-1}$ und zyklische Faktorgruppe.*[8]

Durch $\mathfrak{B}_1 \rightarrow N_{K_1 k}(\mathfrak{B}_1)H$ wird nämlich eine eindeutige, isomorphe Abbildung der Gruppe $\overline{A}_1$ aller zu $\tilde{\mathfrak{f}}$ primen Ideale von K_1 auf die Gruppe H_1' aller Relativnormen aus $\overline{A}_1$ enthaltenden Klassen nach H definiert. Nach (1.) und dem Isomorphieprinzip (§ 1, Hilfssatz 2) ist also $\overline{A}_1/\overline{H}_1 \cong H_1'/H$, so daß es genügt, H_1'/H als zyklisch von der Ordnung $l^{\nu-1}$ zu erweisen.

Nun ist K_1 als Klassenkörper im Sinne von **I**, Def. 3 zu der in **I**, S. 20 konstruierten Idealgruppe H_1 mod. $\tilde{\mathfrak{f}}$ in k definiert; somit ist H_1 die K_1 mod. $\tilde{\mathfrak{f}}$ zugeordnete Idealgruppe in k, besteht also aus allen, Relativnormen aus $\overline{A}_1$ enthaltenden S t r a h l k l a s s e n mod. $\tilde{\mathfrak{f}}$ in k. Da aber H, nach der Konstruktion von H_1, in H_1 enthalten ist, kann H_1 ebensogut auch erklärt werden als die aus allen, Relativnormen aus $\overline{A}_1$ enthaltenden K l a s s e n nach H bestehende Idealgruppe, d. h. es ist $H_1 = H_1'$.

Daraus ergibt sich ohne weiteres die Behauptung (3.), daß $\overline{A}_1/\overline{H}_1 \cong H_1'/H = H_1/H$ zyklisch von der Ordnung $l^{\nu-1}$ ist, weil ja A/H zyklisch von der Ordnung l^ν nach Voraussetzung und A/H_1 zyklisch von der Ordnung l nach Konstruktion von H_1 ist.

(4.) *Die Relativnormen nach k der zu $\tilde{\mathfrak{f}}$ primen Ideale von K fallen in H* (**I**, S. 21, (b.)).

Weil nämlich K als Klassenkörper im Sinne von **I**, Def. 3 zur Idealgruppe $\overline{H}_1$ mod. $\tilde{\mathfrak{f}}$ in K_1 definiert ist, fallen die Relativnormen nach K_1 der zu $\tilde{\mathfrak{f}}$ primen Ideale von K in $\overline{H}_1$. Daraus ergibt sich nach (1.) ohne weiteres die Behauptung (4.).

(5.) *K ist relativ-zyklisch vom Relativgrade l^ν über k* (**I**, S. 21, (a.)).

Da nämlich nach (1.) die Idealgruppe $\overline{H}_1$ in K_1 bei den Relativsubstitutionen von K_1 nach k invariant ist, gilt dasselbe nach dem

---

8) Die letztere Angabe ist in **I**, S. 20 versehentlich unterblieben.

(bereits bewiesenen) Eindeutigkeitssatz (**I**, § 6, A)) auch für ihren Klassenkörper K. Daher ist jedenfalls K relativ-Galoissch über k.

Es sei nun $\mathfrak{G}$ die Galoissche Relativgruppe von K nach k. Da K nach Konstruktion den Relativgrad $l \cdot l^{v-1} = l^v$ über k hat, hat $\mathfrak{G}$ die Ordnung l^v. Um zu zeigen, daß $\mathfrak{G}$ zyklisch und somit die Behauptung (5.) richtig ist, genügt dann nach einem bekannten gruppentheoretischen Satz[9]) die Feststellung, daß $\mathfrak{G}$ nur einen einzigen Normalteiler vom Index l hat, und diese Feststellung kommt nach dem Fundamentalsatz der Galoisschen Theorie auf den Nachweis zurück, daß in K nur ein einziger relativ-zyklischer Körper vom Relativgrade l über k enthalten ist (nämlich der Körper K_1).

Ist nun K_1' ein in K enthaltener, relativ-zyklischer Körper vom Relativgrade l über k, so sind die l^{v-1}-ten Potenzen der Relativnormen nach k der zu $\tilde{\mathfrak{f}}$ primen Ideale aus K_1', als Relativnormen nach k zu $\tilde{\mathfrak{f}}$ primer Ideale aus K, nach (4.) in H enthalten, jene Relativnormen selbst also in der durch die l-te Potenz C^l einer Basisklasse nach H erzeugten Idealgruppe H_1 mod. $\tilde{\mathfrak{f}}$. Die K_1' mod. $\tilde{\mathfrak{f}}$ zugeordnete Idealgruppe in k, deren Index nach **I**, Satz 8 höchstens l ist, ist daher in der Idealgruppe H_1 vom Index l enthalten und somit mit H_1 identisch. Nach **I**, Def. 3 ist dann neben K_1 auch K_1' Klassenkörper zu H_1, und folglich ist nach **I**, § 6, A) wirklich $K_1' = K_1$.

Unter Berücksichtigung der schon in **I**, S. 21 gegebenen Ausführungen ist damit **I**, § 6, B) Reduktion 2 vollständig durchgeführt. Die Richtigkeit der gemäß § 6 hinzukommenden Aussage (a.) des Satzes 2 ergibt sich, weil die Idealgruppen H_1 und $\overline{H}_1$ beide mod. $\tilde{\mathfrak{f}}$ erklärbar sind, ganz entsprechend, wie am Schlusse von § 6.

§ 8. Theorie des relativ-Galoisschen Körpers.

(Zu **I**, §§ 6, 7.)

Wir vervollständigen die in **I**, Erl. 30 gegebene Übersicht über die *Hilbert*sche Theorie des relativ-Galoisschen Körpers, ohne uns aber wie dort auf den Spezialfall eines relativ-Abelschen Körpers zu beschränken.

Sei also K relativ-Galoissch über k vom Relativgrade N und $\mathfrak{G}$ die Galoissche Relativgruppe von K nach k von der Ordnung N, ferner $\mathfrak{p}$ ein Primideal aus k und gemäß **I**, Erl. 1

$$\mathfrak{p} = (\mathfrak{P}_1 \cdots \mathfrak{P}_G)^E, \qquad N_{Kk}(\mathfrak{P}_i) = \mathfrak{p}^F, \qquad EFG = N$$

die Zerlegung von $\mathfrak{p}$ in K in Potenzen G verschiedener Primideale $\mathfrak{P}_i$ vom Relativ-

---

9) Siehe etwa *A. Speiser*, „Die Theorie der Gruppen von endlicher Ordnung" (Berlin 1923), Satz 56.

grade F und der Relativordnung E bezgl. $\mathfrak{p}$, schließlich p die $\mathfrak{p}$ zugeordnete Primzahl und $N_k(\mathfrak{p}) = p^f$.[10])

(1.) *Jedes der Primideale $\mathfrak{P}$ bestimmt eine ineinander geschachtelte Untergruppenreihe von $\mathfrak{G}$ (und die dieser nach dem Fundamentalsatz der Galoisschen Theorie zugeordnete Zwischenkörperreihe zwischen k und K)* [11]), *nämlich auf Grund der folgenden Festsetzungen:*

(a.) *Die **Zerlegungsgruppe** $\mathfrak{G}_Z$ (zugeordnet der **Zerlegungskörper** K_Z) sei die Gesamtheit aller ζ aus $\mathfrak{G}$, für die mit $\Gamma \equiv 0$ mod.$^+$ $\mathfrak{P}$ stets auch $\zeta\Gamma \equiv 0$ mod.$^+$ $\mathfrak{P}$ ist, d. h. also, für die $\mathfrak{P} = \zeta\mathfrak{P}$ ist.*

Wir vermerken gleich, daß auf Grund der $\mathfrak{G}_Z$ definierenden Invarianzrelation auch die folgenden Relationen in gleichem Sinne bei $\mathfrak{G}_Z$ invariant sind: A ganz für $\mathfrak{P}$, A prim zu $\mathfrak{P}$, A hat die Ordnungszahl a in $\mathfrak{P}$ [12]), $A \equiv B$ mod.$^+$ $\mathfrak{P}^n$, $A \equiv B$ mod. $\mathfrak{P}^n$, und daß insbesondere, wie schon vermerkt, $\mathfrak{P} = \zeta\mathfrak{P}$ ist, sowie daß jede dieser Invarianzrelationen zur Definition von $\mathfrak{G}_Z$ verwendet werden kann.

(b.) *Die **Trägheitsgruppe** $\mathfrak{G}_T$ (zugeordnet der **Trägheitskörper** K_T) sei die Gesamtheit aller τ aus $\mathfrak{G}$, für die $\Gamma \equiv \tau\Gamma$ mod.$^+$ $\mathfrak{P}$ für alle für $\mathfrak{P}$ ganzen Γ ist.*

(c.) *Die **n-te Verzweigungsgruppe** $\mathfrak{G}_{V_n}$ (zugeordnet der **n-te Verzweigungskörper** K_{V_n}) sei die Gesamtheit aller v_n aus $\mathfrak{G}$, für die $\Gamma \equiv v_n\Gamma$ mod.$^+$ $\mathfrak{P}^{n+1}$ für alle für $\mathfrak{P}$ ganzen Γ ist ($n \geq 1$).*

Es ist hiernach klar, daß $\mathfrak{G} \geq \mathfrak{G}_Z \geq \mathfrak{G}_T \geq \mathfrak{G}_{V_1} \geq \cdots$ ist.

(2.) *Für jedes σ aus $\mathfrak{G}$ entspricht die konjugierte Untergruppenreihe $\sigma\mathfrak{G}_Z\sigma^{-1}, \cdots$ dem konjugierten Primideal $\sigma\mathfrak{P}$. Ist also speziell K relativ-Abelsch über k, so hängt die Untergruppenreihe nicht von dem gewählten $\mathfrak{P}$, sondern nur von $\mathfrak{p}$ ab* (**I**, Erl. 30).

Die Gruppen von $\mathfrak{G}_T$ an sind Normalteiler von $\mathfrak{G}_Z$.

Beweis: Aus den Definitionsrelationen (1.), (a.), (b.), (c.) folgen durch Anwendung von σ die Relationen

$$\sigma\mathfrak{P} = \sigma\zeta\sigma^{-1}\cdot\sigma\mathfrak{P}, \qquad \sigma\Gamma \equiv \sigma\tau\sigma^{-1}\cdot\sigma\Gamma \text{ mod.}^+ \sigma\mathfrak{P}, \qquad \sigma\Gamma \equiv \sigma v_n\sigma^{-1}\cdot\sigma\Gamma \text{ mod.}^+ \sigma\mathfrak{P}^{n+1},$$

und $\sigma\Gamma$ durchläuft alle für $\sigma\mathfrak{P}$ ganzen Zahlen, wenn Γ alle für $\mathfrak{P}$ ganzen Zahlen durchläuft. Das ergibt die erstere Behauptung. Für $\sigma = \zeta$ folgt ebenso wegen $\zeta\mathfrak{P} = \mathfrak{P}$ die letztere Behauptung.

---

10) Für die Zerlegung eines Primideals $\mathfrak{p}$ aus k in Potenzen verschiedener Primideale $\mathfrak{P}_i$ aus K begnügen wir uns in den folgenden Paragraphen der Einfachheit halber stets mit der Angabe der Gleichung $\mathfrak{p} = (\mathfrak{P}_1 \cdots \mathfrak{P}_G)^E$, setzen also stillschweigend die $\mathfrak{P}_i$ als verschieden voraus. Dadurch ist dann (bei gegebenem N) auch F mitbestimmt. In diesem Paragraphen mag der Übersichtlichkeit halber diese Vorschrift noch keine Anwendung finden.

11) Wir überlassen es im folgenden dem Leser, die aus den Eigenschaften der Untergruppenreihe sich nach dem Fundamentalsatz der Galoisschen Theorie ergebenden Eigenschaften der Zwischenkörperreihe auszusprechen, heben vielmehr nur die Zerlegungsgesetze für die Zwischenkörperreihe ausdrücklich hervor.

12) Allgemein verstehe ich unter der *Ordnungszahl von $\mathfrak{A}$ in $\mathfrak{P}$* den genauen Exponenten, zu dem $\mathfrak{P}$ in der Primidealpotenzzerlegung von $\mathfrak{A}$ vorkommt. — Die obige Ausdrucksweise: „$\mathfrak{P}$ hat die Relativordnung E bezgl. $\mathfrak{p}$" ist dann als der geläufigen Ausdrucksweise: „$\mathfrak{P}$ hat den Relativgrad F bezgl. $\mathfrak{p}$" angepaßte, andere Wendung der Aussage: „$\mathfrak{p}$ hat die Ordnungszahl E in $\mathfrak{P}$" zu verstehen.

(3.) *Es ist* $(\mathfrak{G} : \mathfrak{G}_Z) = G$, *und somit* $\mathfrak{G}_Z$ *von der Ordnung EF.*

Beweis: Die Nebengruppen $\sigma\mathfrak{G}_Z$ sind eineindeutig zugeordnet den verschiedenen durch die σ aus $\mathfrak{G}$ gelieferten $\sigma\mathfrak{P}$. Das sind aber wegen $\underset{\sigma}{\Pi}\,\sigma\mathfrak{P} = N_{Kk}(\mathfrak{P}) = \mathfrak{p}^F$ alle G verschiedenen $\mathfrak{P}_i$.[13])

(4.) *Es ist* $\mathfrak{G}_Z/\mathfrak{G}_T$ *zyklisch von der Ordnung F, insbesondere also* $(\mathfrak{G}_Z : \mathfrak{G}_T) = F$ *und somit* $\mathfrak{G}_T$ *von der Ordnung E.*

Beweis: Nach dem in (1.) über $\mathfrak{G}_Z$ Bemerkten liefert die Anwendung von $\mathfrak{G}_Z$ eine gewisse Gruppe von Automorphismen der primen Restklassengruppe mod. $\mathfrak{P}$, und dabei bewirkt nach (1.), (b.) die Untergruppe $\mathfrak{G}_T$ und nur sie den identischen Automorphismus. Nach dem Isomorphieprinzip ist somit $\mathfrak{G}_Z/\mathfrak{G}_T$ einstufig-isomorph zu jener Automorphismengruppe, d. h. also, wenn P eine primitive Wurzel mod. $\mathfrak{P}$ ist, zur multiplikativen Gruppe der a mod. $(N_K(\mathfrak{P}) - 1)$ aus $\zeta P \equiv P^a$ mod. $\mathfrak{P}$. Durch Erheben einer mod. $\mathfrak{p}$ irreduzibelen Kongruenz F-ten Grades in k für P in die Potenzen $N_k(\mathfrak{p})^i$ $(i = 0, \ldots, F-1)$ folgt nun, daß alle und nur die Restklassen $P^{N_k(\mathfrak{p})^i}$ mod. $\mathfrak{P}$ zueinander konjugiert sind, und da nicht zu $\mathfrak{G}_Z$ gehörige σ Restklassen mod. $\mathfrak{P}$ in Restklassen mod. $\sigma\mathfrak{P}$, also nicht wieder in Restklassen mod. $\mathfrak{P}$ überführen, müssen jene Restklassen mod. $\mathfrak{P}$ durch Substitutionen ζ aus $\mathfrak{G}_Z$ zusammenhängen. Somit ist a die durch $N_k(\mathfrak{p})$ erzeugte zyklische Gruppe mod. $(N_K(\mathfrak{P}) - 1)$, die wegen $N_K(\mathfrak{P}) = N_k(\mathfrak{p})^F$ die Ordnung F hat.

(4 a.) Wir vermerken noch die erhaltene Tatsache, *daß eine erzeugende Substitution* ζ *für* $\mathfrak{G}_Z/\mathfrak{G}_T$ *mit der Eigenschaft*

$$\zeta P \equiv P^{N_k(\mathfrak{p})} \text{ mod. } \mathfrak{P} \quad \text{und somit allgemein} \quad \zeta\Gamma \equiv \Gamma^{N_k(\mathfrak{p})} \text{ mod.}^+ \mathfrak{P}$$

für alle für $\mathfrak{P}$ *ganzen* Γ *existiert.*

(5.) *Für das* $\mathfrak{P}$ *entsprechende Primideal* $\mathfrak{P}_Z$ *von* K_Z *gilt*

$$\mathfrak{P}_Z = \mathfrak{P}^E, \quad N_{KK_Z}(\mathfrak{P}) = \mathfrak{P}_Z^F; \qquad \mathfrak{p} = \mathfrak{P}_Z\mathfrak{A}_Z, \quad N_{K_Zk}(\mathfrak{P}_Z) = \mathfrak{p},$$

wo $\mathfrak{A}_Z$ *ein zu* $\mathfrak{P}_Z$ *primes Ideal ist.*

Beweis: Ist Γ_Z eine für $\mathfrak{P}_Z$ ganze Zahl aus K_Z, so ist wegen $\zeta\Gamma_Z = \Gamma_Z$ nach (4 a.) $\Gamma_Z^{N_k(\mathfrak{p})} \equiv \Gamma_Z$ mod.$^+$ $\mathfrak{P}$, also auch mod.$^+$ $\mathfrak{P}_Z$. Da diese Kongruenz vom Grade $N_k(\mathfrak{p})$ nicht mehr als die $N_k(\mathfrak{p})$ schon in k vorhandenen Lösungen besitzen kann, ist hiernach $N_{K_Z}(\mathfrak{P}_Z) = N_k(\mathfrak{p})$, also $N_{K_Zk}(\mathfrak{P}_Z) = \mathfrak{p}$ und $\mathfrak{P}_Z^F = N_{KK_Z}(\mathfrak{P}) = \underset{\zeta}{\Pi}\,\zeta\mathfrak{P} = \mathfrak{P}^{EF}$ (nach (3.)), also $\mathfrak{P}_Z = \mathfrak{P}^E$, und somit schließlich $\mathfrak{p} = \mathfrak{P}_Z\mathfrak{A}_Z$.

(6.) *Es ist* $\mathfrak{G}_T/\mathfrak{G}_{V_1}$ *zyklisch von der Ordnung E_0, insbesondere also* $(\mathfrak{G}_T : \mathfrak{G}_{V_1}) = E_0$, *und* $\mathfrak{G}_{V_1}$ *von der Ordnung p^{R_1}. Dabei sind E_0 und p^{R_1} eindeutig durch*

$$E = E_0 p^{R_1}, \quad (E_0, p) = 1$$

bestimmt, und es ist $\qquad N_K(\mathfrak{P}) = N_k(\mathfrak{p})^F \equiv 1 \text{ mod. } E_0.$

Hiernach sind die Ordnungen der $\mathfrak{G}_{V_n}$ *Potenzen* p^{R_n}.

---

13) In der letzteren Tatsache liegt übrigens auch der Beweis für I, Erl. 1, d. h. für die Tatsache, daß die Zahlen E, F für alle $\mathfrak{P}_i$ gleich sind und somit (Relativnormbildung $N_{Kk}(\mathfrak{p})$) $N = \sum EF = EFG$ ist.

Beweis: Nach (1.) liefert die Anwendung von $\mathfrak{G}_T$ eine gewisse Gruppe von Automorphismen der durch $\Gamma \equiv 0 \bmod.^+ \mathfrak{P}$ definierten Gruppe von Restklassen $\bmod.^+ \mathfrak{P}^2$, und dabei bewirkt nach (1.), (c.) die Untergruppe $\mathfrak{G}_{V_1}$ und nur sie den identischen Automorphismus. Nach dem Isomorphieprinzip ist somit $\mathfrak{G}_T/\mathfrak{G}_{V_1}$ einstufig-isomorph zu jener Automorphismengruppe, d. h. also, wenn Π eine Zahl von der Ordnungszahl 1 in $\mathfrak{P}$ ist, zur additiven Gruppe der $b \bmod.^+ \left(N_K(\mathfrak{P}) - 1\right)$ aus $\tau \Pi \equiv \mathsf{P}^b \Pi \bmod.^+ \mathfrak{P}^2$. Diese Gruppe hat eine in $N_K(\mathfrak{P}) - 1 = p^{fF} - 1$ aufgehende, und daher zu p prime Ordnung E_0.

Ist nun für $R \geq 0$ schon $v_1^{p^R} \Pi \equiv \Pi \bmod.^+ \mathfrak{P}^{R+2}$ bewiesen, wie es nach (1.), (c.) für $R = 0$ der Fall ist, so kann

$$v_1^{p^R} \Pi \equiv \Pi + \Gamma \Pi^{R+2} \bmod.^+ \mathfrak{P}^{R+3}$$

mit für $\mathfrak{P}$ ganzem Γ gesetzt werden, und durch weitere p-malige Anwendung von $v_1^{p^R}$ unter Beachtung von $v_1^{p^R} \Gamma \equiv \Gamma \bmod.^+ \mathfrak{P}$ und $v_1^{p^R} \Pi \equiv \Pi \bmod.^+ \mathfrak{P}^2$, d. h. $\bmod. \mathfrak{P}$, also $v_1^{p^R} \Pi^{R+2} \equiv \Pi^{R+2} \bmod. \mathfrak{P}$, d. h. $\bmod.^+ \mathfrak{P}^{R+3}$, folgt

$$v_1^{p^{R+1}} \Pi \equiv \Pi + p\Gamma \Pi^{R+2} \equiv \Pi \bmod.^+ \mathfrak{P}^{R+3},$$

so daß obige Kongruenz für jedes $R \geq 0$ richtig ist. Da nun der Wertevorrat $v_1^{p^R} \Pi - \Pi$ für $R = 0, 1, \ldots$, in dem hiernach durch beliebig hohe Potenzen von $\mathfrak{P}$ teilbare Zahlen vorkommen, nur endlich ist, muß die 0 darunter vorkommen, also eine Relation $v_1^{p^R} \Pi = \Pi$ bestehen. Weil aber Π mit einer primitiven Wurzel $\mathsf{P} \bmod. \mathfrak{P}$ zusammen den Körper K relativ zu K_Z erzeugt — nach (3.), (5.) kann ein Paar Π, P keinem Körper zwischen K_Z und K angehören —, so folgt durch Anwendung jener Relation auf Π und $\Pi' = \Pi\mathsf{P}$ eine Relation $v_1^{p^R} = 1$. Hiernach ist die Ordnung von $\mathfrak{G}_{V_1}$ eine Potenz p^{R_1}, während sie nach obigem und (4.) gleich $\dfrac{E}{E_0}$ ist. Das ergibt die Behauptungen.

(7.) *Für das $\mathfrak{P}$ entsprechende Primideal $\mathfrak{P}_T$ von K_T gilt*

$$\mathfrak{P}_T = \mathfrak{P}^E, \quad N_{KK_T}(\mathfrak{P}) = \mathfrak{P}_T; \qquad \mathfrak{P}_Z = \mathfrak{P}_T, \quad N_{K_T K_Z}(\mathfrak{P}_T) = \mathfrak{P}_Z^F.$$

Beweis: Es ist $\mathsf{P}_{V_1} = N_{KK_{V_1}}(\mathsf{P}) = \underset{v_1}{\Pi} v_1 \mathsf{P} \equiv \mathsf{P}^{p^{R_1}} \bmod. \mathfrak{P}$ und $\mathsf{P}_T = S_{K_{V_1} K_T}(\mathsf{P}_{V_1})$

$= \underset{\tau \mathfrak{G}_{V_1}}{\Sigma \tau} \mathsf{P}_{V_1} \equiv E_0 \mathsf{P}^{p^{R_1}} \bmod. \mathfrak{P}$ nach (1.), (b.), (c.) und (6.). Hiernach ist $\dfrac{\mathsf{P}_T}{E_0}$ eine schon zu K_T gehörige primitive Wurzel $\bmod. \mathfrak{P}$. Weil nun nach (5.) $\mathfrak{P}$ der einzige Primteiler von $\mathfrak{P}_T$ in K ist, folgt hieraus $N_K(\mathfrak{P}) = N_{K_T}(\mathfrak{P}_T)$, also $\mathfrak{P}_Z^F = N_{KK_Z}(\mathfrak{P}) = N_{K_T K_Z}(\mathfrak{P}_T)$ und $\mathfrak{P}_T = N_{KK_T}(\mathfrak{P}) = \underset{\tau}{\Pi} \tau \mathfrak{P} = \mathfrak{P}^E = \mathfrak{P}_Z$ (nach (4.), (5.)).

(8.) *Es ist $\mathfrak{G}_{V_n}/\mathfrak{G}_{V_{n+1}}$ Abelsch von höchstens fF-gliedrigem Typus* $(p, \ldots, p)$, *also insbesondere* $(\mathfrak{G}_{V_n} : \mathfrak{G}_{V_{n+1}}) = p^{R_n - R_{n+1}}$ *mit* $0 \leq R_n - R_{n+1} \leq fF$.

Beweis: Nach (1.) liefert die Anwendung von $\mathfrak{G}_T$ eine gewisse Gruppe von Automorphismen der ganzen Restklassengruppe $\bmod.^+ \mathfrak{P}^{n+1}$, und dabei bewirkt nach (1.), (c.) die Untergruppe $\mathfrak{G}_{V_n}$ und nur sie den identischen Automorphismus. Nach (7.) kann nun die ganze Restklassengruppe $\bmod.^+ \mathfrak{P}^{n+1}$ durch die Ausdrücke $\Gamma_T^{(0)} + \Gamma_T^{(1)} \Pi + \cdots + \Gamma_T^{(n)} \Pi^n$ mit für $\mathfrak{P}$ ganzen $\Gamma_T^{(i)}$ aus K_T repräsentiert werden, und daher reicht das Studium der für $\Pi \bmod.^+ \mathfrak{P}^{n+1}$ bewirkten Automorphismen zur Beschreibung von $\mathfrak{G}_T/\mathfrak{G}_{V_n}$ aus (wie es ähnlich schon in (6.) für $\mathfrak{G}_T/\mathfrak{G}_{V_1}$ der Fall war). Insbesondere ist so nach dem Isomorphieprinzip $\mathfrak{G}_{V_n}/\mathfrak{G}_{V_n+1}$ einstufig-isomorph zur Gruppe der durch $\mathfrak{G}_{V_n}$ für Π bewirkten Automorphismen $\bmod.^+ \mathfrak{P}^{n+2}$, d. h. also nach (1.), (c.) zur additiven Gruppe der $\Gamma \bmod.^+ \mathfrak{P}$ aus $v_n \Pi \equiv \Pi (1 + \Gamma \Pi^n) \bmod.^+ \mathfrak{P}^{n+2}$. Diese Gruppe hat als additive Gruppe in dem endlichen Körper der ganzen Restklassen $\bmod.^+ \mathfrak{P}$ von $N_K(\mathfrak{P}) = p^{fF}$ Elementen die behauptete Struktur.

(8a.) *Wir vermerken noch die erhaltene Tatsache, daß $\mathfrak{G}_{V_n}$ innerhalb $\mathfrak{G}_T$ durch die Invarianzrelation $v_n \Pi \equiv \Pi \bmod.^+ \mathfrak{P}^{n+1}$ charakterisiert werden kann.*

(9.) *Für das $\mathfrak{P}$ entsprechende Primideal $\mathfrak{P}_{V_n}$ in K_{V_n} gilt*

$$\mathfrak{P}_{V_n} = \mathfrak{P}^{p^{R_n}}, \quad N_{KK_{V_n}}(\mathfrak{P}) = \mathfrak{P}_{V_n}; \qquad \mathfrak{P}_T = \mathfrak{P}_{V_1}^{E_0}, \quad N_{K_{V_1}K_T}(\mathfrak{P}_{V_1}) = \mathfrak{P}_T;$$

$$\mathfrak{P}_{V_1} = \mathfrak{P}_{V_n}^{p^{R_1 - R_n}}, \quad N_{K_{V_n}K_{V_1}}(\mathfrak{P}_{V_n}) = \mathfrak{P}_{V_1}.$$

Beweis: Das ist nach (7.), (8.) ohne weiteres klar.

(10.) *Es existiert ein kleinster Index $v \geq 0$, so daß $\mathfrak{G}_{V_v+1} = \mathfrak{E}$ ist.*

Beweis: Da die allen v_n $(n = 1, 2, \ldots)$ entsprechenden Zahlen $v_n \Pi - \Pi$ nur einen endlichen Wertevorrat bilden, aber nach (1.), (c.) mit wachsendem n durch beliebig hohe Potenzen von $\mathfrak{P}$ teilbar werden, muß, ähnlich wie unter (6.), $v_n = 1$, $\mathfrak{G}_{V_n} = \mathfrak{E}$ für hinreichend hohes n sein.

(10a.) *Wir vermerken noch, daß* nach (6.) *dann und nur dann $v = 0$, d. h. schon $\mathfrak{G}_{V_1} = \mathfrak{E}$ ist, wenn $E = E_0$, d. h. E prim zu p ist, ferner* nach (4.) *dann und nur dann schon $\mathfrak{G}_T = \mathfrak{E}$ ist, wenn $E = 1$ ist, und schließlich* nach (3.) *dann und nur dann schon $\mathfrak{G}_Z = \mathfrak{E}$ ist, wenn $E = 1$, $F = 1$ ist.*

(11.) *Ist $\overline{K}$ ein Körper zwischen k und K und $\overline{\mathfrak{G}}$ die zugeordnete Untergruppe von $\mathfrak{G}$, so sind die Durchschnitte $\overline{\mathfrak{G}}_Z = [\overline{\mathfrak{G}}, \mathfrak{G}_Z], \ldots$ die $\mathfrak{P}$ bezgl. $\overline{K}$ als Grundkörper zugeordnete Untergruppenreihe von $\overline{\mathfrak{G}}$.*

Beweis: Das ist klar nach (1.), weil $\overline{\mathfrak{G}}$ die Galoissche Relativgruppe von K nach $\overline{K}$ ist.

(12.) *Die Körper* a.) K_Z, b.) K_T, c.) K_{V_1} *haben die Maximaleigenschaft, alle Körper $\overline{K}$ zwischen k und K zu umfassen, in denen das $\mathfrak{P}$ entsprechende Primideal $\overline{\mathfrak{P}}$,* a.) *vom Relativgrade und der Relativordnung 1,* b.) *von der Relativordnung 1,* c.) *von zu p primer Relativordnung bezgl. $\mathfrak{p}$ ist.*

Beweis: Ist $\overline{K}$ ein solcher Körper, so ist für ihn a.) $\overline{F} = F$, $\overline{E} = E$; b.) $\overline{E} = E$, c.) $p^{\overline{R}_1} = p^{R_1}$. Demnach ist der Gruppendurchschnitt a.) $\overline{\mathfrak{G}}_Z$, b.) $\overline{\mathfrak{G}}_T$, c.) $\overline{\mathfrak{G}}_{V_1}$ nach (11.) gleich a.) $\mathfrak{G}_Z$, b.) $\mathfrak{G}_T$, c.) $\mathfrak{G}_{V_1}$ (keine echte Untergruppe), und daher ist die letztere Gruppe in $\overline{\mathfrak{G}}$ enthalten, d. h. a.) K_Z, b.) K_T, c.) K_{V_1} enthält $\overline{K}$.

(13.) *Der Beitrag von $\mathfrak{P}$ zur Relativdifferente $\mathfrak{D}$ von K nach k ist*

$$\mathfrak{D}(\mathfrak{P}) = \mathfrak{P}^D = \mathfrak{P}^{(E-1) + (p^{R_1} - 1) + \cdots + (p^{R_v} - 1)}.$$

Beweis: $\mathfrak{D}(\mathfrak{P})$ ist die als *Inhalt* in einer *Relativdifferentenform für* $\mathfrak{P}$ steckende Potenz von $\mathfrak{P}$. Ist

$$\Phi = \Phi(\xi_1, \ldots, \xi_N) = \sum_{i=1}^{N} \xi_i \Omega_i$$

eine *Relativfundamentalform für* $\mathfrak{P}$ (d. h. für die für $\mathfrak{P}$ ganzen Zahlen), wie sie durch jedes System $\Omega_1, \ldots, \Omega_N$ für $\mathfrak{P}$ ganzer Zahlen mit minimaler in seiner Relativdiskriminante $\left| \Omega_i^{(j)} \right|^2$ steckender Potenz von $\mathfrak{P}$ geliefert wird, so ist

$$\Delta = \Delta(\xi_1, \ldots, \xi_N) = \prod_{\sigma \neq 1}(\Phi - \sigma\Phi) = \prod_{\sigma \neq 1} \sum_{i=1}^{N} \xi_i (\Omega_i - \sigma\Omega_i)$$

eine Relativdifferentenform für $\mathfrak{P}$. Deren Inhalt ist das Produkt der Inhalte der Faktoren $\Phi - \sigma\Phi$ (*Relativelementformen für* $\mathfrak{P}$)[14], und da diese linear sind, also keine außerwesentlichen Teiler besitzen können, ist ihr Inhalt je die höchste Potenz $\mathfrak{P}^n$, so daß $\Gamma \equiv \sigma\Gamma \; \mathrm{mod.}^+ \mathfrak{P}^n$ für alle für $\mathfrak{P}$ ganzen Γ gilt. Daher liefert als Beitrag zu $\mathfrak{D}(\mathfrak{P})$

jedes σ aus $\mathfrak{G}$ aber nicht aus $\mathfrak{G}_T$ $: \mathfrak{P}^0$; die Anzahl dieser σ ist $EFG - E$

„ τ „ $\mathfrak{G}_T$ „   „   „ $\mathfrak{G}_{V_1}$ $: \mathfrak{P}^1$; „   „   „ τ „ $E - p^{R_1}$

„ v_n „ $\mathfrak{G}_{V_n}$ „   „   „ $\mathfrak{G}_{V_{n+1}}$ $: \mathfrak{P}^{n+1}$; „   „   „ v_n „ $p^{R_{/n}} - p^{R_n + 1}$.

Das ergibt

$$\mathfrak{D}(\mathfrak{P}) = \mathfrak{P}^{(E - p^{R_1}) + 2(p^{R_1} - p^{R_2}) + \cdots + (v+1)(p^{R_v} - 1)} = \mathfrak{P}^{E + p^{R_1} + \cdots + p^{R_v} - (v+1)},$$

wie behauptet.

(14.) *Der Beitrag von* $\mathfrak{p}$ *zur Relativdiskriminante* $\mathfrak{d}$ *von* K *nach* k *ist*

$$\mathfrak{d}(\mathfrak{p}) = \mathfrak{p}^{GFD} = \mathfrak{p}^{GF[(E-1) + (p^{R_1} - 1) + \cdots + (p^{R_v} - 1)]}.$$

Beweis: Es ist $\mathfrak{d} = N_{Kk}(\mathfrak{D})$, also $\mathfrak{d}(\mathfrak{p}) = N_{Kk}(\mathfrak{D}(\mathfrak{p}))$. Nun ist nach (13.) $\mathfrak{D}(\mathfrak{P}) = \mathfrak{P}^D$ mit nur von $\mathfrak{p}$ abhängigem D, also

$$\mathfrak{D}(\mathfrak{p}) = (\mathfrak{P}_1 \cdots \mathfrak{P}_G)^D, \qquad \mathfrak{d}(\mathfrak{p}) = N_{Kk}(\mathfrak{P}_1 \cdots \mathfrak{P}_G)^D = \mathfrak{p}^{GFD}.$$

§ 9. Die Relativdiskriminante eines relativ-zyklischen Körpers von Primzahlgrad.[15]

(Zu I, § 6, B), 4., S. 22.)

Satz 3_1. *Geht* $\mathfrak{p}$ *in* $\mathfrak{d}$ *auf, so gilt in* K *die Zerlegung*

(1.) $$\mathfrak{p} = \mathfrak{P}^l,$$

und der Beitrag von $\mathfrak{p}$ *zu* $\mathfrak{d}$ *ist*

(2.) $$\mathfrak{d}(\mathfrak{p}) = \mathfrak{p}^{l-1}.$$

Es ist dann ferner

(3.) $$\frac{\sigma\Pi}{\Pi} \equiv 1 \; \mathrm{mod.}\, \mathfrak{P} \qquad\qquad\qquad\qquad \textit{und}$$

(4.) $$N_k(\mathfrak{p}) \equiv 1 \; \mathrm{mod.}\, l.$$

---

14) *Hilbert*, „Zahlbericht", §§ 12, 14, 37.

15) In den §§ 9—19 verwenden wir ohne jeweilige Erklärung die in der ausklappbaren Tabelle am Schluß zusammengestellten Bezeichnungen.

Beweis: In § 8 ist $N = l$ und nach Voraussetzung $E \neq 1$ zu setzen, so daß wegen der Primzahleigenschaft von l notwendig $G = 1$, $F = 1$, $E = l$ sein muß. Das ergibt die Behauptung (1.). Nach § 8, (6.) ist ferner, weil $E = l$ zu p prim ist, $E_0 = l$, $p^{R_1} = 1$ zu setzen, so daß nach § 8, (10a.) zwar noch $\mathfrak{G}_T = \mathfrak{G}$, aber schon $\mathfrak{G}_{V_1} = \mathfrak{E}$, also $v = 0$ ist. Das ergibt nach § 8, (14.), (8a.), (6.) die Behauptungen (2.), (3.), (4.).

Satz 3₂. *Geht* $\mathfrak{l}$ *in* $\mathfrak{d}$ *auf, so gilt in* K *die Zerlegung*

$$\text{(5.)} \qquad \mathfrak{l} = \mathfrak{L}^l,$$

und der Beitrag von $\mathfrak{l}$ *zu* $\mathfrak{d}$ *ist*

$$\text{(6.)} \qquad \mathfrak{d}(\mathfrak{l}) = \mathfrak{l}^{(l-1)(v+1)}.$$

Dabei ist v *die Anzahl der von* $\mathfrak{E}$ *verschiedenen Verzweigungsgruppen von* K *über* k *zu* $\mathfrak{l}$. *Diese Zahl* v *läßt sich auch charakterisieren als die Ordnungszahl in* $\mathfrak{L}$ *jeder Zahl* $\dfrac{\sigma \Lambda}{\Lambda} - 1$, *d. h. durch*

$$\text{(7.)} \qquad \frac{\sigma \Lambda}{\Lambda} \equiv 1 \ \mathrm{mod.}\ \mathfrak{L}^v, \quad aber \quad \not\equiv 1 \ \mathrm{mod.}\ \mathfrak{L}^{v+1},$$

und sie hat die Eigenschaften

$$\text{(8.)} \qquad \left\{ \begin{aligned} & 1 \leq v \leq \frac{el}{l-1}, \\ & v = \frac{el}{l-1} \quad oder \quad (v, l) = 1. \end{aligned} \right.$$

Beweis: In § 8 ist $N = l$ und nach Voraussetzung $E \neq 1$ zu setzen, so daß wie eben $G = 1$, $F = 1$, $E = l$ sein muß. Das ergibt die Behauptung (5.). Nach § 8, (6.) ist ferner, weil $E = l$ ist, $E_0 = 1$, $l^{R_1} = l$ zu setzen, so daß nach § 8, (10a.) jedenfalls noch $\mathfrak{G}_{V_1} = \mathfrak{G}$, also $v \geq 1$ ist. Das ergibt, wenn gemäß § 8, (10.) $\mathfrak{G}_{V_1}, \cdots, \mathfrak{G}_{V_v} = \mathfrak{G}$, $\mathfrak{G}_{V_{v+1}} = \mathfrak{E}$, also $l^{R_1}, \ldots, l^{R_v} = l$, $l^{R_{v+1}} = 1$ ist, nach § 8, (14.) und (8a.) die Behauptungen (6.) und (7.).

Um die restlichen Behauptungen (8.) über v zu beweisen, schalten wir den folgenden Hilfssatz ein:

Hilfssatz. *Unter der Voraussetzung von Satz 3₂ ist für beliebiges ganzzahliges* n

$$\frac{\sigma \Lambda_n}{\Lambda_n} \equiv 1 \ \mathrm{mod.}\ \mathfrak{L}^v \left\{ \begin{aligned} & aber \not\equiv 1 \ \mathrm{mod.}\ \mathfrak{L}^{v+1}, && falls\ n \not\equiv 0 \ \mathrm{mod.^+}\ l \\ & und\ sogar \equiv 1 \ \mathrm{mod.}\ \mathfrak{L}^{v+1}, && falls\ n \equiv 0 \ \mathrm{mod.^+}\ l \end{aligned} \right\},$$

also für $n > -v$

$$\sigma \Lambda_n - \Lambda_n \equiv 0 \ \mathrm{mod.^+}\ \mathfrak{L}^{v+n} \left\{ \begin{aligned} & aber \not\equiv 0 \ \mathrm{mod.^+}\ \mathfrak{L}^{v+n+1}, && falls\ n \not\equiv 0 \ \mathrm{mod.^+}\ l \\ & und\ sogar \equiv 0 \ \mathrm{mod.^+}\ \mathfrak{L}^{v+n+1}, && falls\ n \equiv 0 \ \mathrm{mod.^+}\ l \end{aligned} \right\}.$$

Beweis: Für $n = 0$ und $n = 1$ ist das nach § 8, (1.), (c.) und (8a.) auf Grund des zuvor Festgestellten richtig. Allgemein kann

$$\Lambda_n = \mathsf{A}\,\Lambda^n$$

mit zu $\mathfrak{L}$ primem A gesetzt werden, und es ist dann

$$\frac{\sigma\,\Lambda_n}{\Lambda_n} = \frac{\sigma\mathsf{A}}{\mathsf{A}} \cdot \left(\frac{\sigma\Lambda}{\Lambda}\right)^n,$$

wobei also wegen $\mathsf{A} = \Lambda_0$, $\Lambda = \Lambda_1$ gilt $\dfrac{\sigma\mathsf{A}}{\mathsf{A}} \equiv 1 \bmod. \mathfrak{L}^{v+1}$, $\dfrac{\sigma\Lambda}{\Lambda} \equiv 1 \bmod. \mathfrak{L}^{v}$, aber $\not\equiv 1 \bmod. \mathfrak{L}^{v+1}$. Daraus ergibt sich die Behauptung, wenn man noch bedenkt, daß wegen $v \geq 1$ gilt

$$\left(\frac{\sigma\Lambda}{\Lambda}\right)^n = (1 + \Lambda_v)^n \equiv 1 + n\,\Lambda_v \bmod. \mathfrak{L}^{v+1} \left\{ \begin{array}{l} \not\equiv 1 \bmod. \mathfrak{L}^{v+1}, \text{ falls } n \not\equiv 0 \bmod.^+ l \\ \equiv 1 \bmod. \mathfrak{L}^{v+1}, \text{ falls } n \equiv 0 \bmod.^+ l \end{array} \right\}.$$

Wir benutzen nun die aus $\sigma^l = 1$ für die Relativspur folgende symbolische Identität:

$$(9.) \qquad S_{Kk}(\Lambda) = \sum_{i=0}^{l-1} \sigma^i \Lambda = \sum_{i=0}^{l-1} \binom{l}{i+1} (\sigma - 1)^i \Lambda$$

$$= l\Lambda + \binom{l}{2}(\sigma - 1)\Lambda + \cdots + \binom{l}{l-1}(\sigma - 1)^{l-2}\Lambda + (\sigma - 1)^{l-1}\Lambda.$$

Durch sukzessive Anwendung des Hilfssatzes in der „additiven" Gestalt auf Λ, $(\sigma - 1)\Lambda$, …, $(\sigma - 1)^{l-2}\Lambda$ folgt dann aus (7.), daß $(\sigma - 1)^{l-1}\Lambda$ mindestens die Ordnungszahl $(l - 1)v + 1$ in $\mathfrak{L}$ hat, und zwar genau diese Ordnungszahl, falls keine der Zahlen

$$v + 1,\ 2v + 1,\ \ldots,\ (l-2)v + 1 \equiv 0 \bmod.^+ l$$

ist, sonst eine höhere Ordnungszahl.

Ist nun $v \not\equiv 0, 1 \bmod.^+ l$, und nur dann, so ist mindestens eine jener Zahlen $\equiv 0 \bmod.^+ l$, also das letzte Glied $(\sigma - 1)^{l-1}\Lambda$ rechts in (9.) mindestens von der Ordnungszahl $(l - 1)v + 1 + 1$ in $\mathfrak{L}$. Da das erste Glied $l\Lambda$ die zu l prime Ordnungszahl $el + 1$ in $\mathfrak{L}$ hat und die mittleren Glieder nach dem Hilfssatz höhere Ordnungszahl als dieses erste Glied haben, während die linke Seite $S_{Kk}(\Lambda)$ als Zahl aus k nach (5.) eine durch l teilbare Ordnungszahl in $\mathfrak{L}$ haben muß, so kann demnach das erste Glied nicht von niedrigerer Ordnungszahl als das letzte sein, d. h. es ist

$$(l - 1)v + 1 + 1 \leq el + 1, \quad \text{also} \quad v < \frac{el}{l - 1}.$$

Ist aber $v \equiv 0$ oder $1 \bmod.^+ l$, so hat das letzte Glied genau die Ordnungszahl $(l - 1)v + 1$ in $\mathfrak{L}$, und wie eben muß dann sein

$$(l - 1)v + 1 \leq el + 1.$$

Im Falle $v \equiv 1 \bmod.^+ l$ kann nun hier das Gleichheitszeichen nicht gelten, weil sonst $v \equiv 0$ mod.$^+$ l folgte; demnach folgt in diesem Falle wie eben $v < \dfrac{el}{l-1}$. Im Falle $v \equiv 0$ mod.$^+$ l muß dagegen das Gleichheitszeichen gelten, weil sonst $S_{Kk}(\Lambda)$ die Ordnungszahl

$$(l-1)v + 1 \not\equiv 0 \text{ mod.}^+ l$$

in $\mathfrak{L}$ hätte; demnach folgt in diesem Falle $v = \dfrac{el}{l-1}$.

Damit sind auch die restlichen Behauptungen (8.) über v bewiesen.

Satz 3_3. *Zerfällt* $\mathfrak{p}_\infty$ *in* K *in Primstellen 2-ten Relativgrades, so ist* $\mathfrak{p}_\infty = \mathfrak{p}_{\infty,1}$, $l = 2$, *so daß dann also in* K *die Zerlegung gilt*

$$\mathfrak{p}_{\infty,1} = \mathfrak{P}_{\infty,2}.$$

Beweis: Das ist nach dem in § 2 schon Gesagten klar.

Auf Grund der Sätze 3_1, 3_2 haben wir ohne weiteres

Satz 3. *Es ist*

$$\mathfrak{d} = \mathfrak{f}_{Kk}^{l-1} \quad mit \quad \mathfrak{f}_{Kk} = \varPi\,\mathfrak{p}\,\varPi\,\mathfrak{l}^{v+1},$$

wo die Produkte sich auf die in den Sätzen 3_1, 3_2 *genannten* $\mathfrak{p}$, $\mathfrak{l}$ *erstrecken und die Zahlen* v *zu den einzelnen* $\mathfrak{l}$ *die in Satz* 3_2 *erklärte Bedeutung haben.*

In Hinsicht auf §.6 *definieren wir dann*

$$\tilde{\mathfrak{f}}_{Kk} = \varPi\,\mathfrak{p}\,\varPi\,\mathfrak{l}^{v+1}\,\varPi\,\mathfrak{p}_{\infty,1} = \mathfrak{f}_{Kk}\,\varPi\,\mathfrak{p}_{\infty,1},$$

wo das letztere Produkt sich auf die in Satz 3_3 *genannten* $\mathfrak{p}_\infty$ *erstreckt, als den* **Modul von** $\boldsymbol{K}$ **nach** $\boldsymbol{k}$.[16])

<h2 style="text-align:center">§ 10. Die primen Normenreste eines relativ-zyklischen Körpers
von Primzahlgrad.</h2>

(Zu I, § 6, B), 4., S. 22, 24, insbesondere Erl. 21, 25.)

Bezeichnungen:

$\mathfrak{w}^n$ eine beliebige Primstellenpotenz ($n \geq 1$; für $\mathfrak{w} = \mathfrak{p}_\infty$ nur $n = 1$).

α, A prim zu $\mathfrak{w}$, $\quad \beta_n \equiv 1$ mod. $\mathfrak{w}^n$.

γ ganz für $\mathfrak{w}$, $\quad \gamma_0 \equiv 0$ mod.$^+$ $\mathfrak{w}$ $\quad$ (nur für $\mathfrak{w} = \mathfrak{p}$, $\mathfrak{l}$).

$v_n \equiv N_{Kk}(\mathsf{A})$ mod. $\mathfrak{w}^n$, $\quad$ also $v_n = N_{Kk}(\mathsf{A})\beta_n$,

(prime Normenreste mod. $\mathfrak{w}^n$ von $\boldsymbol{K}$ in $\boldsymbol{k}$ — I, Erl. 21).

---

16) Wir fügen hier den Index Kk hauptsächlich deswegen an, weil $\tilde{\mathfrak{f}}$ ohne Index später in anderer Bedeutung auftritt, nämlich als Führer der Idealgruppe H, zu der K Klassenkörper über k ist, und die de facto bestehende Gleichheit $\tilde{\mathfrak{f}}_{Kk} = \tilde{\mathfrak{f}}$ erst zum Schluß aus unseren Betrachtungen resultieren wird.

Wir haben den Index $(\alpha : \nu_n)$ der Gruppe der primen Normenreste mod. $\mathfrak{w}^n$ in der Gruppe aller zu $\mathfrak{w}$ primen Zahlen zu bestimmen. Weil $\beta_n \equiv N_{Kk}(1)$ mod. $\mathfrak{w}^n$ ist, ist dieser Index als Teiler der Anzahl $(\alpha : \beta_n) = \Phi_k(\mathfrak{w}^n)$ endlich. Überdies ist er eine Potenz von l, weil $\alpha^l = N_{Kk}(\alpha)$ stets zur Gruppe ν_n gehört. Zu seiner Bestimmung gehen wir in jedem der im folgenden zu unterscheidenden Fälle schrittweise vor[17]):

$$(1.) \qquad (\alpha : \nu_n) = (\alpha : \nu_1)(\nu_1 : \nu_2) \cdots (\nu_{n-1} : \nu_n).$$

Den ersten Index $(\alpha : \nu_1)$ rechts werden wir dann stets leicht finden. Für die (nur für $\mathfrak{w} = \mathfrak{p}, \mathfrak{l}$ in Betracht kommenden) weiteren Indizes $(\nu_n : \nu_{n+1})$ rechts wenden wir zunächst das Reduktionsprinzip an:

$$(2.) \quad (\nu_n : \nu_{n+1}) = (N_{Kk}(\mathsf{A})\beta_n : N_{Kk}(\mathsf{A})\beta_{n+1}) = (\beta_n : [\beta_n, N_{Kk}(\mathsf{A})\beta_{n+1}])$$
$$= (\beta_n, N_{Kk}(\mathsf{A}_n)\beta_{n+1}),$$

wobei A_n die durch die Relation

$$(3.) \qquad N_{Kk}(\mathsf{A}_n) \equiv 1 \text{ mod. } \mathfrak{w}^n$$

charakterisierte Untergruppe der Gruppe A ist. Nun wird durch

$$(4.) \quad \beta_n \equiv 1 + \gamma \pi_n \text{ mod. } \mathfrak{p}^{n+1} \text{ bzw. } \equiv 1 + \gamma \lambda_n \text{ mod. } \mathfrak{l}^{n+1}$$

die Gruppe β_n eindeutig und isomorph auf die Gruppe γ/γ_0 (ganze Restklassengruppe mod.$^+$ $\mathfrak{w}$) abgebildet, und dabei entspricht der Untergruppe β_{n+1} und nur ihr die Untergruppe γ_0. Nach dem Isomorphieprinzip ist also

$$(5.) \qquad (\beta_n : \beta_{n+1}) = (\gamma : \gamma_0) = N_k(\mathfrak{w}).$$

Dies ausnutzend, ziehen wir die durch die Relation

$$(6.) \quad N_{Kk}(\mathsf{A}_n) \equiv 1 + \gamma_n \pi_n \text{ mod. } \mathfrak{p}^{n+1} \text{ bzw. } \equiv 1 + \gamma_n \lambda_n \text{ mod. } \mathfrak{l}^{n+1}$$

charakterisierte Untergruppe γ_n der Gruppe γ in die Betrachtung. Entsprechend zu (4.) wird durch (6.) die Gruppe $N_{Kk}(\mathsf{A}_n)\beta_{n+1}$ eindeutig und isomorph auf die Gruppe γ_n/γ_0 abgebildet, und dabei entspricht wieder der Untergruppe β_{n+1} und nur ihr die Gruppe γ_0. Nach dem Isomorphieprinzip ist also entsprechend zu (5.)

$$(7.) \qquad (N_{Kk}(\mathsf{A}_n)\beta_{n+1} : \beta_{n+1}) = (\gamma_n : \gamma_0).$$

Aus (2.), (5.), (7.) ergibt sich die weitere Reduktion

$$(8.) \qquad (\nu_n : \nu_{n+1}) = (\gamma : \gamma_n)$$

der gesuchten Indizes. Hiernach kommt es lediglich auf die Bestimmung der Gruppe γ_n aus (3.), (6.) an, die wir nachher, getrennt nach den zu unterscheidenden Fällen, durchführen werden.

---

17) Bis auf den ganz leicht ohne Zerlegung in Einzelschritte zu erledigenden Fall I.) $\mathfrak{w} = \mathfrak{W}_1 \cdots \mathfrak{W}_j$ im Beweise zu Satz 4_0.

Wir haben zu unterscheiden: einerseits ob $\mathfrak{w}$ in den Modul $\tilde{\mathfrak{f}}_{Kk}$ (§ 9, Satz 3) nicht eingeht oder eingeht, andererseits im letzteren Falle noch, ob $\mathfrak{w} = \mathfrak{p}$ oder $\mathfrak{l}$ oder $\mathfrak{p}_{\infty,1}$ ist.

Satz 4_0. *Geht* $\mathfrak{w}$ *in* $\tilde{\mathfrak{f}}_{Kk}$ *nicht ein, so ist*

$$(\alpha : \nu_n) = 1 \quad \text{für jedes} \quad n \geq 1.$$

Beweis: Nach § 9, Satz 3 und § 8 gilt dann in K für endliches $\mathfrak{w}$

$$\text{I.)} \quad \mathfrak{w} = \mathfrak{W}_1 \cdots \mathfrak{W}_l \quad \text{oder} \quad \text{II.)} \quad \mathfrak{w} = \mathfrak{W},$$

und für unendliches $\mathfrak{w}$ immer I.)

$$\text{I.)} \quad \mathfrak{w} = \mathfrak{W}_1 \cdots \mathfrak{W}_l = \prod_{i=0}^{l-1} \sigma^i \mathfrak{W}.$$

Für irgendein α existiert dann wegen der Verschiedenheit der Primstellen $\mathfrak{W}_i = \sigma^{i-1}\mathfrak{W}$ zu jedem $n \geq 1$ ein A, so daß

$$A \equiv \alpha \ \text{mod.} \ \mathfrak{W}^n, \quad \left\{ \begin{array}{l} A \equiv 1 \ \text{mod.} \ \sigma^{-i}\mathfrak{W}^n, \\ \text{also} \ \sigma^i A \equiv 1 \ \text{mod.} \ \mathfrak{W}^n, \end{array} \right. {\scriptstyle (i=1,\dots,l-1)} \left. \vphantom{\begin{array}{l} A \\ A \end{array}} \right\}$$

ist. Daraus folgt

$$N_{Kk}(A) = \prod_{i=0}^{l-1} \sigma^i A \equiv \alpha \ \text{mod.} \ \mathfrak{W}^n, \quad \text{also} \quad \text{mod.} \ \mathfrak{w}^n,$$

was die Behauptung $(\alpha : \nu_n) = 1$ ergibt.

$$\text{II.)} \quad \mathfrak{w} = \mathfrak{W}.$$

$$1.) \quad \mathfrak{w} = \mathfrak{p} = \mathfrak{P}.$$

a.) Für eine primitive Wurzel P mod. $\mathfrak{P}$ ist nach § 8, (4a.), weil hier $\mathfrak{G}_Z = \mathfrak{G}$, $\mathfrak{G}_T = \mathfrak{E}$ ist,

$$N_{Kk}(P) = \prod_{i=0}^{l-1} \sigma^i P \equiv P^{1 + N_k(\mathfrak{p}) + \cdots + N_k(\mathfrak{p})^{l-1}} = P^{\frac{N_k(\mathfrak{p})^l - 1}{N_k(\mathfrak{p}) - 1}}$$

$$= P^{\frac{N_K(\mathfrak{P}) - 1}{N_k(\mathfrak{p}) - 1}} \equiv \varrho \ \text{mod.} \ \mathfrak{p}$$

eine primitive Wurzel mod. $\mathfrak{p}$, da sie mod. $\mathfrak{p}$ von der Ordnung $N_k(\mathfrak{p}) - 1$ ist. Wird demgemäß $\alpha \equiv \varrho^a$ mod. $\mathfrak{p}$ gesetzt, so ist $\alpha \equiv N_{Kk}(P^a)$ mod. $\mathfrak{p}$. Daraus folgt $(\alpha : \nu_1) = 1$.

b.) Weil hier $(\gamma : \gamma_n)$ als Teiler von $(\gamma : \gamma_0) = N_k(\mathfrak{p})$ eine Potenz von p ist, während $(\nu_n : \nu_{n+1})$ nach dem oben schon Gesagten eine Potenz von l ist, folgt aus (8.) ohne weiteres $(\nu_n : \nu_{n+1}) = 1$.

Zusammengenommen ergibt sich aus a.), b.) nach (1.) die Behauptung $(\alpha : \nu_n) = 1$.

$$\text{2.)} \quad \mathfrak{w} = \mathfrak{l} = \mathfrak{L}.$$

a.) Weil hier $(\alpha : \nu_1)$ als Teiler von $(\alpha : \beta_1) = \Phi_k(\mathfrak{l}) = N_k(\mathfrak{l}) - 1$ prim zu l ist, während nach dem oben schon Gesagten $(\alpha : \nu_1)$ eine Potenz von l ist, folgt ohne weiteres $(\alpha : \nu_1) = 1$.

b.) Bezeichnet Γ für $\mathfrak{L}$ ganze Zahlen, so ist

$$N_{Kk}(1 + \Gamma \lambda_n) = \prod_{i=0}^{l-1} (1 + \sigma^i \Gamma \cdot \lambda_n)$$

$$\equiv 1 + \sum_{i=0}^{l-1} \sigma^i \Gamma \cdot \lambda_n = 1 + S_{Kk}(\Gamma)\lambda_n \ \text{mod. } \mathfrak{l}^{n+1}.$$

Hiernach ist in der Gruppe γ_n aus (3.), (6.) die Gruppe $S_{Kk}(\Gamma)$ mod.$^+$ $\mathfrak{l}$ enthalten, also nach (8.)

$$(9.) \quad (\nu_n : \nu_{n+1}) = (\gamma : \gamma_n) \leqq (\gamma : S_{Kk}(\Gamma) + \gamma_0) = \frac{(\gamma : \gamma_0)}{(S_{Kk}(\Gamma) + \gamma_0 : \gamma_0)}$$

$$= \frac{N_k(\mathfrak{l})}{(S_{Kk}(\Gamma) + \gamma_0 : \gamma_0)}.$$

Bezeichnet dann Γ_0 die durch die Relation

$$(10.) \qquad\qquad S_{Kk}(\Gamma_0) \equiv 0 \ \text{mod.}^+ \ \mathfrak{l}$$

charakterisierte Untergruppe der Gruppe Γ, so ist nach dem Isomorphieprinzip mit der Relativspurbildung mod.$^+$ $\mathfrak{l}$ als eindeutiger, isomorpher Abbildung

$$(11.) \qquad\qquad (\Gamma : \Gamma_0) = (S_{Kk}(\Gamma) + \gamma_0 : \gamma_0).$$

Nach § 8, (4a.) ist nun, weil hier wieder $\mathfrak{G}_Z = \mathfrak{G}$, $\mathfrak{G}_T = \mathfrak{E}$ ist,

$$S_{Kk}(\Gamma) \equiv \Gamma + \Gamma^{N_k(\mathfrak{l})} + \cdots + \Gamma^{N_k(\mathfrak{l})^{l-1}} \ \text{mod.}^+ \ \mathfrak{l}.$$

Daher ist (10.) eine Kongruenz vom Grade $N_k(\mathfrak{l})^{l-1}$ für Γ_0. Von den $N_K(\mathfrak{L}) = N_k(\mathfrak{l})^l$ ganzen Restklassen Γ mod.$^+$ $\mathfrak{L}$ sind also höchstens $N_k(\mathfrak{l})^{l-1}$, d. i. der $N_k(\mathfrak{l})$-te Teil, Lösungen Γ_0 von (10.). Deswegen ist

$$(12.) \qquad\qquad (\Gamma : \Gamma_0) \geqq N_k(\mathfrak{l}).$$

Aus (9.), (11.), (12.) folgt $(\nu_n : \nu_{n+1}) = 1$.

Zusammengenommen ergibt sich aus a.), b.) nach (1.) die Behauptung $(\alpha : \nu_n) = 1$.

Satz 4₁. *Geht* $\mathfrak{w} = \mathfrak{p}$ *in* $\tilde{\mathfrak{f}}_{Kk}$ *ein, so ist*

$$(\alpha : \nu_n) = l \quad \text{für jedes} \quad n \geqq 1.$$

Beweis: Nach § 9, Sätzen 3, 3₁ gilt dann $\mathfrak{p} = \mathfrak{P}^l$ in k.

a.) Wegen $N_K(\mathfrak{P}) = N_k(\mathfrak{p})$ ist jedes $\mathsf{A} \equiv \alpha$ mod. $\mathfrak{p}$, also $N_{Kk}(\mathsf{A}) \equiv \alpha^l$ mod. $\mathfrak{p}$, und natürlich umgekehrt jedes $\alpha^l \equiv N_{Kk}(\alpha)$ mod. $\mathfrak{p}$.

Hiernach ist die Gruppe $N_{Kk}(\mathsf{A})\beta_1$ mit der Gruppe $\alpha^l\beta_1$ identisch, also

$$(13.) \qquad (\alpha : \nu_1) = (\alpha : N_{Kk}(\mathsf{A})\,\beta_1) = (\alpha : \alpha^l\beta_1).$$

Da nun nach § 9, Satz 3_1, (4.) der Index

$$(\alpha : \beta_1) = \Phi_k(\mathfrak{p}) = N_k(\mathfrak{p}) - 1 \equiv 0 \ \mathrm{mod.}^+\ l$$

ist, und somit aus der zyklischen Gruppe α/β_1 (der primen Restklassengruppe mod. $\mathfrak{p}$) durch Potenzierung mit l eine Untergruppe $\alpha^l\beta_1/\beta_1$ vom Index l entsteht, ist

$$(14.) \qquad\qquad\qquad (\alpha : \alpha^l\beta_1) = l.$$

Aus (13.), (14.) folgt $(\alpha : \nu_1) = l$.

b.) Wie im Beweis zu Satz 4_0 unter II.), 1.), b.) folgt $(\nu_n : \nu_{n+1}) = 1$.

Zusammengenommen ergibt sich aus a.), b.) nach (1.) die Behauptung $(\alpha : \nu_n) = l$.

Satz 4_2. *Geht* $\mathfrak{w} = \mathfrak{l}$ *in* $\bar{\mathfrak{f}}_{Kk}$ *ein, so ist*

$$(\alpha : \nu_n) = 1 \quad \text{für} \quad 1 \leq n \leq v,$$
$$(\alpha : \nu_n) = l \quad \text{für} \qquad n > v,$$

wenn v *die in* § 9, *Satz* 3_2 *erklärte Bedeutung hat.*

Beweis: Nach § 9, Sätzen 3, 3_2 gilt dann $\mathfrak{l} = \mathfrak{L}^l$ in K.

a.) Wie im Beweis zu Satz 4_0 unter II.), 2.), a.) folgt $(\alpha : \nu_1) = 1$.

b.) Für den weiteren Beweis haben wir gemäß (8.) die Gruppen γ_n aus (3.), (6.) für die einzelnen n zu bestimmen. Das geschieht auf Grund des folgenden Hilfssatzes, der sich an den Hilfssatz aus § 9 anschließt:

Hilfssatz. *Unter der Voraussetzung von Satz 4_2 ist*

$$(15\alpha.) \quad N_{Kk}(1 + \gamma\Lambda_n) \equiv 1 + \gamma^l N_{Kk}(\Lambda_n) \qquad\qquad \mathrm{mod.}\ \mathfrak{l}^{n+1}\ \text{für}\ 1 \leq n < v,$$

$$(15\beta.) \quad N_{Kk}(1 + \gamma\Lambda_v) \equiv 1 + \gamma S_{Kk}(\Lambda_v) + \gamma^l N_{Kk}(\Lambda_v)\ \mathrm{mod.}\ \mathfrak{l}^{v+1},$$

$$(15\gamma.) \quad N_{Kk}(1 + \gamma\Lambda_n) \equiv 1 \qquad\qquad\qquad\qquad \mathrm{mod.}\ \mathfrak{l}^{v+1}\ \text{für}\qquad n > v.$$

Wird für Λ_v *gemäß* § 9, *Satz* 3_2, (7.) *speziell eine Zahl der Form*

$$(16.) \qquad\qquad\qquad \Lambda_v^{(0)} = \frac{\sigma\Lambda}{\Lambda} - 1$$

gewählt, so gilt

$$(17.) \qquad\qquad S_{Kk}(\Lambda_v^{(0)}) \equiv - N_{Kk}(\Lambda_v^{(0)})\ \mathrm{mod.}^+\ \mathfrak{l}^{v+1},$$

und demnach in Ergänzung zu $(15\beta.)$ *speziell*

$$(15\beta_0.) \qquad N_{Kk}(1 + \gamma\Lambda_v^{(0)}) \equiv 1 + (\gamma^l - \gamma) N_{Kk}(\Lambda_v^{(0)})\ \mathrm{mod.}\ \mathfrak{l}^{v+1}.$$

Ferner gilt dann in Ergänzung zu $(15\gamma.)$ *speziell*

$$(15\gamma_0.) \quad N_{Kk}(1 + \gamma\Lambda_v^{(0)}\lambda_{n-v}) \equiv 1 - \gamma N_{Kk}(\Lambda_v^{(0)})\lambda_{n-v}\ \mathrm{mod.}\ \mathfrak{l}^{n+1}\ \text{für}\ n > v.$$

Beweis: Es ist

$$(18.) \qquad N_{Kk}(1 + \gamma \Lambda_n) = \prod_{i=0}^{l-1}(1 + \gamma \sigma^i \Lambda_n) = 1 + \gamma S_1(\Lambda_n) + \cdots + \gamma^l S_l(\Lambda_n),$$

wo $S_1, \ldots, S_l$ die symmetrischen Grundfunktionen der relativ-konjugierten bezeichnen, von denen speziell die erste $S_1(\Lambda_n) = S_{Kk}(\Lambda_n)$ und die letzte $S_l(\Lambda_n) = N_{Kk}(\Lambda_n)$ ist. Wegen $N_{Kk}(\mathfrak{L}) = 1$ hat $S_l(\Lambda_n) = N_{Kk}(\Lambda_n)$ die Ordnungszahl n in $\mathfrak{l}$. Um die Ordnungszahlen von $S_1(\Lambda_n), \ldots, S_{l-1}(\Lambda_n)$ nach unten abzuschätzen, bemerken wir, daß für $1 \leq i \leq l-1$ die S_i zusammensetzenden $\binom{l}{i}$ Summanden sich in $\dfrac{\binom{l}{i}}{l}$ Abteilungen von je l Summanden gruppieren lassen, derart, daß die l Summanden einer jeden solchen Abteilung unter sich zyklisch, d. h. durch die Substitutionen $1, \sigma, \ldots, \sigma^{l-1}$ zusammenhängen. Dementsprechend stellt sich $S_i(\Lambda_n)$ als Summe von $\dfrac{\binom{l}{i}}{l}$ Relativspuren, in der Form

$$(19.) \qquad S_i(\Lambda_n) = \Sigma\, S_{Kk}(\Lambda_{in}), \qquad\qquad (i=1, \ldots, l-1)$$

dar.[18] Analog zu § 9, (9.) ist nun symbolisch

$$(20.) \quad S_{Kk}(\Lambda_{in}) = l\Lambda_{in} + \binom{l}{2}(\sigma - 1)\Lambda_{in} + \cdots + \binom{l}{l-1}(\sigma - 1)^{l-2}\Lambda_{in}$$
$$+ (\sigma - 1)^{l-1}\Lambda_{in}.$$

Nach § 9, Hilfssatz haben in (20.) die mittleren Glieder rechts höhere Ordnungszahlen als das erste. Dieses erste Glied hat die Ordnungszahl $el + in$, das letzte Glied nach § 9, Hilfssatz mindestens die Ordnungszahl $(l-1)v + in$ in $\mathfrak{L}$. Da nach § 9, Satz 3_2, (8.) $(l-1)v + in \leq el + in$ ist, folgt also aus (20.)

$$S_{Kk}(\Lambda_{in}) \equiv 0 \,\mathrm{mod.}^+ \mathfrak{L}^{(l-1)v+in}$$

und somit

$$(21\,\alpha.) \quad S_{Kk}(\Lambda_{in}) \equiv 0 \,\mathrm{mod.}^+ \mathfrak{L}^{lin+1}, \text{ also als Zahl aus } k \text{ auch } \mathrm{mod.}^+ \mathfrak{l}^{in+1} \text{ für } in < v,$$

$$(21\,\beta.) \quad S_{Kk}(\Lambda_{in}) \equiv 0 \,\mathrm{mod.}^+ \mathfrak{L}^{lv}\qquad, \text{ also }\qquad\qquad \mathrm{mod.}^+ \mathfrak{l}^{v}\qquad \text{ für } in = v,$$

$$(21\,\gamma.) \quad S_{Kk}(\Lambda_{in}) \equiv 0 \,\mathrm{mod.}^+ \mathfrak{L}^{lv+1}\quad, \text{ also als Zahl aus } k \text{ auch } \mathrm{mod.}^+ \mathfrak{l}^{v+1} \text{ für } in > v.$$

Aus (18.), (19.), (21.) ergeben sich zunächt leicht die allgemeinen Behauptungen (15.).

Setzt man ferner in $(15\beta.)$ für Λ_v die speziellen $\Lambda_v^{(0)}$ aus (16.) und $\gamma = 1$, so erhält man wegen $N_{Kk}(1 + \Lambda_v^{(0)}) = N_{Kk}\left(\dfrac{\sigma\Lambda}{\Lambda}\right) = 1$ die speziellen Behauptungen (17.), $(15\beta_0.)$.

---

18) In der in **I**, S. 2 zitierten Arbeit führt *Takagi* die $S_i(\Lambda_n)$ vermöge der *Newtonschen Formeln* auf die entsprechenden Potenzsummen $P_i(\Lambda_n)$ zurück, die sich dann als Relativspuren $S_{Kk}(\Lambda_n^i)$ darstellen. Den Gedanken zu der im Text gegebenen Vereinfachung dieser Reduktion der $S_i(\Lambda_n)$ auf Relativspuren $S_{Kk}(\Lambda_{in})$ entnehme ich einer jüngst erschienenen Arbeit von *Takagi:* „Zur Theorie des Kreiskörpers", Journ. f. d. r. u. a. Math. 157, 1927 (Jub.-Bd. I).

Setzt man schließlich in (18.) $\Lambda_v^{(0)}$ für Λ_n und $\gamma\lambda_{n-v}$ mit $n > v$ für γ, so ergibt sich aus (18.), (19.), (21γ.), und weil auch $N_{Kk}(\Lambda_v^{(0)})\,\lambda_{n-v}^l \equiv 0 \bmod.^+ \mathfrak{l}^v \cdot \mathfrak{l}^{l(n-v)}$, d. h. $\bmod.^+ \mathfrak{l}^{n+(l-1)(n-v)}$, also sicher $\bmod.^+ \mathfrak{l}^{n+1}$ ist, die spezielle Behauptung (15γ_0.).

Damit ist der Hilfssatz bewiesen. Wir entnehmen aus ihm folgendes über die Gruppen γ_n aus (3.), (6.):

α.) Ist $1 \leqq n < v$, so ist nach (15α.), wenn $\lambda_n = N_{Kk}(\Lambda_n)$ gewählt wird, in der Gruppe γ_n die Gruppe γ^l $\bmod.^+$ $\mathfrak{l}$ enthalten, also nach (8.)

$$(22.)\quad (v_n : v_{n+1}) = (\gamma : \gamma_n) \leqq (\gamma : \gamma^l + \gamma_0) = \frac{(\gamma : \gamma_0)}{(\gamma^l + \gamma_0 : \gamma_0)}.$$

Da nun die Gruppe γ/γ_0 als additive Gruppe der Elemente eines endlichen Körpers der Charakteristik l durch Potenzierung mit l nur einen Automorphismus erfährt, ist

$$(23.)\qquad (\gamma : \gamma_0) = (\gamma^l + \gamma_0 : \gamma_0).$$

Aus (22.), (23.) folgt $(v_n : v_{n+1}) = 1$ für $1 \leqq n < v$.

β) Ist $n = v$, so ist nach (15β_0.), wenn $\lambda_v = \lambda_v^{(0)} = N_{Kk}(\Lambda_v^{(0)})$ gewählt wird, in der Gruppe γ_v die Gruppe $\gamma^l - \gamma$ $\bmod.^+$ $\mathfrak{l}$ enthalten. Umgekehrt ist dann aber auch in der Gruppe $\gamma^l - \gamma$ $\bmod.^+$ $\mathfrak{l}$ die Gruppe γ_v enthalten. Denn aus $N_{Kk}(\mathsf{A}_v) \equiv 1 + \gamma_v\lambda_v^{(0)} \bmod. \mathfrak{l}^{v+1}$ folgt zunächst $\mathsf{A}_v \equiv 1 \bmod. \mathfrak{L}$, weil wegen $N_K(\mathfrak{L}) = N_k(\mathfrak{l})$ gilt: $\mathsf{A}_v \equiv \alpha \bmod. \mathfrak{L}$, also $N_{Kk}(\mathsf{A}_v) \equiv \alpha^l \bmod. \mathfrak{L}$, also $\alpha^l \equiv 1 \bmod. \mathfrak{l}$, also auch

$$\alpha \equiv \alpha^{N_k(\mathfrak{l})} \equiv (\alpha^l)^{\frac{N_k(\mathfrak{l})}{l}} \equiv 1 \bmod. \mathfrak{l}.$$

Wird demgemäß $\mathsf{A}_v = 1 + \Lambda_{\bar v}$ gesetzt, wobei hiernach jedenfalls $\bar v \geqq 1$ bekannt ist, so folgt nach (15α.) weiter sogar $\bar v \geqq v$, d. h. $\mathsf{A}_v \equiv 1 \bmod. \mathfrak{L}^v$. Wegen $N_K(\mathfrak{L}) = N_k(\mathfrak{l})$ kann daher $\mathsf{A}_v \equiv 1 + \gamma\Lambda_v^{(0)} \bmod. \mathfrak{L}^{v+1}$ gesetzt werden, und nach (15β_0.), (15γ.) folgt dann

$$N_{Kk}(\mathsf{A}_v) \equiv 1 + (\gamma^l - \gamma)\lambda_v^{(0)} \bmod. \mathfrak{l}^{v+1},$$

so daß wirklich γ_v zur Gruppe $\gamma^l - \gamma$ $\bmod.^+$ $\mathfrak{l}$ gehört.

Hiernach ist die Gruppe γ_v mit der Gruppe $\gamma^l - \gamma$ $\bmod.^+$ $\mathfrak{l}$ identisch, also nach (8.)

$$(24.)\quad (v_v : v_{v+1}) = (\gamma : \gamma_v) = (\gamma : (\gamma^l - \gamma) + \gamma_0) = \frac{(\gamma : \gamma_0)}{((\gamma^l - \gamma) + \gamma_0 : \gamma_0)}.$$

Durch $\gamma \to \gamma^l - \gamma$ wird nun die Gruppe γ eindeutig und isomorph auf die Gruppe $(\gamma^l - \gamma) + \gamma_0/\gamma_0$ abgebildet. Hierbei entspricht der durch die Relation

$$(25.)\qquad \gamma_0'^l - \gamma_0' \equiv 0 \bmod.^+ \mathfrak{l}$$

charakterisierten Untergruppe γ_0' und nur ihr die Untergruppe γ_0. Nach dem Isomorphieprinzip ist also

$$(26.) \qquad (\gamma : \gamma_0') = ((\gamma' - \gamma) + \gamma_0 : \gamma_0).$$

Da aber der Kongruenz (25.) alle und nur die durch ganze rationale Zahlen gelieferten l Restklassen mod.$^+$ $\mathfrak{l}$ genügen, ist

$$(27.) \qquad \frac{(\gamma : \gamma_0)}{(\gamma : \gamma_0')} = (\gamma_0' : \gamma_0) = l.$$

Aus (24.), (26.), (27.) folgt $(\nu_v : \nu_{v+1}) = l$.

γ.) Ist $n > v$, so ist nach (15 γ_0.), wenn $\lambda_n = -\lambda_v^{(0)} \lambda_{n-v} = -N_{Kk}(\Lambda_v^{(0)}) \lambda_{n-v}$ gewählt wird, die Gruppe γ_n mit der Gruppe γ identisch, also nach (8.)

$$(\nu_n : \nu_{n+1}) = (\gamma : \gamma_n) = (\gamma : \gamma) = 1.$$

Zusammengenommen ergeben sich aus a.) und b.), α.)—γ.) nach (1.) die Behauptungen $(\alpha : \nu_n) = 1$ für $1 \leq n \leq v$, $(\alpha : \nu_n) = l$ für $n > v$.

Satz 4$_3$. *Geht* $\mathfrak{w} = \mathfrak{p}_{\infty,1}$ *in* $\tilde{\mathfrak{f}}_{Kk}$ *ein, so ist*

$$(\alpha : \nu_1) = l \, (= 2).$$

Beweis: Nach § 9, Sätzen 3, 3$_3$ ist dann $l = 2$, und es gilt $\mathfrak{p}_{\infty,1} = \mathfrak{P}_{\infty,2}$ in K. Da dann $\mathfrak{p}_{\infty,1}$ nach § 2 ein Paar konjugiert-komplexer konjugierter Körper zu K entspricht, ist stets

$$N_{Kk}(\mathsf{A}) = \mathsf{A} \cdot \sigma \mathsf{A} = \mathsf{A} \cdot \bar{\mathsf{A}} \equiv 1 \ \text{mod.} \ \mathfrak{p}_{\infty,1},$$

also $\qquad (\alpha : \nu_1) = (\alpha : N_{Kk}(\mathsf{A}) \beta_1) = (\alpha : \beta_1) = \Phi_k(\mathfrak{p}_{\infty,1}) = 2$.

Wir heben noch die aus den Beweisen der Sätze 4$_1$, 4$_2$, 4$_3$ leicht folgenden Tatsachen hervor:

Korollar. *Geht* $\mathfrak{w}$ *in* $\tilde{\mathfrak{f}}_{Kk}$ *ein, so ist*

1.) *für* $\mathfrak{w} = \mathfrak{p}$ *ein zu* $\mathfrak{p}$ *primes* α *dann und nur dann Normenrest mod.* $\mathfrak{p}^n$, *wenn* α *l-ter Potenzrest mod.* $\mathfrak{p}$ *ist,*

2.) *für* $\mathfrak{w} = \mathfrak{l}$ *ein* $\beta_v \equiv 1$ *mod.* $\mathfrak{l}^v$ *dann und nur dann Normenrest mod.* $\mathfrak{l}^{v+1}$ *(und dann auch mod.* $\mathfrak{l}^n$ *für jedes* $n > v$*), wenn bei der Darstellung* $\beta_v \equiv 1 + \gamma \lambda_v^{(0)}$ *mod.* $\mathfrak{l}^{v+1}$, *wo* $\lambda_v^{(0)} = N_{Kk}(\Lambda_v^{(0)}) = N_{Kk}\left(\dfrac{\sigma \Lambda}{\Lambda} - 1\right)$ *ist,* γ *der Untergruppe* $\gamma' - \gamma$ *mod.$^+$* $\mathfrak{l}$ *vom Index* l *angehört,*

3.) *für* $\mathfrak{w} = \mathfrak{p}_{\infty,1}$ *ein zu* $\mathfrak{p}_{\infty,1}$ *primes* α *dann und nur dann Normenrest mod.* $\mathfrak{p}_{\infty,1}$, *wenn* $\alpha \equiv 1$ *mod.* $\mathfrak{p}_{\infty,1}$ *ist.*

Nach dem Zusammensetzungsprinzip (§ 3, Hilfssatz 3) ergibt sich aus den Sätzen 4$_0$, 4$_1$, 4$_2$, 4$_3$ ohne weiteres:

Satz 4. *Ist* $\tilde{\mathfrak{m}} = \tilde{\mathfrak{f}}_{Kk}\tilde{\mathfrak{m}}_0$ *irgendein ganzes Multiplum des Moduls* $\tilde{\mathfrak{f}}_{Kk}$, *so hat die Gruppe der primen Normenreste* ν *mod.* $\tilde{\mathfrak{m}}$ *von* K *in der Gruppe aller zu* $\tilde{\mathfrak{m}}$ *primen* α *den Index*

$$(\alpha : \nu) = l^d,$$

wo $d = d_e + d_u$ *die Anzahl der verschiedenen, in* $\tilde{\mathfrak{f}}_{Kk}$ *eingehenden Primstellen ist.*

Es sei noch bemerkt, daß der Modul $\tilde{\mathfrak{f}}_{Kk}$, wie sich aus Satz $4_0, 4_1, 4_2, 4_3$ ebenfalls ohne weiteres ergibt, der **kleinste** Idealmodul mit der Eigenschaft von Satz 4 ist.

§ 11. Kummersche Körper ($o = 1$).
(Zu **I**, § 6, B), 4., S. 25.)

Wir machen in diesem Paragraphen die Annahme $k_0 \leq k$ ($o = 1$). In diesem Falle nennt man die relativ-zyklischen Körper K vom Primzahlgrad l über k auch *Kummersche Körper* über k, weil *Kummer* diese Körper für den Spezialfall $k = k_0$ zuerst systematisch untersucht hat.

Der bequemeren Ausdrucksweise halber führen wir folgende abkürzenden Bezeichnungen ein:

$\mu \underset{(l)}{=} \mu'$ für $\mu = \mu'\alpha^l$, insbesondere also $\mu \underset{(l)}{=} 1$ für $\mu = \alpha^l$, (*l*-gleich).

μ *l*-abhängig von $\mu_1, \ldots, \mu_R$ für $\mu \underset{(l)}{=} \mu^{a_1} \cdots \mu_R^{a_R}$.

$\mu_1, \ldots, \mu_R$ *l*-abhängig für $\mu_1^{a_1} \cdots \mu_R^{a_R} \underset{(l)}{=} 1$, wo nicht alle $a_i \equiv 0 \bmod.^+ l$.

$\mu \underset{(l)}{\equiv} \mu'$ mod. $\tilde{\mathfrak{m}}$ für $\mu \equiv \mu'\alpha^l$ mod. $\tilde{\mathfrak{m}}$, insbesondere also $\mu \underset{(l)}{\equiv} 1$ mod. $\tilde{\mathfrak{m}}$

für $\mu \equiv \alpha^l$ mod. $\tilde{\mathfrak{m}}$, d. h. μ *l*-ter Potenzrest mod. $\tilde{\mathfrak{m}}$, (*l*-kongruent).

$\left(\dfrac{\mu}{\mathfrak{p}}\right) = 1$ für $\mu \underset{(l)}{\equiv} 1$ mod. $\mathfrak{p}$.

$\left(\dfrac{\mu}{\mathfrak{l}}\right)^{*} = 1$ für $\mu \underset{(l)}{\equiv} 1$ mod. $\mathfrak{l}^{e_0 l}$, $\left(\dfrac{\mu}{\mathfrak{l}}\right) = 1$ für $\mu \underset{(l)}{\equiv} 1$ mod. $\mathfrak{l}^{e_0 l + 1}$.

$\left(\dfrac{\mu}{\mathfrak{p}_\infty}\right) = 1$ für $\mu \underset{(l)}{\equiv} 1$ mod. $\mathfrak{p}_\infty$.

Wir heben ausdrücklich hervor, daß diese Festsetzungen — allgemeiner als in der bisherigen Literatur — sich auch auf zum Kongruenzmodul nicht prime Zahlen beziehen (§ 3). Die Relation $\mu \underset{(l)}{\equiv} \mu'$ mod. $\tilde{\mathfrak{m}}$ hat in dieser Hinsicht speziell zur Folge, daß die Ordnungszahlen von μ und μ' für die in $\tilde{\mathfrak{m}}$ eingehenden Primideale mod.$^+$ l kongruent sind, insbesondere die Relation $\mu \underset{(l)}{\equiv} 1$ mod. $\tilde{\mathfrak{m}}$, daß die Ordnungszahlen von μ für diese Primideale durch l teilbar sind. Für die Beweise von Bedeutung ist dann:

Hilfssatz. *Sind die Ordnungszahlen von* μ *für die in* $\tilde{\mathfrak{m}}$ *eingehenden Primideale durch* l *teilbar, so existiert ein zu* $\tilde{\mathfrak{m}}$ *primes* $\mu^* \underset{(l)}{=} \mu$.

Beweis: Es sei der Voraussetzung entsprechend $(\mu) = \mathfrak{a}^*\mathfrak{a}^l$ mit zu $\tilde{\mathfrak{m}}$ primem $\mathfrak{a}^*$. Wird dann $\mathfrak{a}(\alpha) = \mathfrak{a}_0$ mit zu $\tilde{\mathfrak{m}}$ primem $\mathfrak{a}_0$ gesetzt, so ist $(\mu\alpha^l) = \mathfrak{a}^*\mathfrak{a}_0^l$ prim zu $\tilde{\mathfrak{m}}$, so daß also $\mu^* = \mu\alpha^l$ den Bedingungen des Satzes genügt.

I.) Wir geben zunächst einige **rein algebraische Sätze über Kummersche Körper.**

Satz 5. *Ist* $\mu \underset{(l)}{\neq} 1$, *so ist* $K = k\left(\sqrt[l]{\mu}\right)$ *relativ-zyklisch vom Primzahlgrad* l *über* k, *und es ist dann*

$$(1.) \qquad \sigma = \left(\sqrt[l]{\mu} \rightarrow \zeta\sqrt[l]{\mu}\right).$$

Ist umgekehrt K *relativ-zyklisch vom Primzahlgrad* l *über* k, *so existiert ein* $\mu \underset{(l)}{\neq} 1$, *so daß* $K = k\left(\sqrt[l]{\mu}\right)$ *ist, und dies* μ *ist bis auf Transformationen*

$$(2.) \qquad \mu' \underset{(l)}{=} \mu^a \quad mit \quad (a, l) = 1$$

durch K *eindeutig bestimmt.*

Beweis: a.) Ist $\mu \underset{(l)}{\neq} 1$, so ist das Polynom $x^l - \mu$ irreduzibel in k. Denn zufolge der Zerlegung

$$(3.) \qquad x^l - \mu = \prod_{i=0}^{l-1}\left(x - \zeta^i\sqrt[l]{\mu}\right)$$

müßte ein echter Teiler ein von x freies Glied der Form $\alpha = \zeta^j\sqrt[l]{\mu}^{\,a}$ mit $1 \leq a \leq l-1$ haben. Neben $\sqrt[l]{\mu^l} = \mu$ läge also auch $\sqrt[l]{\mu}^{\,a} = \zeta^{-j}\alpha$ in k, und somit wegen $(a, l) = 1$ auch $\sqrt[l]{\mu}$ selbst, entgegen der Annahme $\mu \underset{(l)}{\neq} 1$. Hiernach hat $K = k\left(\sqrt[l]{\mu}\right)$ den Relativgrad l über k. Aus (3.) folgen dann ohne weiteres die übrigen Behauptungen im ersten Teil des Satzes.

b.) (Vgl. schon **I**, Erl. 18.) Ist K relativ-zyklisch vom Primzahlgrad l über k, und $K = k(\mathsf{A})$, so sind die *Lagrangeschen Resolventen*

$$\mathsf{A}_i^* = \sum_{j=0}^{l-1}\zeta^{-ij}\cdot\sigma^j\mathsf{A} \qquad\qquad (i = 1, \ldots, l-1)$$

nicht alle Null. Denn sonst folgte aus dem linearen Gleichungssystem

$$\sum_{j=0}^{l=1}\zeta^{-ij}\cdot\sigma^j\mathsf{A} = \begin{cases} S_{Kk}(\mathsf{A}) & \text{für } i = 0, \\ 0 & \text{für } i = 1, \ldots, l-1 \end{cases}$$

mit dem Determinantenquadrat

$$\left|\zeta^{-ij}\right|^2 = (-1)^{l-1}l^l \quad \left(\text{Diskriminante von } x^l - 1 = \prod_{j=0}^{l-1}(x - \zeta^j)\right),$$

daß die $\sigma^i\mathsf{A}$ zu k gehörten, entgegen der Annahme $K = k(\mathsf{A})$. Ist demgemäß $\mathsf{A}_i^* \neq 0$ gewählt, so ist $\sigma \mathsf{A}_i^* = \zeta^i \mathsf{A}_i^* \neq \mathsf{A}_i^*$, also auch $K = k(\mathsf{A}_i^*)$, und $\sigma \mathsf{A}_i^{*l} = \mathsf{A}_i^{*l}$, also $\mathsf{A}_i^{*l} = \mu$, $K = k(\sqrt[l]{\mu})$.

Ist auch $K = k(\sqrt[l]{\mu'})$, so kann

$$\sqrt[l]{\mu'} = \sum_{i=0}^{l-1} \alpha_i \sqrt[l]{\mu}^{\,i}$$

mit eindeutig bestimmten α_i gesetzt werden. Ist dann σ durch (1.) definiert, so gilt wegen der Zerlegung (3.) für $x^l - \mu'$ jedenfalls $\sigma \sqrt[l]{\mu'} = \zeta^a \sqrt[l]{\mu'}$ $(1 \leq a \leq l-1)$, und daraus folgt

$$\sum_{i=0}^{l-1} \alpha_i \zeta^i \sqrt[l]{\mu}^{\,i} = \sigma \sqrt[l]{\mu'} = \zeta^a \sqrt[l]{\mu'} = \sum_{i=0}^{l-1} \alpha_i \zeta^a \sqrt[l]{\mu}^{\,i},$$

also der Eindeutigkeit wegen $\alpha_i \zeta^i = \alpha_i \zeta^a$, d. h. $\alpha_i = 0$ für $i \neq a$. Daher ist $\sqrt[l]{\mu'} = \alpha_a \sqrt[l]{\mu}^{\,a}$, $\mu' = \mu^a \alpha_a^l$, also (2.) erfüllt. Umgekehrt ist für jedes (2.) genügende μ' ersichtlich $k(\sqrt[l]{\mu'}) = k(\sqrt[l]{\mu}) = K$.

Den Spezialfall $\mu \underset{(l)}{=} 1$, also $k(\sqrt[l]{\mu}) = k$ rechnen wir nicht unter den Begriff: *Kummerscher Körper*. In den folgenden beiden Sätzen soll dieser Spezialfall jedoch aus formalen Gründen zugelassen sein:

Satz 6. *Es ist dann und nur dann*

$$k(\sqrt[l]{\mu}) \leqq k(\sqrt[l]{\mu_1}, \ldots, \sqrt[l]{\mu_R}),$$

wenn μ von $\mu_1, \ldots, \mu_R$ l-abhängig ist.

Beweis: a.) Ist $\mu \underset{(l)}{=} \mu_1^{a_1} \cdots \mu_R^{a_R}$, so ist

$$k(\sqrt[l]{\mu}) = k\left(\sqrt[l]{\mu_1}^{\,a_1} \cdots \sqrt[l]{\mu_R}^{\,a_R}\right) \leqq k\left(\sqrt[l]{\mu_1}, \ldots, \sqrt[l]{\mu_R}\right).$$

b.) Sei $\quad k(\sqrt[l]{\mu}) \leqq k(\sqrt[l]{\mu_1}, \ldots, \sqrt[l]{\mu_R}) = K_R$.

Für $R = 1$ stimmt dann die Behauptung. Denn abgesehen von den leicht zu erledigenden Spezialfällen $\mu_1 \underset{(l)}{=} 1$ oder $\mu \underset{(l)}{=} 1$ muß dann der Primzahleigenschaft von l halber sogar $k(\sqrt[l]{\mu}) = k(\sqrt[l]{\mu_1})$ gelten, was nach Satz 5 $\mu \underset{(l)}{=} \mu_1^{a_1}$ ergibt. Sei die Behauptung für $R - 1$ schon bewiesen. Aus der Voraussetzung folgt, wenn $k(\sqrt[l]{\mu_1}, \ldots, \sqrt[l]{\mu_{R-1}}) = K_{R-1}$ gesetzt wird, auch $K_{R-1}(\sqrt[l]{\mu}) \leqq K_{R-1}(\sqrt[l]{\mu_R}) = K_R$, also nach dem eben Bemerkten jedenfalls $\mu = \mu_R^{a_R} \mathsf{A}_{R-1}^l$ mit A_{R-1} aus K_{R-1}. Weiter ist dann

$$k(\mathsf{A}_{R-1}) = k\left(\sqrt[l]{\frac{\mu}{\mu_R^{a_R}}}\right) \leqq K_{R-1}, \text{ also nach der Annahme } \frac{\mu}{\mu_R^{a_R}} \underset{(l)}{=} \mu_1^{a_1} \cdots \mu_{R-1}^{a_{R-1}},$$

was die Behauptung für R ergibt.

Aus Satz 6 folgt nach der Definition der Körper-Unabhängigkeit (I, Erl. 14) noch ohne weiteres:

Satz 7. *Dann und nur dann sind* $k\left(\sqrt[l]{\mu_1}\right), \ldots, k\left(\sqrt[l]{\mu_R}\right)$ *unabhängig, wenn* $\mu_1, \ldots, \mu_R$ *l-unabhängig sind.*

Aus Satz 7 ergibt sich nach dem Fundamentalsatz der Galoisschen Theorie: Sind $\mu_1, \ldots, \mu_R$ l-unabhängig, so ist die Galoissche Relativgruppe des Kompositums $k\left(\sqrt[l]{\mu_1}, \ldots, \sqrt[l]{\mu_R}\right)$ das direkte Produkt der von der Ordnung l zyklischen Galoisschen Relativgruppen der $k\left(\sqrt[l]{\mu_i}\right)$, d. h. eine Abelsche Gruppe vom R-gliedrigen Typus $(l, \ldots, l)$; insbesondere hat dann also dieses Kompositum den Grad l^R über k.

Satz 8. *Durchläuft* μ *eine die Gruppe der l-ten Zahlpotenzen* $\alpha^l\,(\neq 0)$ *enthaltende Zahlgruppe, für die* $(\mu : \alpha^l) = l^R$ *ist, so ist* $t = \dfrac{l^R - 1}{l - 1}$ *die Anzahl der verschiedenen Kummerschen Körper* $k\left(\sqrt[l]{\mu}\right)$.

Beweis: Ist $\mu_1, \ldots, \mu_R$ eine Basis der Faktorgruppe μ/α^l, so liefern nach Satz 5 höchstens die $l^R - 1$ verschiedenen

$$\mu = \mu_1^{a_1} \cdots \mu_R^{a_R} \quad (0 \leqq a_i \leqq l - 1, \text{ nicht alle } a_i = 0)$$

verschiedene Körper $k\left(\sqrt[l]{\mu}\right)$. Von diesen μ hängen aber je $l - 1$, und infolge der Basiseigenschaft (l-Unabhängigkeit) der μ_i nicht mehr, durch Transformationen der Gruppe (2.) zusammen.

II.) Wir entwickeln jetzt die **arithmetische** Theorie der Kummerschen Körper.

Satz 9. *Im Kummerschen Körper* $K = k\left(\sqrt[l]{\mu}\right)$ *werden die Primstellen* $\mathfrak{w}$ *von* k *nach folgendem Gesetz zerlegt:*

a.) *Hat* μ *eine zu* l *prime Ordnungszahl in* $\mathfrak{w}$, *so ist*

$$\mathfrak{w} = \mathfrak{W}^l.$$

b.) *Hat* μ *eine durch* l *teilbare Ordnungszahl in* $\mathfrak{w}$[19]), *so ist*

	$\mathfrak{w} = \mathfrak{p}$	$\mathfrak{w} = \mathfrak{l}$	$\mathfrak{w} = \mathfrak{p}_\infty$
$\mathfrak{w} = \mathfrak{W}_1 \cdots \mathfrak{W}_l,$ *falls*	$\left(\dfrac{\mu}{\mathfrak{p}}\right) = 1$	$\left(\dfrac{\mu}{\mathfrak{l}}\right) = 1$	$\left(\dfrac{\mu}{\mathfrak{p}_\infty}\right) = 1$
$\mathfrak{w} = \mathfrak{W},$ *falls*	$\left(\dfrac{\mu}{\mathfrak{p}}\right) \neq 1$	$\left(\dfrac{\mu}{\mathfrak{l}}\right) \neq 1, \left(\dfrac{\mu}{\mathfrak{l}}\right)^* = 1$	$\left(\dfrac{\mu}{\mathfrak{p}_\infty}\right) \neq 1$
$\mathfrak{w} = \mathfrak{W}^l,$ *falls*	—	$\left(\dfrac{\mu}{\mathfrak{l}}\right)^* \neq 1$	—

---

19) Für $\mathfrak{w} = \mathfrak{p}_\infty$ ist im Sinne von § 2 die Ordnungszahl von μ in $\mathfrak{p}_\infty$ als 0 zu bezeichnen, so daß $\mathfrak{w} = \mathfrak{p}_\infty$ stets unter b.) fällt.

Beweis: Um den verfügbaren Raum zu möglichst ausführlicher Darstellung der übrigen Beweise ausnutzen zu können, verweisen wir für diesen Beweis auf *Hecke,* „Vorl. über die Theorie der algebr. Zahlen" (Leipzig 1923), § 39, Sätze 117 bis 119. [20])

Für die dort nicht berücksichtigten Primstellen $\mathfrak{w} = \mathfrak{p}_\infty$ haben wir nach § 2:

Ist $l \neq 2$, so ist einerseits stets $\mu \equiv (-1)^a \equiv (-1)^{al} \underset{(l)}{\equiv} 1$ mod. $\mathfrak{p}_\infty$, also $\left(\frac{\mu}{\mathfrak{p}_\infty}\right) = 1$, andererseits stets $\mathfrak{p}_\infty = \mathfrak{P}_\infty^{(1)} \cdots \mathfrak{P}_\infty^{(l)}$. Ist $l = 2$ und $\mathfrak{p}_\infty$ vom Grade 2, so gilt dasselbe. Ist $l = 2$ und $\mathfrak{p}_\infty$ vom Grade 1, so ist $\mathfrak{p}_\infty = \mathfrak{P}_\infty^{(1)} \mathfrak{P}_\infty^{(2)}$ dann und nur dann, wenn der Körper $K = k(\sqrt{\mu})$, d. h. die Zahl $\sqrt{\mu}$ für $\mathfrak{p}_\infty$ reell, also wenn $\mu \equiv 1$ mod. $\mathfrak{p}_\infty$, oder, was hier dasselbe, $\mu \underset{(2)}{\equiv} 1$ mod. $\mathfrak{p}_\infty$, d. h. $\left(\frac{\mu}{\mathfrak{p}_\infty}\right) = 1$ ist.

In dem Beweise bei *Hecke* a. a. O. spielt im Falle b.) unseres Satzes 9 für $\mathfrak{w} = \mathfrak{l}$, $\left(\frac{\mu}{\mathfrak{l}}\right)^* \neq 1$ der höchste Exponent u eine Rolle, für den noch $\mu^* \underset{(l)}{\equiv} 1$ mod. $\mathfrak{l}^u$ gilt. Dabei ist μ^* (bei *Hecke* a. a. O. S. 151) eine zu $\mathfrak{l}$ prime Zahl $\underset{(l)}{=} \mu$, wie sie nach unserem obigen Hilfssatz im Falle b) unseres Satzes 9 existiert. Dieser Exponent u hängt mit dem Exponenten v aus § 9, Satz 3_2, d. h. mit der Relativdiskriminante $\mathfrak{d}$ und dem Modul $\tilde{\mathfrak{f}}_{Kk}$ zusammen. Bevor wir darauf eingehen, bemerken wir über ihn noch folgendes:

1.) Auf Grund des bei uns zugrunde liegenden multiplikativen Kongruenzbegriffes (§ 3 und S. 85) kann u auch direkt durch die Zahl μ ebenso charakterisiert werden wie durch μ^*, nämlich als höchster Exponent, für den noch

$$(4.) \qquad \mu \underset{(l)}{\equiv} 1 \text{ mod. } \mathfrak{l}^u \qquad \text{gilt.}$$

2.) Diese Definition ist auch im Falle a.) unseres Satzes 9 sinnvoll. Sie besagt dann nämlich $u = 0$, weil dann (4.) schon für $u = 1$ unrichtig ist.

3.) Der so durch μ in allen Fällen, wo $\mathfrak{l} = \mathfrak{L}^l$ in $K = k(\sqrt{\mu})$ gilt, d. h. wo $\mathfrak{l}$ in $\mathfrak{d}$, $\tilde{\mathfrak{f}}_{Kk}$ eingeht, eindeutig bestimmte Exponent u ist invariant bei den Transformationen der Gruppe (2.) in Satz 5, also eine Invariante von K über k.

4.) Im Beweise bei *Hecke* a. a. O. resultieren die folgenden Eigenschaften dieses Exponenten u in den in 3.) genannten Fällen:

$$(5.) \qquad \begin{cases} 0 \leq u \leq e_0 l - 1, \\ u = 0 \text{ oder } (u, l) = 1, \end{cases}$$

---

20) Das dortige a in Satz 119 ist unser in der Bezeichnungstabelle am Schluß erklärtes e_0.

und zwar letzteres, je nachdem Fall a.) oder Fall b.) unseres Satzes 9 vorliegt.[21])

Wir beweisen jetzt die folgende Ergänzung der allgemeinen Sätze 3_1, 3_2 aus § 9:

Satz 10. *Im Falle $o = 1$ gilt:*

1.) $N_k(\mathfrak{p}) \equiv 1$ mod. l *für jedes Primideal* $\mathfrak{p}$, *also auch*

$N_k(\mathfrak{a}) \equiv 1$ mod. l *für jedes zu l prime Ideal* $\mathfrak{a}$.

2.) $u + v = e_0 l$ *für jedes in* $\mathfrak{d}$, $\tilde{\mathfrak{f}}_{Kk}$ *eingehende Primideal* $\mathfrak{l}$, *wenn u die in* (4.) *erklärte und v die Bedeutung von § 9, Satz 3_2 (für einen Kummerschen Körper $K = k(\sqrt[l]{\mu})$) hat.*

Bemerkung: Die in (5.) festgestellten Eigenschaften von u korrespondieren vermöge der Relation 2.) des Satzes 10 gerade mit den in § 9, Satz 3_2, (8.) erhaltenen Eigenschaften von v.

Beweis: 1.) Wegen $\lambda_0 = 1 - \zeta$ ist $\zeta \not\equiv 1$ mod. $\mathfrak{p}$. Daher hat die prime Restklasse ζ mod. $\mathfrak{p}$ die Ordnung l. Somit geht l in der Ordnung $\Phi_k(\mathfrak{p}) = N_k(\mathfrak{p}) - 1$ der primen Restklassengruppe mod. $\mathfrak{p}$ auf.

2.) a.) $\underline{\mu \text{ hat eine zu } l \text{ prime Ordnungszahl } a \text{ in } \mathfrak{l}, \text{ also } u = 0.}$

Wegen $\mathfrak{l} = \mathfrak{L}^l$ hat dann $\sqrt[l]{\mu}$ die zu l prime Ordnungszahl a in $\mathfrak{L}$. Es kann daher $\Lambda = \dfrac{\sqrt[l]{\mu}^{-x}}{\lambda^y}$ mit $ax - ly = 1$ gewählt werden. Für dies Λ ist, weil auch x prim zu l ist,

$$\frac{\sigma\Lambda}{\Lambda} = \zeta^x \equiv 1 \text{ mod. } \mathfrak{L}^{e_0 l} \text{ mit } e_0 l \text{ als höchstem Exponenten,}$$

also $v = e_0 l = e_0 l - u$ nach § 9, Satz 3_2, (7.).

b.) $\underline{\mu \text{ hat eine durch } l \text{ teilbare Ordnungszahl in } \mathfrak{l}, \text{ also}}$

$$\underline{0 < u \leqq e_0 l - 1, \quad (u, l) = 1.}$$

Dann darf nach dem obigen Hilfssatz und dem zuvor Bemerkten ohne Einschränkung μ prim zu $\mathfrak{l}$ angenommen werden. Ist dann $\mu \equiv \alpha^l$ mod. $\mathfrak{l}^u$, so hat $\alpha^l - \mu$ die zu l prime Ordnungszahl u in $\mathfrak{l}$, also $\alpha - \sqrt[l]{\mu}$, wegen $N_{Kk}(\mathfrak{L}) = \mathfrak{l}$ und $N_{Kk}(\alpha - \sqrt[l]{\mu}) = \alpha^l - \mu$, die zu l prime Ordnungszahl u in $\mathfrak{L}$. Es kann daher $\Lambda = \dfrac{(\alpha - \sqrt[l]{\mu})^x}{\lambda^y}$ mit $ux - ly = 1$ gewählt werden. Für dies Λ ist

---

21) Natürlich ist u durch (4.) auch in den übrigen Fällen $\left(\dfrac{\mu}{\mathfrak{l}}\right)^* = 1$, $\left(\dfrac{\mu}{\mathfrak{l}}\right) + 1$ und $\left(\dfrac{\mu}{\mathfrak{l}}\right) = 1$ erklärt, nämlich $u = e_0 l$ bzw. $u \geq e_0 l + 1$. (Im letzteren Falle ist nach dem in § 15 zu beweisenden Satz 16_2 stets $u = +\infty$.) Auch in diesen Fällen gilt 3.), aber natürlich nicht mehr 4.) — Für die zu entwickelnde Beziehung zwischen u und v kommt es uns auf diese Fälle nicht an

$$\frac{\sigma\Lambda}{\Lambda} = \left(\frac{\alpha - \zeta\sqrt[l]{\mu}}{\alpha - \sqrt[l]{\mu}}\right)^x = \left(1 + \frac{(1-\zeta)\sqrt[l]{\mu}}{\alpha - \sqrt[l]{\mu}}\right)^x$$

$$= \left(1 + \frac{\lambda_0}{\alpha - \sqrt[l]{\mu}}\sqrt[l]{\mu}\right)^x = (1 + \Lambda_{e_0 l - u})^x \equiv 1 + x\Lambda_{e_0 l - u} \quad \text{mod. } \mathfrak{L}^{e_0 l - u + 1},$$

also, weil auch x prim zu l ist, $v = e_0 l - u$ nach § 9, Satz 3_2, (7.).

III.) Aus dem Zerlegungsgesetz in Satz 9 für Kummersche Körper ergibt sich mittels der analytischen Relation I, § 5, (7) noch leicht folgender, von uns mehrfach anzuwendender Satz:

Satz 11. *Ist μ von $\mu_1, \ldots, \mu_R$ l-unabhängig, so existieren unendlich viele Primideale $\mathfrak{p}$ (sogar 1-ten Grades), so daß gilt*

$$(6.) \qquad \left(\frac{\mu}{\mathfrak{p}}\right) \neq 1; \quad \left(\frac{\mu_1}{\mathfrak{p}}\right) = 1, \ldots, \left(\frac{\mu_R}{\mathfrak{p}}\right) = 1.$$

Beweis: Die Relationen (6.) sind nach Satz 9 gleichwertig damit, daß zunächst $\mathfrak{p}$ von den endlich vielen Primidealen verschieden ist, für die eine der Zahlen $\mu, \mu_1, \ldots, \mu_R$ zu l prime Ordnungszahl hat, und daß dann $\mathfrak{p}$ in allen $k(\sqrt[l]{\mu_i})$ in verschiedene Primideale 1-ten Relativgrades zerfällt, dagegen nicht in $k(\sqrt[l]{\mu})$. Nach I, Erl. 17 ist dies auch gleichbedeutend damit, daß $\mathfrak{p}$ im Kompositum $K_R = k(\sqrt[l]{\mu_1}, \ldots, \sqrt[l]{\mu_R})$ aller $k(\sqrt[l]{\mu_i})$ in verschiedene Primideale 1-ten Relativgrades zerfällt, dagegen nicht im Kompositum $\overline{K}_R = \left(K_R, k(\sqrt[l]{\mu})\right) = K_R(\sqrt[l]{\mu})$. Da μ von $\mu_1, \ldots, \mu_R$ l-unabhängig vorausgesetzt wird, hat nun $\overline{K}_R$ nach den Sätzen 6, 5 den Relativgrad l über K_R, also den Relativgrad Nl über k, wenn N der Relativgrad von K_R über k ist. Subtrahiert man also die Relationen I, § 5, (7) für K_R und $\overline{K}_R$ voneinander, so bleibt links die Summe $\sum_{\mathfrak{p}} \frac{1}{N_k(\mathfrak{p})^s}$ über alle (6.) genügenden $\mathfrak{p}$, rechts $\left(\frac{1}{N} - \frac{1}{Nl}\right)\log\frac{1}{s-1} + g(s)$, wo $g(s) \to g(1)$ für $s \to 1$, also eine für $s \to 1$ gegen $+\infty$ strebende Funktion. Daraus folgt die Behauptung.

§ 12. Das Einheitenhauptgeschlecht eines relativ-zyklischen Körpers von Primzahlgrad.

(Zu I, § 6, B), 4., S. 24, insbesondere Erl. 24.)

Bezeichnungen: ε, E Einheiten.

η Einheiten, die Relativnormen $\eta = N_{Kk}(E)$ von Einheiten E sind.

H Einheiten, deren Relativnormen $N_{Kk}(H) = 1$ sind (**Einheitenhauptgeschlecht von K bzgl. k**).

Satz 12. *Das Einheitenhauptgeschlecht* H *hat in bezug auf die in ihm enthaltene Untergruppe der symbolischen* $(1-\sigma)$-*ten Einheitenpotenzen* $\mathsf{E}^{1-\sigma}$ *den Index*

(1.) $\qquad\qquad (\mathsf{H} : \mathsf{E}^{1-\sigma}) = l^{r+1-d_u-q+o}$ [22]), $\qquad$ *wo* q *durch*

(2.) $\qquad\qquad\qquad (\eta : \varepsilon^l) = l^q \qquad$ *erklärt ist.*

Beweis: 1.) Nach dem *Dirichlet*schen Fundamentalsatz über die Einheiten ist

(3.) $\qquad\qquad\qquad (\varepsilon : \varepsilon^l) = l^{r+o}$ [23]),

weil von den $r+1$ Grundeinheiten von k die r von unendlicher Ordnung stets als Elemente von der Ordnung l in eine Basis für $\varepsilon/\varepsilon^l$ eingehen, die $(r+1)$-te von endlicher Ordnung dann und nur dann, wenn diese Ordnung durch l teilbar ist, d. h. wenn $k_0 \leq k$ ist. Weil von den $r+1$ unendlichen Primstellen von k nach unserer Festsetzung (Bezeichnungstabelle) und § 9, Satz 3_3 d_u in K nicht zerfallen, während die $r+1-d_u$ übrigen in K je in l unendliche Primstellen zerfallen, ist

$$d_u + l(r+1-d_u) = (l-1)(r+1-d_u) + (r+1)$$

die Anzahl der unendlichen Primstellen, d. i. auch die Anzahl der Grundeinheiten von K, und da dann und nur dann $k_0 \leq K$ ist, wenn $k_0 \leq k$ ist, gilt demnach entsprechend zu (3.)

(4.) $\qquad\qquad (\mathsf{E} : \mathsf{E}^l) = l^{(l-1)(r+1-d_u)+(r+o)}.$

Wir vermerken für später die aus (3.), (4.) folgende Relation:

(5.) $\qquad\qquad \dfrac{(\mathsf{E} : \mathsf{E}^l)}{(\varepsilon : \varepsilon^l)} = l^{(l-1)(r+1-d_u)}.$

2.) Wegen $\varepsilon^l = N_{Kk}(\varepsilon)$ ist die Gruppe ε^l in der Gruppe η enthalten. Aus $(\varepsilon : \eta)(\eta : \varepsilon^l) = (\varepsilon : \varepsilon^l)$ ergibt sich daher nach (3.), daß (2.) mit einem gewissen q wirklich richtig ist. Wegen $N_{Kk}(\mathsf{E}^{1-\sigma}) = 1$ ist ferner die Gruppe $\mathsf{E}^{1-\sigma}$ in der Gruppe H enthalten, so daß der Index $(\mathsf{H}:\mathsf{E}^{1-\sigma})$ in (1.) jedenfalls einen Sinn hat; wir wissen aber vorläufig noch nicht, ob dieser Index endlich ist. [24])

---

22) Die Faktorgruppe $\mathsf{H}/\mathsf{E}^{1-\sigma}$ sowie die Faktorgruppen, die den übrigen im Verlaufe des Beweises vorkommenden Gruppenindizes entsprechen, sind, wie man leicht nachweisen kann, vom Typus $(l, \ldots, l)$. Wir kommen jedoch ohne diese Kenntnis aus (vgl. das schon in § 1 (S. 58) Gesagte), insbesondere ohne jeweils mit Basisdarstellungen der betr. Faktorgruppen zu operieren, wie es *Hilbert, Furtwängler, Takagi* tun.

23) Die Elemente $\varepsilon_i \varepsilon^l$ der Faktorgruppe $\varepsilon/\varepsilon^l$ nennt *Hilbert* die *Einheitenverbände bzgl. l in k*, insbesondere die Gruppe ε^l den *Haupteinheitenverband.*

24) Daß er dann eine gewisse Potenz von l sein muß, wie in (1.) behauptet, ließe sich schon hier leicht zeigen durch den Nachweis, daß jedes H^l zur Gruppe $\mathsf{E}^{1-\sigma}$

3.) Ausgangspunkt für den Nachweis der Endlichkeit des Index $(H : E^{1-\sigma})$ und gleichzeitig der Behauptung (1.) über ihn ist nun die folgende Feststellung: Durch $E \rightarrow N_{Kk}(E) = \eta$ wird die Gruppe E eindeutig und isomorph auf die Gruppe η, erst recht also auf die Faktorgruppe η/ε^l abgebildet. Dabei entspricht der Untergruppe $H\varepsilon$ und nur ihr die Untergruppe ε^l; denn einerseits ist $N_{Kk}(H\varepsilon) = \varepsilon^l$, andererseits folgt aus $N_{Kk}(E) = \varepsilon^l$, daß $N_{Kk}\left(\dfrac{E}{\varepsilon}\right) = 1$, also $\dfrac{E}{\varepsilon} = H$, $E = H\varepsilon$ ist. Nach dem Isomorphieprinzip gilt somit

$$(6.) \qquad\qquad (E : H\varepsilon) = (\eta : \varepsilon^l) = l^q,$$

letzteres nach (2.). Von hier aus gelangt man durch das folgende gruppentheoretische Schema zu dem zu bestimmenden Index $(H : E^{1-\sigma})$:

$$(7.) \quad \begin{cases} (E : H\varepsilon)\,(H\varepsilon : E^{1-\sigma}\varepsilon) = (E : E^{1-\sigma}\varepsilon), \\[2pt] \qquad (H\varepsilon : E^{1-\sigma}\varepsilon) = (H : [H, E^{1-\sigma}\varepsilon]) \ \text{(Reduktionsprinzip)}, \\[2pt] \qquad\qquad\qquad\; = (H : E^{1-\sigma}\xi), \quad wo\ \xi\ Einheiten\ mit \\[2pt] \qquad\qquad\qquad\qquad N_{Kk}(\xi) = \xi^l = 1\ bezeichnet, \\[2pt] (H : E^{1-\sigma}\xi)\,(E^{1-\sigma}\xi : E^{1-\sigma}) = (H : E^{1-\sigma}). \end{cases}$$

Aus (6.), (7.) erhält man nämlich

$$(8.) \qquad (H : E^{1-\sigma}) = l^{-q}\,(E : E^{1-\sigma}\varepsilon)\,(E^{1-\sigma}\xi : E^{1-\sigma}),$$

also eine Reduktion des zu bestimmenden Index $(H : E^{1-\sigma})$ auf die beiden Indizes rechts, insbesondere seiner Endlichkeit auf die Endlichkeit dieser beiden Indizes.

4.) Der schwierigste Punkt unseres Beweises ist die Bestimmung des ersten Index $(E : E^{1-\sigma}\varepsilon)$ rechts in (8.). Es erweist sich dazu als erforderlich, die Reduktion vorzunehmen

$$(9.) \qquad (E : E^{1-\sigma}\varepsilon) = (E : E^{1-\sigma}[\varepsilon])\,(E^{1-\sigma}[\varepsilon] : E^{1-\sigma}\varepsilon),$$

wo $[\varepsilon]$ Einheiten aus K bezeichnet, für die $[\varepsilon]^l$ zu k gehört. Die Schwierigkeit legt sich dabei auf die Bestimmung des ersten Index $[E : E^{1-\sigma}[\varepsilon])$ rechts in (9.), der wir uns jetzt zuwenden.[25]

5.) Wir bemerken dazu vorweg folgendes über die Gruppe $[\varepsilon]$: Entweder gehören alle $[\varepsilon]$ zu k, d. h. die Gruppe $[\varepsilon]$ ist mit der Gruppe ε identisch. Oder es existiert ein nicht zu k gehöriges $[\varepsilon_0]$, für das dann

---

gehört (mit der Methode von S. 95, 7.)). Wir brauchen das jedoch nicht besonders festzustellen, da es sich aus dem folgenden von selbst ergibt.

25) Eine Basis E_i der Faktorgruppe $E/E^{1-\sigma}[\varepsilon]$ nennt *Hilbert* ein *System relativer Grundeinheiten von K bzgl. k* („Zahlbericht", § 55).

$[\varepsilon_0]^l = \varepsilon_0$ zu k gehört. Im letzteren Falle ist, weil K relativ-zyklisch vom Primzahlgrad l über k ist, $K = k([\varepsilon_0]) = k(\sqrt[l]{\varepsilon_0})$, also insbesondere

$$(10.) \qquad [\varepsilon_0]^{1-\sigma} = \sqrt[l]{\varepsilon_0}^{\,1-\sigma} = \frac{\sqrt[l]{\varepsilon_0}}{\sigma\sqrt[l]{\varepsilon_0}} = \zeta,$$

somit $k_0 \leq K$, also auch $k_0 \leq k$, d. h. $o = 1$. Nach § 11, Satz 5, (2.) besteht dann die Gruppe $[\varepsilon]$ aus allen und nur den

$$(11.) \qquad [\varepsilon] = \sqrt[l]{\varepsilon_0}^{\,a}\,\varepsilon.$$

In beiden Fällen gelten die Tatsachen:

(12.) Mit E gehört auch $\mathsf{E}^{1-\sigma}$ zur Gruppe $[\varepsilon]$ (sogar zur Gruppe ε).

(13.) Mit $\mathsf{E}^{1-\sigma}$ gehört auch E zur Gruppe $[\varepsilon]$, falls $l \neq 2$.

Denn einerseits ist entweder $[\varepsilon]^{1-\sigma} = \varepsilon^{1-\sigma} = 1$ oder nach (10.), (11.) $[\varepsilon]^{1-\sigma} = \zeta^a$, also jedenfalls $[\varepsilon]^{1-\sigma} = \varepsilon'$. Andererseits folgt aus $\mathsf{E}^{1-\sigma} = [\varepsilon]$ zunächst $N_{Kk}([\varepsilon]) = 1$. Da aber für $l \neq 2$ in den beiden obigen Fällen $N_{Kk}([\varepsilon]) = [\varepsilon]^l$ ist, so folgt weiter $\mathsf{E}^{l(1-\sigma)} = [\varepsilon]^l = N_{Kk}([\varepsilon]) = 1$, d. h. $\mathsf{E}^l = \sigma\mathsf{E}^l$. Hiernach ist $\mathsf{E}^l = \varepsilon'$ und daher $\mathsf{E} = [\varepsilon']$.

6.) Wir führen nun den Index $(\mathsf{E} : \mathsf{E}^{1-\sigma}[\varepsilon]) = (\mathsf{E}[\varepsilon] : \mathsf{E}^{1-\sigma}[\varepsilon])$ nach dem Schema

$$(14.) \quad (\mathsf{E}[\varepsilon] : \mathsf{E}^{1-\sigma}[\varepsilon])(\mathsf{E}^{1-\sigma}[\varepsilon] : \mathsf{E}^{(1-\sigma)^2}[\varepsilon]) \cdots (\mathsf{E}^{(1-\sigma)^{l-2}}[\varepsilon] : \mathsf{E}^{(1-\sigma)^{l-1}}[\varepsilon])$$
$$= (\mathsf{E}[\varepsilon] : \mathsf{E}^{(1-\sigma)^{l-1}}[\varepsilon])$$

auf den Index $(\mathsf{E}[\varepsilon] : \mathsf{E}^{(1-\sigma)^{l-1}}[\varepsilon]) = (\mathsf{E} : \mathsf{E}^{(1-\sigma)^{l-1}}[\varepsilon])$ zurück, indem wir zeigen, daß in (14.) die $l - 1$ Faktoren links sämtlich denselben Wert haben. Durchläuft nämlich E_0 irgendeine Untergruppe der Gruppe E, so wird nach (12.) durch

$$(15.) \qquad \mathsf{E}_0[\varepsilon'] \rightarrow (\mathsf{E}_0[\varepsilon'])^{1-\sigma}[\varepsilon] = \mathsf{E}_0^{1-\sigma}[\varepsilon].$$

($[\varepsilon]$ ist hier als Gruppensymbol zu lesen, $[\varepsilon']$ als Gruppenelement) die Gruppe $\mathsf{E}_0[\varepsilon]$ eindeutig und isomorph auf die Gruppe $\mathsf{E}_0^{1-\sigma}[\varepsilon]/[\varepsilon]$ abgebildet, und nach (12.), (13.) entspricht dabei der Untergruppe $[\varepsilon]$ und nur ihr die Untergruppe $[\varepsilon]$ (die Voraussetzung $l \neq 2$ von (13.) kann als erfüllt angesehen werden, weil die späteren Faktoren links in (14.) nur für $l \neq 2$ auftreten, für $l = 2$ also nichts zu beweisen ist). Nach dem Isomorphieprinzip ist also

$$(16.) \qquad \mathsf{E}_0[\varepsilon]/[\varepsilon] \cong \mathsf{E}_0^{1-\sigma}[\varepsilon]/[\varepsilon].$$

Indem wir (16.) für eine der Gruppen $\mathsf{E}^{(1-\sigma)^{n-1}}$ und auch für die darin enthaltene Untergruppe $E^{(1-\sigma)^n}$ als Gruppe E_0 anwenden, folgt die einstufige Isomorphie

$$(17.) \quad E^{(1-\sigma)^{n-1}}[\varepsilon]/[\varepsilon]\Big/E^{(1-\sigma)^n}[\varepsilon]/[\varepsilon] \simeq E^{(1-\sigma)^n}[\varepsilon]/[\varepsilon]\Big/E^{(1-\sigma)^{n+1}}[\varepsilon]/[\varepsilon];$$

denn die beiden Faktorgruppen rechts gehen aus den beiden Faktorgruppen links durch Anwendung des in (16.) zugrunde liegenden einstufigen Isomorphismus (15.) hervor. Durch erlaubte Fortlassung der „Nenner" $[\varepsilon]$ in (17.) und Übergang zu den Gruppenindizes folgt dann aus (17.) die behauptete Gleichheit der $l-1$ Indizes links in (14.).

Hiernach wird der Index $(E : E^{1-\sigma}[\varepsilon])$ durch die Relation

$$(18.) \qquad (E : E^{1-\sigma}[\varepsilon])^{l-1} = (E : E^{(1-\sigma)^{l-1}}[\varepsilon])$$

auf den Index $(E : E^{(1-\sigma)^{l-1}}[\varepsilon])$ zurückgeführt.

7.) Die Gruppe $E^{(1-\sigma)^{l-1}}[\varepsilon]$ ist mit der Gruppe $E^l[\varepsilon]$ identisch. Denn einerseits folgt aus $\sigma^l = 1$ eine Identität (vgl. auch § 9, (9.))

$$(1 - \sigma)^{l-1} = l g(\sigma) + (1 + \sigma + \cdots + \sigma^{l-1})$$

mit ganzzahligem Polynom g, und damit

$$E^{(1-\sigma)^{l-1}}[\varepsilon] = (E^{g(\sigma)})^l N_{Kk}(E)[\varepsilon] = E^{\prime l}[\varepsilon'].$$

Andererseits gilt in k_0

$$l = (1 - \zeta)^{l-1} f_1(\zeta)$$

mit ganzzahligem Polynom f_1, daraus folgt eine Identität

$$l = (1 - \sigma)^{l-1} f_1(\sigma) + (1 + \sigma + \cdots + \sigma^{l-1}) f_2(\sigma)$$

mit ganzzahligen Polynomen f_1, f_2, und damit

$$E^l[\varepsilon] = (E^{f_1(\sigma)})^{(1-\sigma)^{l-1}} N_{Kk}(E^{f_2(\sigma)})[\varepsilon] = E^{\prime(1-\sigma)^{l-1}}[\varepsilon'].$$

Hieraus ergibt sich nach (18.) die weitere Reduktion

$$(19.) \qquad (E : E^{1-\sigma}[\varepsilon])^{l-1} = (E : E^l[\varepsilon])$$

des Index $(E : E^{1-\sigma}[\varepsilon])$ auf den Index $(E : E^l[\varepsilon])$.

8.) Den letzteren Index behandeln wir nach dem Schema

$$(20.) \qquad (E : E^l[\varepsilon]) (E^l[\varepsilon] : E^l) = (E : E^l),$$

in dem die rechte Seite nach (4.) bekannt ist. Hieraus ergibt sich die Endlichkeit der beiden Indizes rechts und damit der Indizes in (19.), (18.), (14.). Der noch zu bestimmende zweite Index links in (20.) ist nach dem Reduktionsprinzip

$$(21.) \qquad (E^l[\varepsilon] : E^l) = ([\varepsilon] : [[\varepsilon], E^l]).$$

Für den rechts auftretenden Durchschnitt beweisen wir

$$(22.)\quad [[\varepsilon],\, \mathsf{E}^l] = \begin{cases} \text{a.)}\quad \varepsilon^l,\ \text{wenn alle } [\varepsilon] \text{ zu } k \text{ gehören,} \\[4pt] \text{b.)}\quad \varepsilon_0^a\, \varepsilon^l,\ \text{wenn ein nicht zu } k \text{ gehöriges } [\varepsilon_0] = \sqrt[l]{\varepsilon_0} \\[2pt] \qquad\quad \text{existiert, aber nicht } l=2,\ K=k(\sqrt{-1}), \\[2pt] \qquad\quad \sqrt{-1}\,\varepsilon_1 = \mathsf{E}_1^2 \text{ ist,} \\[4pt] \text{c.)}\quad \sqrt{\varepsilon_0}^{\,-a}\, \varepsilon^2,\ \text{wenn } l=2,\ K=k(\sqrt{-1}),\ \sqrt{-1}\,\varepsilon_1 = \mathsf{E}_1^2 \\[2pt] \qquad\quad \text{ist}^{26}),\ \text{und dann speziell} \\[2pt] \qquad\quad [\varepsilon_0] = \sqrt{\varepsilon_0} = \sqrt{-1}\,\varepsilon_1 = \mathsf{E}_1^2 \text{ gewählt wird.} \end{cases}$$

a.) Dann folgt aus $\mathsf{E}^l = [\varepsilon] = \varepsilon$, daß E ein $[\varepsilon'] = \varepsilon'$, also $\mathsf{E}^l = [\varepsilon] = \varepsilon'^l$ ist, und umgekehrt gehört natürlich jedes ε'^l zu den Gruppen E^l und $[\varepsilon]$.

b.) Dann folgt aus $\mathsf{E}^l = [\varepsilon] = \sqrt[l]{\varepsilon_0}^{\,a}\, \varepsilon$ (vgl. (11.)), daß

$$N_{Kk}(\mathsf{E})^l = (-1)^{(l-1)a}\, \varepsilon_0^a\, \varepsilon^l \quad \text{ist.}$$

Für $l \neq 2$ muß daher $a \equiv 0 \bmod.^+ l$ sein, weil $[\varepsilon_0]$ nicht zur Gruppe ε, also ε_0 nicht zur Gruppe ε^l gehört (vgl. das bei (10.) Gesagte). Für $l=2$ kann ebenfalls auf $a \equiv 0 \bmod.^+ 2$ geschlossen werden; denn die gegenteilige Annahme $a \equiv 1 \bmod.^+ 2$ hätte eine Relation $N_{Kk}(\mathsf{E})^2 = -\,\varepsilon_0 \varepsilon^2$,

also

$$\sqrt{\varepsilon_0} = \sqrt{-1}\,\frac{N_{Kk}(\mathsf{E})}{\varepsilon} = \sqrt{-1}\,\varepsilon',$$

somit $K = k(\sqrt{-1})$ und $\mathsf{E}^2 = \sqrt{-1}\,\varepsilon'\varepsilon = \sqrt{-1}\,\varepsilon_1$ zur Folge, was wir im Falle b.) ausschlossen.

Es folgt also $\mathsf{E}^l = \varepsilon$, d. h. E ist ein $[\varepsilon'] = \sqrt[l]{\varepsilon_0}^{\,a'}\,\varepsilon'$, also $\mathsf{E}^l = [\varepsilon] = \varepsilon_0^{a'}\varepsilon'^l$, und umgekehrt gehört ersichtlich jedes $\varepsilon_0^{a'}\varepsilon'^l$ zu den Gruppen E^l und $[\varepsilon]$.

c.) Dann folgt aus $\mathsf{E}^2 = [\varepsilon] = \sqrt{\varepsilon_0}^{\,a}\,\varepsilon$ bei der speziellen Wahl $[\varepsilon_0] = \sqrt{\varepsilon_0} = \sqrt{-1}\,\varepsilon_1 = \mathsf{E}_1^2$ die Relation $\left(\dfrac{\mathsf{E}}{\mathsf{E}_1^a}\right)^2 = \varepsilon$, d. h. $\dfrac{\mathsf{E}}{\mathsf{E}_1^a}$ ist ein $[\varepsilon'] = \sqrt{\varepsilon_0}^{\,a'}\,\varepsilon'$, also

$$\mathsf{E}^2 = [\varepsilon] = (\mathsf{E}_1^2)^a\, \sqrt{\varepsilon_0}^{\,2a'}\,\varepsilon'^2 = \sqrt{\varepsilon_0}^{\,a+2a'}\,\varepsilon'^2 = \sqrt{\varepsilon_0}^{\,a''}\,\varepsilon'^2,$$

und umgekehrt gehört ersichtlich jedes $\sqrt{\varepsilon_0}^{\,a''}\,\varepsilon'^2$ zu den Gruppen E^2 und $[\varepsilon]$.

9.) Auf Grund der hiermit festgestellten Tatsachen (22.) berechnet sich nun der Index (21.), getrennt nach den drei Fällen in (22.), weiter so:

---

26) Dieser von *Takagi* übersehene Fall kann in der Tat eintreten, z. B. für $k = k_0(\sqrt{-2})$, wo dann $K = k(\sqrt{-2},\, \sqrt{-1})$ der Körper der 8-ten Einheitswurzeln ist, so daß $\sqrt{-1}\,\varepsilon_1 = \mathsf{E}_1^2$ mit $\varepsilon_1 = 1$ und $\mathsf{E}_1 = \sqrt{\sqrt{-1}}$ besteht.

$$(23.)\quad\begin{cases}
\text{a.) } ([\varepsilon]:[[\varepsilon], \mathsf{E}^l]) = (\varepsilon : \varepsilon^l),\\[4pt]
\text{b.) } ([\varepsilon]:[[\varepsilon], \mathsf{E}^l]) = \left(\sqrt[l]{\varepsilon_0}^{\,a}\,\varepsilon : \varepsilon_0^a\varepsilon^l\right) = \left(\sqrt[l]{\varepsilon_0}^{\,a}\,\varepsilon : \varepsilon\right)(\varepsilon : \varepsilon_0^a\varepsilon^l)\\[4pt]
\qquad = l\,\dfrac{(\varepsilon : \varepsilon^l)}{(\varepsilon_0^a\varepsilon^l : \varepsilon^l)} = l\,\dfrac{(\varepsilon : \varepsilon^l)}{l} = (\varepsilon : \varepsilon^l),\\[8pt]
\text{c.) } ([\varepsilon]:[[\varepsilon], \mathsf{E}^2]) = \left(\sqrt{\varepsilon_0}^{\,a}\,\varepsilon : \sqrt{\varepsilon_0}^{\,a}\,\varepsilon^2\right) = (\varepsilon : [\varepsilon, \sqrt{\varepsilon_0}^{\,a}\,\varepsilon^2]) = (\varepsilon : \varepsilon_0^a\varepsilon^2)\\[4pt]
\qquad = \dfrac{(\varepsilon : \varepsilon^2)}{(\varepsilon_0^a\varepsilon^2 : \varepsilon^2)} = \dfrac{(\varepsilon : \varepsilon^2)}{2} = \dfrac{(\varepsilon : \varepsilon^2)}{2^o}.
\end{cases}$$

Aus (23.), (21.), (20.) ergibt sich jetzt, entsprechend den drei Fällen in (22.),

$$(\mathsf{E} : \mathsf{E}^l[\varepsilon]) = \begin{cases}
\text{a.), b.) } \dfrac{(\mathsf{E} : \mathsf{E}^l)}{(\varepsilon : \varepsilon^l)}\\[8pt]
\text{c.) } 2^o\,\dfrac{(\mathsf{E} : \mathsf{E}^2)}{(\varepsilon : \varepsilon^2)}
\end{cases}$$

und damit nach (19.) unter Beachtung von (5.)

$$(\mathsf{E} : \mathsf{E}^{1-\sigma}[\varepsilon]) = \begin{cases}
\text{a.), b.) } l^{r+1-d_u}\\[4pt]
\text{c.) } 2^{r+1-d_u+o}
\end{cases},$$

was nach (8.), (9.) schließlich die Reduktion

$$(24.)\quad (\mathsf{H} : \mathsf{E}^{1-\sigma}) = \begin{cases}
\text{a.), b.) } l^{r+1-d_u-q}(\mathsf{E}^{1-\sigma}\xi : \mathsf{E}^{1-\sigma})(\mathsf{E}^{1-\sigma}[\varepsilon] : \mathsf{E}^{1-\sigma}\varepsilon)\\[4pt]
\text{c.) } 2^{r+1-d_u-q+o}(\mathsf{E}^{1-\sigma}\xi : \mathsf{E}^{1-\sigma})(\mathsf{E}^{1-\sigma}[\varepsilon] : \mathsf{E}^{1-\sigma}\varepsilon)
\end{cases}$$

des zu bestimmenden Index $(\mathsf{H} : \mathsf{E}^{1-\sigma})$ auf die beiden Indizes rechts ergibt.

10.) Diese beiden Indizes rechts in (24.) lassen sich nun leicht als endlich erweisen und bestimmen.

Wir zeigen einerseits, entsprechend den drei Fällen in (22.),

$$(25.)\qquad (\mathsf{E}^{1-\sigma}\xi : \mathsf{E}^{1-\sigma}) = \begin{cases}
\text{a.) } l^o\\[4pt]
\text{b.), c.) } 1
\end{cases}.$$

a.) Dann folgt aus $N_{Kk}(\xi) = \xi^l = 1$, daß $\xi = 1$ für $o = 0$, $\xi = \zeta^a$ für $o = 1$ ist. Für $o = 0$ gehört das einzige $\xi = 1$ zur Gruppe $\mathsf{E}^{1-\sigma}$. Für $o = 1$ gehört $\xi = \zeta^a$ dann und nur dann zur Gruppe $\mathsf{E}^{1-\sigma}$, wenn $a \equiv 0 \bmod.^+ l$ ist; denn aus $\xi = \zeta^a = \mathsf{E}^{1-\sigma}$ folgt $\mathsf{E}^l = \sigma\mathsf{E}^l$, d. h. E ist ein $[\varepsilon] = \varepsilon$, also $\xi = \zeta^a = \varepsilon^{1-\sigma} = 1$, $a \equiv 0 \bmod.^+ l$.

b.), c.) Dann ist $o = 1$, also wie eben $\xi = \zeta^a$, und nach (10.) gehören alle $\xi = \zeta^a$ zur Gruppe $\mathsf{E}^{1-\sigma}$.

Andererseits beweisen wir, entsprechend den drei Fällen in (22.),

$$(26.)\qquad (\mathsf{E}^{1-\sigma}[\varepsilon] : \mathsf{E}^{1-\sigma}\varepsilon) = \begin{cases}
\text{a.) } 1\\[4pt]
\text{b.) } l = l^o\\[4pt]
\text{c.) } 1
\end{cases}.$$

a.) Dann gehören alle $E^{1-\sigma}[\varepsilon] = E^{1-\sigma}\varepsilon$ zur Gruppe $E^{1-\sigma}\varepsilon$.

b.) Dann gehört $[\varepsilon] = \sqrt[l]{\varepsilon_0}^{\,a}\varepsilon$ dann und nur dann zur Gruppe $E^{1-\sigma}\varepsilon$, wenn $a \equiv 0 \bmod.^+ l$ ist. Denn aus $[\varepsilon] = \sqrt[l]{\varepsilon_0}^{\,a}\varepsilon = E^{1-\sigma}\varepsilon'$ folgt durch Relativnormbildung $(-1)^{(l-1)a}\varepsilon_0^a\varepsilon^l = \varepsilon'^l$, was für $l \neq 2$, wie vorher in 8.), b.), $a \equiv 0 \bmod.^+ l$ ergibt, für $l = 2$ ebenfalls, weil die gegenteilige Annahme $a \equiv 1 \bmod.^+ 2$ unter Beachtung von $E^{1-\sigma} = \dfrac{E^2}{N_{Kk}(E)}$ dieselben Folgerungen gestattete, wie vorher in 8.), b.).

c.) Dann gehören alle

$$[\varepsilon] = \sqrt[l]{\varepsilon_0}^{\,a}\varepsilon = \left(\sqrt{-1}\,\varepsilon_1\right)^a\varepsilon = \left(E_1^a\right)^2\varepsilon = \left(E_1^a\right)^{1-\sigma}N_{Kk}\left(E_1^a\right)\varepsilon = \left(E_1^a\right)^{1-\sigma}\varepsilon'$$

zur Gruppe $E^{1-\sigma}\varepsilon$.

Aus den damit festgestellten Tatsachen (25.), (26.) ergibt sich nunmehr nach (24.) die Endlichkeit des Index $(H : E^{1-\sigma})$ und die Behauptung (1.) über ihn.

§ 13. Die ambigen Idealklassen eines relativ-zyklischen Körpers von Primzahlgrad.

(Zu I, § 6, B), 4., S. 24, insbesondere Erl. 24.)

Bezeichnungen:

$\mathfrak{a}$, α, $A \neq 0$.

ε, E, η, H wie in § 12.

η^* Einheiten, die Relativnormen $\eta^* = N_{Kk}(\Theta)$ von Zahlen Θ sind.

Θ Zahlen, deren Relativnormen $N_{Kk}(\Theta) = \eta^*$ Einheiten sind.

$\mathfrak{D}$ Ideale, deren symbolische $(1-\sigma)$-te Potenzen $\mathfrak{D}^{1-\sigma} = 1$ sind, (stark-ambige Ideale).

$\mathfrak{D}^*$ Ideale, deren symbolische $(1-\sigma)$-te Potenzen $\mathfrak{D}^{*1-\sigma} = (\Theta)$ Hauptideale sind, wobei dann $N_{Kk}(\Theta) = \eta^*$, (schwach-ambige Ideale).

Δ Zahlen, deren symbolische $(1-\sigma)$-te Potenzen $\Delta^{1-\sigma} = H$ Einheiten sind, wobei dann $N_{Kk}(H) = 1$; es ist $(\Delta) = [\mathfrak{D}, (A)]$.

Satz 13. *Die Anzahl der durch schwach-ambige Ideale gelieferten absoluten Idealklassen von K ist*

$$(1.) \qquad a = (\mathfrak{D}^* : (A)) = h_0 l^{d+q^*-(r+1+o)}, \qquad \textit{wo } q^* \textit{ durch}$$

$$(2.) \qquad (\eta^* : \varepsilon^l) = l^{q^*} \quad \textit{erklärt ist.}$$

Beweis: 1.) Wir bestimmen zunächst die Anzahl $(\mathfrak{D}(A) : (A))$ der durch **stark-ambige** Ideale gelieferten absoluten Idealklassen von K. Mittels des Reduktionsprinzips und anschließender Umformung ergibt sich für diese Anzahl die Reduktion

$$(3.) \quad (\mathfrak{D}(A) : (A)) = (\mathfrak{D} : (\Delta)) = \frac{(\mathfrak{D} : (\alpha))}{((\Delta) : (\alpha))} = \frac{(\mathfrak{D} : \mathfrak{a})\,(\mathfrak{a} : (\alpha))}{((\Delta) : (\alpha))} = h_0\frac{(\mathfrak{D} : \mathfrak{a})}{((\Delta) : (\alpha))}.$$

Hierin kann der Index $(\mathfrak{D} : \mathfrak{a})$ rechts leicht angegeben werden. Für Primideale $\mathfrak{w}$ von k kommen nämlich nach § 8 nur die drei Zerlegungsformen

$$\mathfrak{w} = \mathfrak{W}^l, \qquad \mathfrak{w} = \mathfrak{W}, \qquad \mathfrak{w} = \prod_{i=0}^{l-1} \sigma^i \mathfrak{W}$$

in Frage. Unter den Primidealen $\mathfrak{W}$ von K sind die den ersten beiden Zerlegungsformen entsprechenden stark-ambig $(\mathfrak{G}_z = \mathfrak{G})$, die übrigen, der letzten Zerlegungsform entsprechenden, nicht stark-ambig $(\mathfrak{G}_z = \mathfrak{E})$, und ein Potenzprodukt von Primidealen $\mathfrak{W}$ ist nach dem Fundamentalsatz der Idealtheorie dann und nur dann stark-ambig, wenn relativ-konjugierte Primideale $\sigma^i \mathfrak{W}$ der letzteren Art höchstens symmetrisch eingehen, sich also zu einem zu k gehörigen Faktor $\left(\prod_{i=0}^{l-1} \sigma^i \mathfrak{W} \right)^a = \mathfrak{w}^a$ zusammenfügen.

Nach dem Fundamentalsatz der Idealtheorie bilden somit die Primideale $\mathfrak{W}$ mit $\mathfrak{W}^l = \mathfrak{w}$, d. h. die d_e in die Relativdiskriminante $\mathfrak{d}$ eingehenden Primideale, ein System unabhängiger Basiselemente der Ordnung l für die Faktorgruppe $\mathfrak{D}/\mathfrak{a}$, d. h. es ist $(\mathfrak{D} : \mathfrak{a}) = l^{d_e}$, und somit nach (3.)

$$(4.) \qquad (\mathfrak{D}(\mathsf{A}) : (\mathsf{A})) = h_0 \frac{l^{d_e}}{((\Delta) : (\alpha))} .$$

Für den Index $((\Delta) : (\alpha))$ haben wir nach dem rückwärts anzuwendenden Reduktionsprinzip

$$(5.) \quad ((\Delta) : (\alpha)) = (\Delta/\mathsf{E} : \alpha/\varepsilon) = (\Delta/\mathsf{E} : \alpha\mathsf{E}/\mathsf{E}) = (\Delta : \alpha\mathsf{E}).$$

Die Bestimmung des Index $(\Delta : \alpha\mathsf{E})$ läßt sich nun mittels des Isomorphieprinzips auf das Resultat von § 12, Satz 12 zurückführen: Die Gruppe $\Delta^{1-\sigma}$ ist nicht nur, wie es ihrer Definition entspricht, Untergruppe der Gruppe H, sondern nach „Zahlbericht", Satz 90 mit der Gruppe H identisch. Durch $\Delta \to \Delta^{1-\sigma} = \mathsf{H}$ wird also die Gruppe Δ eindeutig und isomorph auf die Gruppe H und somit erst recht auf die Faktorgruppe $\mathsf{H}/\mathsf{E}^{1-\sigma}$ abgebildet. Bei dieser Abbildung entspricht der Untergruppe $\alpha\mathsf{E}$ und nur ihr die Untergruppe $\mathsf{E}^{1-\sigma}$. Denn einerseits ist $(\alpha\mathsf{E})^{1-\sigma} = \mathsf{E}^{1-\sigma}$; andererseits folgt aus $\Delta^{1-\sigma} = \mathsf{E}^{1-\sigma}$, daß $\dfrac{\Delta}{\mathsf{E}} = \sigma\dfrac{\Delta}{\mathsf{E}}$, also $\dfrac{\Delta}{\mathsf{E}} = \alpha$, $\Delta = \alpha\mathsf{E}$ ist. Nach dem Isomorphieprinzip gilt somit

$$(6.) \qquad (\Delta : \alpha\mathsf{E}) = (\mathsf{H} : \mathsf{E}^{1-\sigma}).$$

Nach § 12, Satz 12 ergibt sich also aus (4.), (5.), (6.) für die Anzahl der durch stark-ambige Ideale gelieferten absoluten Idealklassen von K:

$$(7.) \quad (\mathfrak{D}(\mathsf{A}) : (\mathsf{A})) = h_0\, l^{d_e - (r+1-d_u-q+o)} = h_0\, l^{d+q-(r+1+o)}.$$

2.) Zur Bestimmung der Anzahl der durch schwach-ambige Ideale gelieferten absoluten Idealklassen von K brauchen wir den zu „Zahlbericht", Satz 90 analogen

Hilfssatz. *Ist* $N_{Kk}(\mathfrak{A}) = 1$, *so ist* $\mathfrak{A} = \mathfrak{B}^{1-\sigma}$.

Beweis: Es kann
$$\mathfrak{A} = \prod_{\mathfrak{W}} \mathfrak{W}^{f(\sigma)} \cdot \mathfrak{D}$$

mit ganzzahligen Polynomen f gesetzt werden, wo $\mathfrak{W}$ der Zerlegungsform $\mathfrak{w} = \prod_{i=0}^{l-1} \sigma^i \mathfrak{W}$ entsprechende, nicht relativ-konjugierte Primideale durchläuft und $\mathfrak{D}$ aus Primidealen der beiden anderen Arten zusammengesetzt (also stark-ambig) ist. Aus $N_{Kk}(\mathfrak{A}) = 1$ folgt dann

$$\prod_{\mathfrak{w}} \mathfrak{w}^{f(1)} \cdot \mathfrak{D}^l = 1,$$

also, weil $\mathfrak{D}$ prim zu $\prod_{\mathfrak{w}} \mathfrak{w}^{f(1)}$ ist, nach dem Fundamentalsatz der Idealtheorie

$$\prod_{\mathfrak{w}} \mathfrak{w}^{f(1)} = 1, \quad \mathfrak{D}^l = 1.$$

Daher sind einerseits die $f(1) = 0$, d. h. die $f(\sigma) = (1-\sigma)\,g(\sigma)$ mit ganzzahligen Polynomen g, andererseits $\mathfrak{D} = 1$, also

$$\mathfrak{A} = \Big(\prod_{\mathfrak{W}} \mathfrak{W}^{g(\sigma)}\Big)^{1-\sigma} = \mathfrak{B}^{1-\sigma}.$$

3.) Die Anzahl der durch schwach-ambige Ideale gelieferten absoluten Idealklassen von K bestimmt sich nunmehr auf Grund von (7.) nach dem Schema

$$(8.) \quad (\mathfrak{D}^* : (A)) = (\mathfrak{D}^* : \mathfrak{D}(A))\,(\mathfrak{D}(A) : (A)) = h_0\, l^{d+q-(r+1+o)}\,(\mathfrak{D}^* : \mathfrak{D}(A)).$$

Die Gruppe $\mathfrak{D}^{*\,1-\sigma}$ ist nicht nur, wie es ihrer Definition entspricht, Untergruppe der Gruppe (Θ), sondern nach dem Hilfssatz mit der Gruppe (Θ) identisch. Durch $\mathfrak{D}^* \to \mathfrak{D}^{*\,1-\sigma} = (\Theta)$ wird also die Gruppe $\mathfrak{T}^*$ eindeutig und isomorph auf die Gruppe (Θ) und somit erst recht auf die Faktorgruppe $(\Theta)/(A)^{1-\sigma}$ abgebildet. Bei dieser Abbildung entspricht der Untergruppe $\mathfrak{D}(A)$ und nur ihr die Untergruppe $(A)^{1-\sigma}$. Denn einerseits ist $(\mathfrak{D}(A))^{1-\sigma} = (A)^{1-\sigma}$; andererseits folgt aus $(\mathfrak{D}^*)^{1-\sigma} = (A)^{1-\sigma}$, daß $\Big(\frac{\mathfrak{D}^*}{(A)}\Big)^{1-\sigma} = 1$, also $\frac{\mathfrak{D}^*}{(A)} = \mathfrak{D}$, $\mathfrak{D}^* = \mathfrak{D}(A)$ ist. Nach dem Isomorphieprinzip unter nachfolgender rückwärtiger Anwendung des Reduktionsprinzips ist somit

$$(9.) \quad (\mathfrak{D}^* : \mathfrak{D}(A)) = ((\Theta) : (A)^{1-\sigma}) = (\Theta/E : A^{1-\sigma}E/E) = (\Theta : A^{1-\sigma}E).$$

Durch $\Theta \to N_{Kk}(\Theta) = \eta^*$ wird ferner die Gruppe Θ eindeutig und isomorph auf die Gruppe η^*, also erst recht auf die Faktorgruppe η^*/η abgebildet. Bei dieser Abbildung entspricht der Untergruppe $A^{1-\sigma}E$ und nur ihr die Gruppe η. Denn einerseits ist $N_{Kk}(A^{1-\sigma}E) = N_{Kk}(E) = \eta$

nach Definition der η; andererseits folgt aus $N_{Kk}(\Theta) = \eta$ nach Definition der η, daß $N_{Kk}(\Theta) = N_{Kk}(\mathsf{E})$, also $N_{Kk}\left(\dfrac{\Theta}{\mathsf{E}}\right) = 1$ und daher nach „Zahlbericht", Satz 90, $\dfrac{\Theta}{\mathsf{E}} = \mathsf{A}^{1-\sigma}$, $\Theta = \mathsf{A}^{1-\sigma}\mathsf{E}$ ist. Nach dem Isomorphieprinzip ist somit

$$10.) \qquad (\Theta : \mathsf{A}^{1-\sigma}\mathsf{E}) = (\eta^* : \eta) = \left(\frac{\eta^* : \varepsilon^i}{\eta : \varepsilon^i}\right) = l^{q^* - q},$$

letzteres nach (2.) und § 12, (2.).

Aus (8.), (9.), (10.) ergibt sich nunmehr die Behauptung (1.).

§ 14. Genaue Ausführung des Beweises von I, § 6, Sätze (B″), (B‴), (B⁗).[27]

Wir haben, über I, § 6, Sätze (B″), (B‴) hinaus, auch die entsprechende zusätzliche Aussage (b.) von § 6, Satz 2 zu beweisen, d. h. zusammengefaßt, gemäß § 9, Satz 3, die Tatsache:

Satz. 14. *Jeder relativ-zyklische Körper K vom Primzahlgrad l über k ist Klassenkörper zu einer Idealgruppe H aus k, deren Führer $\bar{\mathfrak{f}}$ ein Teiler des Moduls $\bar{\mathfrak{f}}_{Kk}$ ist.*

Beweis: Wir denken uns, dieser feineren Fassung entsprechend, die in I, S. 22 unter Zugrundelegung des mod. $\mathfrak{f}_{Kk}$ im dortigen (also des mod. $\mathfrak{f}_{Kk}p_\infty$ im jetzigen) Sinne eingeführten Idealgruppen sämtlich unter Zugrundelegung nur des in § 9, Satz 3 erklärten mod. $\bar{\mathfrak{f}}_{Kk}$ definiert.[28] Dann übertragen sich ersichtlich die Entwicklungen in I, S. 22 bis 24, die zu der fundamentalen Ungleichungsfolge in I, S. 24 führen, wörtlich.[29] Wir zeigen nun:

---

27) Es ist zweckmäßiger, den in I, § 6, B) unter Reduktion 3. angegebenen Teil des Existenzbeweises hinter die Konstruktion 4. zu stellen, da man für die Ausführung der Reduktion 3. mehr von den bei der Konstruktion 4. erhaltenen Ergebnissen braucht, als nur I, § 6, Satz (B′).

28) Vorläufig steht dann nicht fest, ob das inhaltlich dasselbe ist, d. h. nur auf Erklärung derselben Idealgruppen mod. $\mathfrak{f}_{Kk}p_\infty$ oder mod. $\bar{\mathfrak{f}}_{Kk}$ hinausläuft. Das kann zwar nachträglich leicht auf Grund von Satz 14 bestätigt werden (siehe § 19), interessiert uns aber nicht weiter, da eben in Wahrheit $\bar{\mathfrak{f}}_{Kk}$ sich als Führer von H ergeben wird.

29) Wir heben besonders hervor, daß diese Entwicklungen im wesentlichen eine zweimalige Anwendung des Isomorphieprinzips sind, nämlich einmal mit der Relativnormbildung, das andere Mal mit der symbolischen Potenzierung mit $1 - \sigma$ als eindeutiger, isomorpher Abbildung.

I.) *Die Idealgruppe H_1 mod. $\tilde{\mathfrak{f}}_{Kk}$ besteht aus allen und nur den durch prime Normenreste ν mod. $\tilde{\mathfrak{f}}_{Kk}$ gelieferten Hauptidealen (ν).*

Gemäß I, S. 22 und dem zuvor Gesagten ist nämlich H_1 definiert als die Gesamtheit derjenigen Strahlklassen mod. $\tilde{\mathfrak{f}}_{Kk}$ in k, die Relativnormen aus $\overline{H}_0$, d. h. Relativnormen zu $\tilde{\mathfrak{f}}_{Kk}$ primer Hauptideale (A) aus K enthalten. Einerseits gehört daher für jedes $\nu \equiv N_{Kk}(\mathrm{A})$ mod. $\tilde{\mathfrak{f}}_{Kk}$ das Hauptideal (ν) zu H_1, weil in seiner Strahlklasse mod. $\tilde{\mathfrak{f}}_{Kk}$ die Relativnorm $N_{Kk}((\mathrm{A})) = (N_{Kk}(\mathrm{A}))$ enthalten ist. Andererseits ist jedes zu H_1 gehörige Ideal zunächst zu $\tilde{\mathfrak{f}}_{Kk}$ primes Hauptideal (α), und ferner ist dann in der Strahlklasse mod. $\tilde{\mathfrak{f}}_{Kk}$ von (α) eine Relativnorm

$$N_{Kk}((\mathrm{A})) = (N_{Kk}(\mathrm{A}))$$

enthalten, so daß ein ν mit $(\nu) = (\alpha)$ und $\nu \equiv N_{Kk}(\mathrm{A})$ mod. $\tilde{\mathfrak{f}}_{Kk}$ existiert.

II.) *Die Idealklassenzahl nach der Idealgruppe H_1 ist*

(1.) $$h_1 = h_0 l^{d + \bar{q}^* - (r + o)}, \qquad wo\ \bar{q}^*\ durch$$

(2.) $$(\bar{\eta}^* : \varepsilon^l) = l^{\bar{q}^*}$$

erklärt ist, wenn $\bar{\eta}^* = [\nu, \varepsilon]$ ist, also die primen Normenreste mod. $\tilde{\mathfrak{f}}_{Kk}$ unter den Einheiten bezeichnet.

Nach I.) und § 5, Satz 1 ist nämlich

$$h_1 = h_0 \frac{(\alpha : \nu)}{(\varepsilon : \bar{\eta}^*)},$$

und hierin ist einerseits nach § 10, Satz 4 $(\alpha : \nu) = l^d$, andererseits nach (2.) und § 12, (3.)

$$(\varepsilon : \bar{\eta}^*) = \frac{(\varepsilon : \varepsilon^l)}{(\bar{\eta}^* : \varepsilon^l)} = l^{r + o - \bar{q}^*},$$

was zusammengenommen (1.) ergibt.

III.) *In der fundamentalen Ungleichungsfolge*

(3.) $$a = (\overline{A} : \overline{H}_1') \geqq (\overline{A} : \overline{H}_1) = (H_{\tilde{\mathfrak{f}}_{Kk}} : H_1) = \frac{h_1}{h_{\tilde{\mathfrak{f}}_{Kk}}} \geqq \frac{h_1}{l}$$

gilt an den beiden fraglichen Stellen das Gleichheitszeichen.

Nach § 13, Satz 13 einerseits und der unter II.) bewiesenen Tatsache (1.) andererseits liefert nämlich (3.) die Ungleichung

(4.) $$h_0 l^{d + q^* - (r + 1 + o)} = a \geqq \frac{h_1}{l} = h_0 l^{d + \bar{q}^* - (r + 1 + o)}.$$

Nun ist die Gruppe η^* der Relativnormen unter den Einheiten enthalten in der Gruppe $\bar{\eta}^*$ der primen Normenreste mod. $\bar{\mathfrak{f}}_{Kk}$ unter den Einheiten, d. h. es ist

$$(5.) \qquad l^{q^*} = (\eta^* : \varepsilon^l) \leqq (\bar{\eta}^* : \varepsilon^l) = l^{\bar{q}^*}.$$

Aus (4.) und (5.) zusammen folgt die Behauptung über (3.).

IV.) Nach dem in **I**, S. 24 schon Gesagten folgt aus III.) ohne weiteres der **I**, Sätze (B''), (B''') verfeinernde Satz 14, sowie auch **I**, Satz (B''''), wobei natürlich das Hauptgeschlecht $\overline{H}_1$ und die Idealgruppe H_1 in dem jetzigen, modifizierten Sinne zu verstehen sind.[30] Überdies ergibt sich noch $q^* = \bar{q}^*$, d. h. die Identität der beiden Einheitengruppen η^* und $\bar{\eta}^*$, also:

Satz 15. *Ist K relativ-zyklisch von Primzahlgrad über k, so ist eine Einheit aus k dann und nur dann Relativnorm einer Zahl aus K, wenn sie der Relativnorm einer (zu $\bar{\mathfrak{f}}_{Kk}$ primen) Zahl aus K nach dem Modul $\bar{\mathfrak{f}}_{Kk}$ kongruent ist.*

§ 15. Die Anzahl t der verschiedenen Idealgruppen H mod. $\bar{\mathfrak{f}}$ vom Primzahlindex l im Falle $o = 1$.[31]

(Zu **I**, § 6, B), 4., S. 25.)

Wir stellen folgende bekannten gruppentheoretischen Tatsachen vorweg, ohne auf deren einfache Beweise einzugehen, die ohne weiteres aus dem Fundamentalsatz über endliche Abelsche Gruppen folgen:

Unter dem **Rang** einer endlichen Abelschen Gruppe in bezug auf eine Primzahl l versteht man die Anzahl ihrer Basiselemente mit Ordnungen l^ν.

Hilfssatz 1. *Ist $\mathfrak{G}$ eine endliche Abelsche Gruppe vom Range R bezgl. l, $\mathfrak{G}^l$ die Gruppe der l-ten Potenzen von Elementen aus $\mathfrak{G}$, $\mathfrak{G}_l$ die Gruppe derjenigen Elemente aus $\mathfrak{G}$, deren l-te Potenzen das Einselement $\mathfrak{E}$ von $\mathfrak{G}$ sind, so sind*

$$\mathfrak{G}/\mathfrak{G}^l \text{ und } \mathfrak{G}_l/\mathfrak{E} \text{ vom } R\text{-gliedrigen Typus } (l, \ldots, l),$$

insbesondere also $\qquad (\mathfrak{G} : \mathfrak{G}^l) \text{ und } (\mathfrak{G}_l : \mathfrak{E}) = l^R.$

Auch hierdurch kann also der Rang R von $\mathfrak{G}$ bezgl. l charakterisiert werden.

Hilfssatz 2. *Haben die endlichen Abelschen Gruppen $\mathfrak{G}_1, \ldots, \mathfrak{G}_n$ die Rangzahlen $R_1, \ldots, R_n$ bezgl. l, so hat ihr direktes Produkt $\mathfrak{G}_1 \times \cdots \times \mathfrak{G}_n$ den Rang $R_1 + \cdots + R_n$ bezgl. l.*

Hilfssatz 3. *Ist $\mathfrak{G}$ eine endliche Abelsche Gruppe vom Range R bezgl. l, so ist* $t = \dfrac{l^R - 1}{l - 1}$ *die Anzahl der verschiedenen Untergruppen von $\mathfrak{G}$ vom Index l,* (übrigens auch der von der Ordnung l).

---

30) Siehe jedoch S. 101, Anm. 28.

31) Es hat für uns keinen Zweck, auf die geringfügigen Modifikationen einzugehen, die in den folgenden Entwicklungen im Falle $o = 0$ eintreten, da wir sie bei dem in I, § 6, B) angegebenen Gang des Existenzbeweises nur im Falle $o = 1$ brauchen.

Es sei nun $\tilde{f}$ ein beliebiger Idealmodul. Da die Idealgruppen H mod. $\tilde{f}$ den Faktorgruppen $H/H_0^{(\tilde{f})}$ nach dem in ihnen enthaltenen Strahl mod. $\tilde{f}$, also den Gruppen der sie zusammensetzenden Strahlklassen mod. $\tilde{f}$, eineindeutig entsprechen, und da hierbei insbesondere den H vom Index l in der Gruppe A aller (zu $\tilde{f}$ primen) Ideale die $H/H_0^{(\tilde{f})}$ vom Index l in der Gruppe $A/H_0^{(\tilde{f})}$ aller Strahlklassen mod. $\tilde{f}$ entsprechen, so kommt die Bestimmung der gesuchten Anzahl t nach Hilfssatz 3 auf die Bestimmung des Ranges bezgl. l der Strahlklassengruppe mod. $\tilde{f}$ zurück. Wir gehen dann so vor, daß wir I.) mittels Hilfssatz 1 den Rang bezgl. l der primen Restklassengruppen mod. $\mathfrak{w}^n$ für die in $\tilde{f}$ eingehenden Primstellenpotenzen $\mathfrak{w}^n$ ermitteln, II.) mittels Hilfssatz 2 zur primen Restklassengruppe mod. $\tilde{f}$ übergehen, und III.) mittels Hilfssatz 1 die Reduktion auf die Strahlklassengruppe mod. $\tilde{f}$ vollziehen.

I.) Der Rang $R_Z(\mathfrak{w}^n)$ [32]) bezgl. l der primen Restklassengruppe mod. $\mathfrak{w}^n$ im Falle $o = 1$ ($n \geq 1$; für $\mathfrak{w} = \mathfrak{p}_\infty$ nur $n = 1$).

Bezeichnungen:

α prim zu $\mathfrak{w}$,　　$\beta_n \equiv 1$ mod. $\mathfrak{w}^n$.

γ ganz für $\mathfrak{w}$,　　$\gamma_0 \equiv 0$ mod.$^+$ $\mathfrak{w}$　(nur für $\mathfrak{w} = \mathfrak{p}, \mathfrak{l}$).

$\mu_n \equiv \alpha^l$ mod. $\mathfrak{w}^n$,　　also $\mu_n = \alpha^l \beta_n$ [33]),

　　　　　　　(prime l-te Potenzreste mod. $\mathfrak{w}^n$).

Nach Hilfssatz 1 ist

$$(1.)\qquad l^{R_Z(\mathfrak{w}^n)} = (\alpha : \mu_n).$$

Zur Bestimmung des Index $(\alpha : \mu_n)$ der primen l-ten Potenzreste mod. $\mathfrak{w}^n$ und damit des Ranges $R_Z(\mathfrak{w}^n)$ gehen wir ganz analog vor, wie in § 10 zur Bestimmung des Index $(\alpha : \nu_n)$ der primen Normenreste mod. $\mathfrak{w}^n$, indem wir nur statt der dortigen $N_{Kk}(\mathsf{A})$ hier die α^l setzen. Wir haben zunächst, genau wie dort, die Reduktion

$$(2.)\qquad (\alpha : \mu_n) = (\alpha : \mu_1)(\mu_1 : \mu_2)\cdots(\mu_{n-1} : \mu_n)$$

---

32) Der Index Z im Gegensatz zu dem späteren Index J soll andeuten, daß es sich um eine **Zahlgruppe** mod. $\mathfrak{w}^n$ handelt, im Gegensatz zu dem Strahl mod. $\mathfrak{w}^n$, der eine **Idealgruppe** mod. $\mathfrak{w}^n$ ist.

33) Aus Gründen der formalen Analogie zu § 10 wenden wir hier die in § 11 eingeführte Bezeichnung $\mu_n \overset{(l)}{\equiv} 1$ mod. $\mathfrak{w}^n$ nicht an. — Übrigens müßten wir dabei hier noch die Bedingung: μ_n prim zu $\mathfrak{w}$ hinzufügen

und (für $\mathfrak{w} = \mathfrak{p}, \mathfrak{l}$)

$$(3.) \qquad (\mu_n : \mu_{n+1}) = (\gamma : \gamma_n),$$

wenn zunächst α_n die durch die Relation

$$(4.) \qquad \alpha_n^l \equiv 1 \ \text{mod.} \ \mathfrak{w}^n$$

charakterisierte Untergruppe der Gruppe α und dann γ_n die durch die Relation

$$(5.) \quad x_n = 1 + \gamma_n \pi_n \ \text{mod.} \ \mathfrak{p}^{n+1} \quad \text{bzw.} \quad \equiv 1 + \gamma_n \lambda_n \ \text{mod.} \ \mathfrak{l}^{n+1}$$

charakterisierte Untergruppe der Gruppe γ ist. Mittels dieser Reduktion bestimmen wir dann den gesuchten Index $(\alpha : \mu_n)$, getrennt nach den drei Fällen $\mathfrak{w} = \mathfrak{p}, \mathfrak{l}, \mathfrak{p}_\infty$.

Satz 16₁. *Der Rang bezgl. l der primen Restklassengruppe* mod. $\mathfrak{p}^n$ *ist im Falle $o = 1$*

$$R_z(\mathfrak{p}^n) = 1.$$

Beweis: a.) Weil nach § 11, Satz 10 $\Phi_k(\mathfrak{p}) = N_k(\mathfrak{p}) - 1 \equiv 0 \ \text{mod.}^+ \ l$ ist, folgt wie im Beweis zu § 10, Satz 4₁ unter a.) $(\alpha : \mu_1) = (\alpha : \alpha' \beta_1) = l$.

b.) Wie im Beweis zu § 10, Satz 4₀ unter II.), b.) folgt $(\mu_n : \mu_{n+1}) = 1$.

Zusammengenommen ergibt sich aus a.), b.) nach (1.), (2.) die Behauptung.

Satz 16₂. *Der Rang bezgl. l der primen Restklassengruppe* mod. $\mathfrak{l}^{n+1}$ *ist im Falle $o = 1$*

$$R_z(\mathfrak{l}^{n+1}) = \left(n - \left[\tfrac{n}{l}\right]\right) f \quad \text{für} \quad 0 \leq n < e_0 l,$$

$$R_z(\mathfrak{l}^{n+1}) = ef + 1 \qquad \text{für} \quad n \geq e_0 l.$$

Beweis: Die Behauptungen ergeben sich nach (1.), (2.), weil $n - \left[\tfrac{n}{l}\right]$ gleich 0 für $n = 0$ und gleich der Anzahl der zu l primen Zahlen zwischen 1 und n inkl. für $n > 0$ ist, und weil speziell

$$\left((e_0 l - 1) - \left[e_0 \tfrac{l-1}{l}\right]\right) f = ((e_0 l - 1) - (e_0 - 1)) f = e_0 (l - 1) f = ef$$

ist, wenn folgendes bewiesen ist:

a.) $\qquad (\alpha \quad : \mu_1) \quad = 1,$

b.) $\begin{cases} \alpha.) \begin{cases} (\mu_n : \mu_{n+1}) = 1, \text{ falls } n \equiv 0 \ \text{mod.}^+ \ l, \\ (\mu_n : \mu_{n+1}) = l^f, \text{ falls } n \not\equiv 0 \ \text{mod.}^+ \ l, \end{cases} \Big\} \text{ für } \ 1 \leq n < e_0 l, \\ \beta.) \ (\mu_{e_0 l} : \mu_{e_0 l + 1}) = l, \\ \gamma.) \ (\mu_n : \mu_{n+1}) = 1 \qquad\qquad\qquad\qquad\quad \text{für } n > e_0 l. \end{cases}$

a.) Wie im Beweis zu § 10, Satz 4₀ unter II.), a.) folgt $(\alpha : \mu_1) = 1$.

b.) Analog zu § 10, Hilfssatz beweisen wir hier zunächst den folgenden Hilfssatz:

Hilfssatz 4. *Es ist*

$$(6\,\alpha.) \quad (1 + \gamma \lambda_{\bar{n}})^l \equiv 1 + \gamma^l \lambda_{\bar{n}}^l \qquad \mathrm{mod.}\ \mathfrak{l}^{\bar{n}l+1} \qquad \textit{für} \quad 1 \leqq \bar{n} < e_0,$$

$$(6\,\beta.) \quad (1 + \gamma \lambda_{e_0})^l \equiv 1 + \gamma^l \lambda_{e_0} + \gamma^l \lambda_{e_0}^l \ \mathrm{mod.}\ \mathfrak{l}^{e_0 l+1},$$

$$(6\,\gamma.) \quad (1 + \gamma \lambda_{\bar{n}})^l \equiv 1 + \gamma^l \lambda_{\bar{n}} \qquad \mathrm{mod.}\ \mathfrak{l}^{e_0 l + \bar{n} - e_0 + 1} \quad \textit{für} \quad \bar{n} > e_0.$$

Wird speziell $\lambda_{e_0} = \lambda_0$ *gewählt, so gilt*

$$(7.) \qquad\qquad l\lambda_0 \equiv - \lambda_0^l\ \mathrm{mod.}\ \mathfrak{l}^{e_0 l+1}$$

und demnach in Ergänzung zu $(6\,\beta.)$, $(6\,\gamma.)$ *speziell*

$$(6\,\beta_0.) \quad (1 + \gamma \lambda_0)^l \qquad\ \equiv 1 + (\gamma^l - \gamma)\lambda^l\ \mathrm{mod.}\ \mathfrak{l}^{e_0 l+1},$$

$$(6\,\gamma_0.) \quad (1 + \gamma \lambda_0 \lambda_{n-e_0 l})^l \equiv 1 - \gamma \lambda_0^l \lambda_{n-e_0 l}\ \mathrm{mod.}\ \mathfrak{l}^{n+1} \quad \textit{für} \quad n > e_0 l.$$

Beweis: Es ist

$$(8.) \qquad (1 + \gamma \lambda_{\bar{n}})^l = 1 + \binom{l}{1} \gamma \lambda_{\bar{n}} + \cdots + \binom{l}{l-1} \gamma^{l-1} \lambda_{\bar{n}}^{l-1} + \gamma^l \lambda_{\bar{n}}^l .$$

Hierin sind die Glieder mit $\lambda_{\bar{n}}^2, \ldots, \lambda_{\bar{n}}^{l-1}$ rechts von höherer Ordnungszahl als das Glied mit $\lambda_{\bar{n}}$. Für $\gamma \not\equiv 0\ \mathrm{mod.}^+\ \mathfrak{l}$ hat dieses Glied die Ordnungszahl $e_0(l-1) + \bar{n}$, das Glied mit $\lambda_{\bar{n}}^l$ die Ordnungszahl $\bar{n}l$ in $\mathfrak{l}$. Da nun

$$\bar{n}l \lesseqgtr e_0(l-1) + \bar{n}, \quad \text{je nachdem} \quad \bar{n} \lesseqgtr e_0,$$

so folgen hiernach aus (8.) die (für $\gamma \equiv 0\ \mathrm{mod.}^+\ \mathfrak{l}$ trivialerweise richtigen) allgemeinen Behauptungen $(6\,\alpha.)$, $(6\,\beta.)$, $(6\,\gamma.)$.

Für das spezielle $\lambda_{e_0} = \lambda_0$ haben wir

$$\frac{l}{\lambda_0^{l-1}} = \frac{\prod\limits_{i=1}^{l-1}(1 - \zeta^i)}{\lambda_0^{l-1}} = \prod_{i=1}^{l-1} \frac{1 - \zeta^i}{\lambda_0} = \prod_{i=1}^{l-1} \frac{1 - (1 - \lambda_0)^i}{\lambda_0}$$

$$\equiv \prod_{i=1}^{l-1} \frac{i\lambda_0}{\lambda_0} \equiv \prod_{i=1}^{l-1} i \equiv -1\ \mathrm{mod.}\ \mathfrak{l}_0, \text{ also erst recht mod.}\ \mathfrak{l}.$$

Daraus folgen die speziellen Behauptungen (7.), $(6\,\beta_0.)$, $(6\,\gamma_0.)$.

Damit ist Hilfssatz 4 bewiesen. Wir entnehmen aus ihm folgendes über die Gruppen γ_n aus (4.), (5.):

$\alpha.$) Ist $1 \leqq n < e_0 l$ und $n = \bar{n}l$, so ist nach $(6\,\alpha.)$, wenn $\lambda_n = \lambda_{\bar{n}}^l$ gewählt wird, in der Gruppe γ_n die Gruppe $\gamma^l\ \mathrm{mod.}^+\ \mathfrak{l}$ enthalten. Daraus folgt nach (3.), wie im Beweis zu § 10, Satz 4_2 unter b.), $\alpha.$), die Behauptung $(\mu_n : \mu_{n+1}) = 1$ für $1 \leqq n < e_0 l$, $n \equiv 0\ \mathrm{mod.}^+\ \mathfrak{l}$.

Ist $1 \leqq n < e_0 l$ und $(n, l) = 1$, so ist die Gruppe γ_n mit der Gruppe γ_0 identisch. Denn aus $\alpha_n^l \equiv 1 + \gamma_n \lambda_n\ \mathrm{mod.}\ \mathfrak{l}^{n+1}$ folgt zunächst, wie im Beweis zu § 10, Satz 4_2 unter b.), $\beta.$), $\alpha_n \equiv 1\ \mathrm{mod.}\ \mathfrak{l}$, so daß

$\alpha_n = 1 + \lambda_{\bar{n}}$ mit $\bar{n} \geq 1$ gesetzt werden kann. Wegen $(n, l) = 1$ muß dann nach $(6\alpha.)$ sogar $\bar{n} \geq e_0$, also $\alpha = 1 + \gamma \lambda_{e_0}$ sein, was nach $(6\beta.)$ wegen $n < e_0 l$ wirklich $\gamma_n = \gamma_0$ ergibt. Daraus folgt nach (3.) die Behauptung

$$(\mu_n : \mu_{n+1}) = (\gamma : \gamma_n) = (\gamma : \gamma_0) = N_k(\mathfrak{l}) = l^f$$

für
$$1 \leq n < e_0 l, \quad n \not\equiv 0 \text{ mod.}^+ l.$$

$\beta.)$ Ist $n = e_0 l$, so ist nach $(6\beta_0.)$, wenn $\lambda_{e_0 l} = \lambda_0^l$ gewählt wird, in der Gruppe $\gamma_{e_0 l}$ die Gruppe $\gamma^l - \gamma$ mod.$^+$ $\mathfrak{l}$ enthalten. Umgekehrt ist dann aber auch in der Gruppe $\gamma^l - \gamma$ mod.$^+$ $\mathfrak{l}$ die Gruppe $\gamma_{e_0 l}$ enthalten. Denn aus $\alpha_{e_0 l}^l \equiv 1 + \gamma_{e_0 l} \lambda_0^l$ mod. $\mathfrak{l}^{e_0 l + 1}$ folgt nach $(6\alpha.)$, wie eben unter $\alpha.)$, das $\alpha = 1 + \gamma \lambda_0$ sein muß, was nach $(6\beta_0.)$ wirklich

$$\gamma_{e_0 l} \equiv \gamma^l - \gamma \text{ mod.}^+ \mathfrak{l}$$

ergibt. Daraus folgt nach (3.), wie im Beweis zu § 10, Satz 4 unter b.), $\beta.)$, die Behauptung $(\mu_{e_0 l} : \mu_{e_0 l + 1}) = l$.

$\gamma.)$ Ist $n > e_0 l$, so ist nach $(6\gamma.)$, wenn $\lambda_n = -\lambda_0^l \lambda_{n - e_0 l}$ gesetzt wird, die Gruppe γ_n mit der Gruppe γ identisch. Daraus folgt, wie im Beweis zu § 10, Satz 4_2 unter b.), $\gamma.)$, die Behauptung $(\mu_n : \mu_{n+1}) = 1$ für $n > e_0 l$.

Satz 16₃. *Der Rang bezgl. l der primen Restklassengruppe* mod. $\mathfrak{p}_\infty$ *ist*

$$R_z(\mathfrak{p}_\infty) = 0 \text{ für } l \neq 2 \text{ und für } l = 2, \ \mathfrak{p}_\infty = \mathfrak{p}_{\infty, 2},$$

$$R_z(\mathfrak{p}_\infty) = 1 \text{ für } l = 2, \ \mathfrak{p}_\infty = \mathfrak{p}_{\infty, 1}.$$

Beweis: Das ist unmittelbar klar nach der Definition der primen Restklassengruppe mod. $\mathfrak{p}_\infty$ in § 2.

II.) Der Rang $R_z(\bar{\mathfrak{f}})$ bezgl. l der primen Restklassengruppe mod. $\mathfrak{f}$ im Falle $o = 1$.

Wir setzen den beliebig vorgegebenen Idealmodul $\bar{\mathfrak{f}}$ in der Form an:

$$\bar{\mathfrak{f}} = \Pi \mathfrak{p}^a \, \Pi \mathfrak{l}'^{w'+1} \, \Pi \bar{\mathfrak{l}}'^{\bar{w}'+1} \, \Pi \mathfrak{p}'_{\infty, 1} \, \Pi \mathfrak{p}'_{\infty, 2},$$

wobei
$$a \geq 1, \quad w' \geq e_0' l, \quad 0 \leq \bar{w}' < \bar{e}_0' l,$$

und bezeichnen ferner mit

$\mathfrak{l}''$ die von den $\mathfrak{l}'$, $\bar{\mathfrak{l}}'$ verschiedenen $\mathfrak{l}$,

$\mathfrak{p}''_{\infty, 1}$ die von den $\mathfrak{p}'_{\infty, 1}$ verschiedenen $\mathfrak{p}_{\infty, 1}$

und mit

P; L', $\bar{L}'$, L''; $P'_{\infty, 1}$, $P''_{\infty, 1}$ die Anzahlen der $\mathfrak{p}$; $\mathfrak{l}'$, $\bar{\mathfrak{l}}'$, $\mathfrak{l}''$; $\mathfrak{p}'_{\infty, 1}$, $\mathfrak{p}''_{\infty, 1}$.

Aus den Sätzen 16_1, 16_2, 16_3 ergibt sich nach Hilfssatz 2 und dem Zusammensetzungsprinzip ohne weiteres:

Satz 16. *Der Rang l der primen Restklassengruppe* mod. $\bar{\mathfrak{f}}$ *ist im Falle $o = 1$*

$$R_z(\bar{\mathfrak{f}}) = P + L' + \sum_{\mathfrak{l}'} e'f' + \sum_{\bar{\mathfrak{l}}'} \left(\overline{w}' - \left[\frac{\overline{w}'}{l}\right]\right)\bar{f}' + \frac{1 + (-1)^l}{2}\, P'_{\infty,\,1}.$$

III.) Der Rang $R_J(\bar{\mathfrak{f}})$ bezgl. l der Strahlklassengruppe mod. $\bar{\mathfrak{f}}$ im Falle $o = 1$.

Bezeichnungen:

α, $\mathfrak{a}$ prim zu $\bar{\mathfrak{f}}$, $\beta \equiv 1$ mod. $\bar{\mathfrak{f}}$.

ε Einheiten.

ϱ zu $\bar{\mathfrak{f}}$ prime Zahlen, die l-te Idealpotenzen sind:

$$(\varrho) = \mathfrak{r}^l, \quad (\text{zu } \bar{\mathfrak{f}} \text{ prime } l\text{-te Idealpotenz-Zahlen}).$$

$\mathfrak{r}$ zu $\bar{\mathfrak{f}}$ prime Ideale, deren l-te Potenzen Hauptideale sind: $\mathfrak{r}^l = (\varrho)$.

ω Zahlen, für die $\omega \equiv \alpha^l$ mod. $\bar{\mathfrak{f}}$ und $(\omega) = \mathfrak{r}^l$ ist, also $\omega = [\varrho,\ \alpha^l\beta]$,

(**prime l-te Potenzreste mod. $\bar{\mathfrak{f}}$ unter den l-ten Idealpotenz-Zahlen**).[34]

Satz 17. *Der Rang bezgl. l der Strahlklassengruppe* mod. $\bar{\mathfrak{f}}$ *ist im Falle $o = 1$*

$$(9.)\ \left\{ \begin{aligned} R_J(\bar{\mathfrak{f}}) &= R_z(\bar{\mathfrak{f}}) + m - (r + 1) \\ &= P + L' + \sum_{\mathfrak{l}'} e'f' + \sum_{\bar{\mathfrak{l}}'}\left(\overline{w}' - \left[\frac{\overline{w}'}{l}\right]\right)\bar{f}' + \frac{1 + (-1)^l}{2}\,P'_{\infty,\,1} \\ &\quad + m - (r + 1), \end{aligned} \right.$$

wo m durch

$$(10.) \qquad\qquad (\omega : \alpha^l) = l^m$$

erklärt ist. Es gibt dann also

$$(11.) \qquad\qquad t = \frac{l^{R_J(\bar{\mathfrak{f})}} - 1}{l - 1}$$

verschiedene Idealgruppen mod. $\bar{\mathfrak{f}}$ *vom Index l*.

Beweis: Nach Hilfssatz 1 ist

$$(12.) \qquad l^{R_J(\bar{\mathfrak{f}})} = (\mathfrak{a} : \mathfrak{a}^l(\beta)) = (\mathfrak{a} : \mathfrak{a}^l(\alpha))\,(\mathfrak{a}^l(\alpha) : \mathfrak{a}^l(\beta)).$$

Der erste Index rechts in (12.) ist nach Hilfssatz 1 der Rang bezgl. l der Gruppe der (von den zu $\bar{\mathfrak{f}}$ nicht primen Idealen befreiten,

---

[34] Für späteres Nachschlagen sei auf den unten folgenden Hilfssatz 5 über diese Gruppen hingewiesen, nach dem die Einschränkung „prim zu $\bar{\mathfrak{f}}$" unwesentlich ist.

d. h. mod. $\bar{\mathfrak{f}}$ erklärten) absoluten Idealklassen. Die andere Darstellungsmöglichkeit dieses Ranges gemäß Hilfssatz 1 liefert also

$$(13.) \qquad (\mathfrak{a} : \mathfrak{a}^l(\alpha)) = l^{R_J(1)} = (\mathfrak{r} : (\alpha)).$$

Bei der in der Definitionsrelation $(\varrho) = \mathfrak{r}^l$ liegenden eindeutigen, isomorphen Abbildung der Gruppe ϱ auf die Gruppe $\mathfrak{r}$ entspricht nun der Untergruppe $\alpha^l \varepsilon$ und nur ihr die Untergruppe (α); denn einerseits ist $(\alpha^l \varepsilon) = (\alpha)^l$, andererseits folgt aus $\mathfrak{r} = (\alpha)$, daß $(\varrho) = \mathfrak{r}^l = (\alpha)^l = (\alpha)^l$, also $\varrho = \alpha^l \varepsilon$ ist. Nach dem Isomorphieprinzip gilt somit

$$(14.) \qquad (\varrho : \alpha^l \varepsilon) = (\mathfrak{r} : (\alpha)).$$

Aus (13.), (14.) ergibt sich mittels des Reduktionsprinzips und nach § 12, (3.) weiter

$$(15.) \qquad (\mathfrak{a} : \mathfrak{a}^l(\alpha)) = (\varrho : \alpha^l \varepsilon) = \frac{(\varrho : \alpha^l)}{(\alpha^l \varepsilon : \alpha^l)} = \frac{(\varrho : \alpha^l)}{(\varepsilon, [\varepsilon, \alpha^l])} = \frac{(\varrho : \alpha^l)}{(\varepsilon : \varepsilon^l)} = \frac{(\varrho : \alpha^l)}{r+1}.$$

Der zweite Index rechts in (12.) berechnet sich unter zweimaliger Anwendung des Reduktionsprinzips so:

$$(16.) \qquad \left\{ \begin{aligned} (\mathfrak{a}^l(\alpha) : \mathfrak{a}^l(\beta)) &= ((\alpha) : [(\alpha), \mathfrak{a}^l(\beta)]) = ((\alpha) : (\varrho)(\beta)) \\ &= (\alpha/\varepsilon : \varrho\beta/\varepsilon) = (\alpha : \varrho\beta) = \frac{(\alpha : \alpha^l \beta)}{(\varrho\beta : \alpha^l \beta)} = \frac{(\alpha : \alpha^l \beta)}{(\varrho, [\varrho, \alpha^l \beta])} \\ &= \frac{(\alpha : \alpha^l \beta)}{(\varrho : \omega)} = \frac{(\alpha : \alpha^l \beta)(\omega : \alpha^l)}{(\varrho : \alpha^l)} = \frac{l^{R_Z(\mathfrak{f}) + \tilde{m}}}{(\varrho : \alpha^l)}, \end{aligned} \right.$$

letzteres nach Hilfssatz 1 und (10.).

Aus (12.), (15.), (16.) ergibt sich die Behauptung (9.), und daraus nach Hilfssatz 3 die Behauptung (11.).

Es ist für den weiteren Gang der Entwicklungen wichtig, noch folgendes festzustellen:

Hilfssatz 5. *Stellt man bei der Definition der Gruppen* $\mathfrak{a}$, α, $\mathfrak{r}$, ϱ *an Stelle der Forderung: „prim zu $\bar{\mathfrak{f}}$" nur die Forderung: „$\neq 0$", wobei dann die Gruppe* $\omega = [\varrho, \alpha^l \beta]$ *durch die Relationen*

$$(17.) \qquad \omega \underset{(l)}{\equiv} 1 \text{ mod. } \bar{\mathfrak{f}}, \quad (\omega) = \mathfrak{r}^l$$

(l-te Potenzreste mod. $\bar{\mathfrak{f}}$ unter den l-ten Idealpotenz-Zahlen)

charakterisiert ist, so bleiben die Indizes

$$(\mathfrak{a} : \mathfrak{a}^l(\alpha)), \quad (\varrho : \alpha^l), \quad (\omega : \alpha^l)$$

ungeändert.

Beweis: Es mögen für den Augenblick $\bar{\mathfrak{a}}$, $\bar{\alpha}$, $\bar{\mathfrak{r}}$, $\bar{\varrho}$, $\bar{\omega}$ die so entstehenden, erweiterten Gruppen bezeichnen.[35] Nach I, § 3 ist zunächst $(\bar{\mathfrak{a}} : \bar{\mathfrak{a}}^l(\bar{\alpha})) = (\mathfrak{a} : \mathfrak{a}^l(\alpha))$, weil es sich nur um den Übergang vom Erklärungsmodul 1 zum Erklärungsmodul $\bar{\mathfrak{f}}$ für die Einteilung in die absoluten Idealklassen handelt. Aus der hier-

---

35) Im folgenden werden wir dann die nicht-überstrichenen Zeichen für diese erweiterten Gruppen verwenden.

mit bewiesenen Invarianz von $(\mathfrak{a} : \mathfrak{a}^l(\alpha))$ ergibt sich ferner die von $(\varrho : \alpha^l)$ auf Grund der auch für $(\bar{\varrho} : \bar{\alpha}^l)$ richtigen Relation (15.), in der ja $(\varepsilon : \varepsilon^l)$ trivialerweise invariant ist. Schließlich existiert nach § 11, Hilfssatz zu jedem $\bar{\omega}$ ein $\bar{\omega}\,\bar{\alpha}^l = \omega$; hierdurch wird die Gruppe $\bar{\omega}$ eindeutig und isomorph auf die Gruppe ω/α^l abgebildet, und dabei entspricht der Untergruppe $\bar{\alpha}^l$ und nur ihr die Untergruppe α^l. Nach dem Isomorphieprinzip ist somit $(\bar{\omega} : \bar{\alpha}^l) = (\omega : \alpha^l)$, was die Invarianz von $(\omega : \alpha^l)$ besagt.

§ 16. Die Anzahl $\bar{t}$ der verschiedenen Kummerschen Körper $K = k\,(\sqrt[l]{\mu})$, deren Modul $\tilde{\mathfrak{f}}_{Kk}$ Teiler von $\tilde{\mathfrak{f}}$ ist $(\mathfrak{o} = 1)$.

(Zu I, § 6, B), 4., S. 25, (a), insbesondere Erl. 28.)

Damit der Modul $\tilde{\mathfrak{f}}_{Kk}$ eines Kummerschen Körpers $K = k\,(\sqrt[l]{\mu})$ Teiler des beliebig vorgegebenen Idealmoduls $\tilde{\mathfrak{f}}$ (§ 15, II.)) ist, ist nach § 9, Satz 3 und § 11, Sätze 9, 10 notwendig und hinreichend, daß μ eine Zahl $\underset{(l)}{\neq} 1$ mit den Eigenschaften ist:

(1.) μ hat höchstens für die $\mathfrak{p}$ und die $\mathfrak{l}'$ zu l prime Ordnungszahl,

$$(2.)\qquad \mu \underset{(l)}{\equiv} 1 \ \text{mod.}\ \prod \bar{\mathfrak{l}}'^{\,\bar{e}_0'\,l - \bar{w}'} \prod \mathfrak{l}''^{\,e_0''\,l} \prod \mathfrak{p}''_{\infty,\,1}.$$

Die durch (1.), (2.) charakterisierten Zahlen μ bilden eine Gruppe, die die Gruppe $\alpha^l\,(\alpha \neq 0)$ enthält. Nach § 11, Satz 8 kommt dann die Bestimmung der gesuchten Anzahl $\bar{t}$ auf die Bestimmung des (sich dabei als endlich erweisenden) Index $(\mu : \alpha^l)$ zurück.

Bezeichnungen:

α, $\mathfrak{a} \neq 0$.

α_0 von durch l teilbarer Ordnungszahl für die $\bar{\mathfrak{l}}'$, $\mathfrak{l}''$.

μ_1, $\mathfrak{m}_1 \neq 0$ und höchstens für die $\mathfrak{p}$ und die $\mathfrak{l}'$ von zu l primer Ordnungszahl (Eigenschaft (1.)),

$\mu_2 \equiv 1$ mod. $\prod \bar{\mathfrak{l}}'^{\,\bar{e}_0'\,l - w'} \prod \mathfrak{l}''^{\,e''_0\,l} \prod \mathfrak{p}''_{\infty,\,1}$ (verschärfte Eigenschaft (2.)), also $\mu = [\mu_1,\ \alpha^l\mu_2]$.

$(\varrho) = \mathfrak{r}^l$, $(\varrho,\ \mathfrak{r} \neq 0)$, $\quad \varepsilon$ Einheiten.

Analog zu § 15, Hilfssatz 5, beweisen wir vorweg den folgenden

Hilfssatz. *Stellt man bei der Definition der Gruppen α, α_0, μ_1 die Zusatzforderung: „prim zu den $\bar{\mathfrak{l}}'$, $\mathfrak{l}''$, $\mathfrak{p}''_{\infty,\,1}$", wobei dann insbesondere die Gruppen α, α_0 beide in die Gruppe der zu den $\bar{\mathfrak{l}}'$, $\mathfrak{l}''$, $\mathfrak{p}''_{\infty,\,1}$ primen Zahlen übergehen, so bleiben die Indizes* $(\alpha_0 : \alpha^l\mu_2)$ *und* $(\alpha_0 : \mu_1\mu_2)$ *ungeändert.*

Beweis: Es mögen für den Augenblick $\bar{\alpha}$, $\bar{\mu}_1$ die so entstehenden, eingeengten Gruppen bezeichnen. Wie im Beweise zu § 15, Hilfssatz 5 existiert dann nach § 11, Hilfssatz zu jedem α_0 ein $\alpha_0\,\alpha^l = \bar{\alpha}$; hierdurch wird die Gruppe α_0 eindeutig und isomorph auf die Gruppe $\bar{\alpha}/\bar{\alpha}$ abgebildet, und dabei entsprechen den Untergruppen $\alpha^l \mu_2$, $\mu_1 \mu_2$ und nur ihnen die Untergruppen $\bar{\alpha}^l \mu_2$, $\bar{\mu}_1 \mu_2$. Nach dem Isomorphieprinzip ist somit $(\alpha_0 : \alpha^l \mu_2) = (\bar{\alpha} : \bar{\alpha}^l \mu_2)$, $(\alpha_0 : \mu_1 \mu_2) = (\bar{\alpha} : \bar{\mu}_1 \mu_2)$, was die Invarianz von $(\alpha_0 : \alpha^l \mu_2)$ und $(\alpha_0 : \mu_1 \mu_2)$ besagt.

Satz 18. *Es ist*

(3.) $$(\mu : \alpha^l) = l^{\bar{R}(\bar{\mathfrak{f}})} \qquad\qquad mit$$

(4.) $$\bar{R}(\bar{\mathfrak{f}}) = P + L' - \sum_{\bar{\mathfrak{l}}'} \bar{e}' \bar{f}'$$

$$+ \sum_{\bar{\mathfrak{l}}'} \left(\bar{w}' + 1 + \left[-\frac{\bar{w}' + 1}{l} \right] \right) \bar{f}' - \sum_{\mathfrak{l}''} e'' f'' - \frac{1 + (-1)^l}{2} P''_{\infty, 1} + (r + 1) + m_1 + m_2,$$

wo m_1, m_2 *durch*

(5.) $$(\mathfrak{a} : \mathfrak{m}_1(\alpha)) = l^{m_1}, \qquad (\alpha_0 : \mu_1 \mu_2) = l^{m_2}$$

erklärt sind. Es gibt dann also

(6.) $$\bar{t} = \frac{l^{\bar{R}(\bar{\mathfrak{f}})} - 1}{l - 1}$$

verschiedene Kummersche Körper $K = k(\sqrt[l]{\mu})$, *deren Modul* $\bar{\mathfrak{f}}_{Kk}$ *Teiler von* $\bar{\mathfrak{f}}$ *ist.*

Bemerkung: Die Indizes (5.) sind endlich, nämlich ersterer gleich der *Anzahl der durch die Ideale* $\mathfrak{m}_1$ *gelieferten absoluten Idealklassen,* letzterer (unter Beachtung des Hilfssatzes) gleich der *Anzahl der durch die zu den* $\bar{\mathfrak{l}}'$, $\mathfrak{l}''$, $\mathfrak{p}''_{\infty, 1}$ *primen unter den Zahlen* μ_1 *gelieferten primen Restklassen* mod. $\Pi \bar{\mathfrak{l}}'^{\bar{e}_0' l - \bar{w}'} \Pi \mathfrak{l}''^{e_0'' l} \Pi \mathfrak{p}''_{\infty, 1}$. Daher ist auch der Index (3.), d. h. die gesuchte Anzahl (6.) endlich. Die Indizes (5.) sind ferner wirklich Potenzen von l, weil $\mathfrak{a}^l$ stets zur Gruppe $\mathfrak{m}_1$, α_0^l stets zur Gruppe μ_1 gehört.

Beweis: Es ist

(7.) $$(\mu : \alpha^l) = \frac{(\mu_1 : \alpha^l)}{(\mu_1 : \mu)}.$$

Zähler und Nenner rechts in (7.) berechnen sich unter rückwärtiger Anwendung des Reduktionsprinzips so:

$$(8.) \quad \begin{cases} (\mu_1 : \alpha^l) = (\mu_1 : \varrho)(\varrho : \alpha^l) = (\mu_1/\varepsilon : \varrho/\varepsilon)(\varrho : \alpha^l) = ((\mu_1) : (\varrho))(\varrho : \alpha^l) \\[4pt] \quad = ((\mu_1) : [(\mu_1), \mathfrak{a}^l])(\varrho : \alpha^l) \\[4pt] \quad = (\mathfrak{a}^l(\mu_1) : \mathfrak{a}^l)(\varrho : \alpha^l) = \dfrac{(\mathfrak{m}_1 : \mathfrak{a}^l)}{(\mathfrak{m}_1 : \mathfrak{a}\,(\mu_1))}(\varrho : \alpha^l) \\[10pt] \quad = \dfrac{(\mathfrak{m}_1 : \mathfrak{a}^l)}{(\mathfrak{m}_1, [\mathfrak{m}_1, \mathfrak{a}^l(\alpha)])}(\varrho : \alpha^l) = \dfrac{(\mathfrak{m}_1 : \mathfrak{a}^l)}{(\mathfrak{m}_1(\alpha) : \mathfrak{a}^l(\alpha))}(\varrho : \alpha^l) \\[10pt] \quad = (\mathfrak{m}_1 : \mathfrak{a}^l)\dfrac{(\varrho : \alpha^l)}{(\mathfrak{a} : \mathfrak{a}^l(\alpha))}(\mathfrak{a} : \mathfrak{m}_1(\alpha)) = l^{P + L' + (r+1) + m_1}, \end{cases}$$

letzteres erstens, weil nach dem Fundamentalsatz der Idealtheorie $(\mathfrak{m}_1 : \mathfrak{a}^l) = l^{P + L'}$ ist, zweitens nach § 15, (15.) und § 15, Hilfssatz 5, drittens nach (5.).

$$(9.) \quad \begin{cases} (\mu_1 : \mu) = (\mu_1 : [\mu_1, \alpha^l \mu_2]) = (\mu_1 \mu_2 : \alpha^l \mu_2) = \dfrac{(\alpha_0 : \alpha^l \mu_2)}{(\alpha_0 : \mu_1 \mu_2)} \\[2mm] \qquad = l^{R_z} \left(\Pi \bar{\mathfrak{l}'}^{\bar{e}_0' l - \bar{w}'} \, \Pi \mathfrak{l}''^{e_0'' l} \, \Pi \mathfrak{p}''_{\infty, 1} \right) - m_2 \, , \end{cases}$$

letzteres erstens (unter Beachtung des Hilfssatzes) nach § 15, Hilfssatz 1, zweitens nach (5.). Nach § 15, Satz 16 ist in (9.)

$$(10.) \quad \begin{cases} \begin{aligned} & R_z \left(\Pi \bar{\mathfrak{l}'}^{\bar{e}_0' l - \bar{w}'} \, \Pi \mathfrak{l}''^{e_0'' l} \, \Pi \mathfrak{p}''_{\infty, 1} \right) \\[1mm] = & \sum_{\bar{\mathfrak{l}'}} \left(\bar{e}_0' l - \bar{w}' - 1 - \left[\frac{\bar{e}_0' l - \bar{w}' - 1}{l} \right] \right) \bar{f}' \\[1mm] & + \sum_{\mathfrak{l}''} \left(e_0'' l - 1 - \left[\frac{e_0'' l - 1}{l} \right] \right) f'' + \frac{1 + (-1)^l}{2} P''_{\infty, 1} \\[1mm] = & \sum_{\bar{\mathfrak{l}'}} (\bar{e}_0' l - \bar{e}_0') \bar{f}' - \sum_{\bar{\mathfrak{l}'}} \left(\bar{w}' + 1 + \left[- \frac{\bar{w}' + 1}{l} \right] \right) \bar{f}' \\[1mm] & + \sum_{\mathfrak{l}''} (e_0'' l - e_0'') f'' + \frac{1 + (-1)^l}{2} P''_{\infty, 1} \\[1mm] = & \sum_{\bar{\mathfrak{l}'}} \bar{e}' \bar{f}' - \sum_{\bar{\mathfrak{l}'}} \left(\bar{w}' + 1 + \left[- \frac{\bar{w}' + 1}{l} \right] \right) \bar{f}' \\[1mm] & + \sum_{\mathfrak{l}''} e'' f'' + \frac{1 + (-1)^l}{2} P''_{\infty, 1} . \end{aligned} \end{cases}$$

Aus (7.)—(10.) ergibt sich die Behauptung (3.), (4.) und daraus nach § 11, Satz 8 die Behauptung (6.).

§ 17. Genaue Ausführung des Beweises von I, § 6, Satz (B′).

Wir haben, über **I**, § 6, Satz (B′) hinaus, auch die entsprechende zusätzliche Aussage (a.) von § 6, Satz 2 zu beweisen, und das geschieht zusammengefaßt, gemäß § 9, Satz 3, durch den Nachweis der weitergehenden (vgl. **I**, S. 25, Anm.), zu § 14, Satz 14 inversen Tatsache:

Satz 19. *Zu jeder Idealgruppe H vom Primzahlindex l eines Grundkörpers k mit $o = 1$ existiert ein relativ-zyklischer Klassenkörper K vom Relativgrade l über k, dessen Modul $\bar{\mathfrak{f}}_{Kk}$ ein Teiler des Führers $\bar{\mathfrak{f}}$ von H ist.*

Wie schon in **I**, S. 26, Anm. festgestellt, ergibt sich aus den beiden zueinander inversen Sätzen 14, 19 weiter die Tatsache:

Satz 20. *Der Führer $\bar{\mathfrak{f}}$ einer Idealgruppe H vom Primzahlindex l in einem Grundkörper k mit $o = 1$ ist gleich dem Modul $\bar{\mathfrak{f}}_{Kk}$ ihres relativ-zyklischen Klassenkörpers K vom Relativgrade l.*

Beweis: I.) Wir stellen zunächst fest, daß die bisherige Grundlegung (§§ 15, 16) nicht ausreichend ist (vgl. **I**, S. 26). Nach **I**, S. 25

kommt der Beweis von Satz 19 auf den Nachweis $\bar t \geqq t$, d. h. also $\bar R(\bar{\mathfrak f}) \geqq R_J(\bar{\mathfrak f})$ für die Anzahlen aus den Sätzen 17, 18 zurück. Nun ist nach den Sätzen 17, 18

$$(1.)\quad \begin{cases} \bar R(\bar{\mathfrak f}) - R_J(\bar{\mathfrak f}) = - \sum_{\mathfrak l'} e'f' - \sum_{\bar{\mathfrak l}'} \bar e'\bar f' - \sum_{\bar{\mathfrak l}'} \left(\bar w' - \left[\tfrac{\overline{w}'}{l}\right]\right)\bar f' \\[2mm] \qquad + \sum_{\bar{\mathfrak l}'} \left(\bar w' + 1 + \left[-\tfrac{\overline{w}'+1}{l}\right]\right)\bar f' - \sum_{\mathfrak l''} e''f'' \\[2mm] \qquad - \dfrac{1+(-1)^l}{2} P'_{\infty,1} - \dfrac{1+(-1)^l}{2} P''_{\infty,1} + 2(r+1) \\[2mm] \qquad + m_1 + m_2 - m. \end{cases}$$

Darin ist

$$(2.)\quad -\sum_{\mathfrak l'} e'f' - \sum_{\bar{\mathfrak l}'} \bar e'\bar f' - \sum_{\mathfrak l''} e''f'' = -\sum_{\mathfrak l} ef = -g,$$

ferner wegen $\quad \left[\dfrac{\overline{w}'}{l}\right] + \left[-\dfrac{\overline{w}'+1}{l}\right] = -1$

$$(3.)\quad -\sum_{\bar{\mathfrak l}'} \left(\bar w' - \left[\tfrac{\overline{w}'}{l}\right]\right)\bar f' + \sum_{\bar{\mathfrak l}'} \left(\bar w' + 1 + \left[-\tfrac{\overline{w}'+1}{l}\right]\right)\bar f' = 0,$$

schließlich, weil k für $l \neq 2$ wegen $o = 1$ total-imaginär, also dann $r_1 = 0$ ist,

$$(4.)\quad -\dfrac{1+(-1)^l}{2} P'_{\infty,1} - \dfrac{1+(-1)^l}{2} P''_{\infty,1} + 2(r+1)$$
$$= -\dfrac{1+(-1)^l}{2} r_1 + 2r_1 + 2r_2 = r_1 + 2r_2 = g.$$

Nach (1.)—(4.) folgt

$$(5.)\qquad \bar R(\bar{\mathfrak f}) - R_J(\bar{\mathfrak f}) = m_1 + m_2 - m.$$

Aus den in § 15, III.) und § 16, Bemerkung gegebenen Erklärungen geht aber nicht ohne weiteres hervor, daß wirklich $m_1 + m_2 - m \geqq 0$ ist.

II.) Daher muß die in **I**, S. 26 angegebene Modifikation eintreten. Ist $\omega_1, \ldots, \omega_m$ eine Basis für die Faktorgruppe ω/α^l (§ 15, III.))[36], so existieren nach § 11, Satz 11 unendlich viele voneinander und von den $\mathfrak p, \mathfrak l$ verschiedene Systeme von Primidealen $\mathfrak q_1, \ldots, \mathfrak q_m$, so daß

$$(6.)\qquad \left(\dfrac{\omega_i}{\mathfrak q_j}\right) \begin{Bmatrix} +1 \ \text{für}\ i=j \\ -1 \ \text{für}\ i \neq j \end{Bmatrix} \quad (i,j=1,\ldots,m) \qquad (\textbf{I}, \text{S. 26, (b), (d)}).$$

Wird dann $\bar{\mathfrak f}' = \bar{\mathfrak f}\mathfrak q_1 \ldots \mathfrak q_m$ für $\bar{\mathfrak f}$ gesetzt (**I**, S. 26, (a')), so treten in den Sätzen 17, 18 folgende Änderungen ein:

---

36) In **I**, S. 26, (b) mit $\alpha_1, \ldots, \alpha_m$ bezeichnet.

a.) In $R_J(\tilde{\mathfrak{f}})$ ist P durch $P + m$ zu ersetzen. Dafür ist aber m durch 0 zu ersetzen; denn sind ω, ω' die in Satz 17 zu $\tilde{\mathfrak{f}}$, $\tilde{\mathfrak{f}}'$ gehörigen Gruppen, und zwar in der gemäß § 15, Hilfssatz 5 erweiterten Gestalt, so gehört nach (6.) ein $\omega = \omega_1^{a_1} \cdots \omega_m^{a_m} \alpha^l$ dann und nur dann zur Untergruppe ω', d. h. es ist dann und nur dann neben $\omega \underset{(l)}{\equiv} 1$ mod. $\tilde{\mathfrak{f}}$ auch $\omega \underset{(l)}{\equiv} 1$ mod. $q_1 \cdots q_m$ erfüllt, wenn $a_1, \ldots, a_m \equiv 0$ mod.$^+ l$ sind, so daß die Untergruppe ω' mit der Gruppe α^l identisch, also $(\omega' : \alpha^l) = 1 = l^0$ ist. Hiernach ist

$$(7.) \qquad\qquad R_J(\tilde{\mathfrak{f}}') = R_J(\tilde{\mathfrak{f}}) \qquad\qquad (\textbf{I, S. 26, (c)}).$$

b.) In $\overline{R}(\tilde{\mathfrak{f}})$ ist P durch $P + m$ zu ersetzen, und die in Satz 18 zu $\tilde{\mathfrak{f}}$ gehörigen m_1, m_2 durch die entsprechend für $\tilde{\mathfrak{f}}'$ erklärten m_1', m_2', die ihrer Natur nach jedenfalls nicht-negativ sind. Hiernach ist

$$(8.) \qquad \overline{R}(\tilde{\mathfrak{f}}') = \overline{R}(\tilde{\mathfrak{f}}) + m + (m_1' - m_1) + (m_2' - m_2).$$

Aus (5.), (7.), (8.) ergibt sich nunmehr

$$\overline{R}(\tilde{\mathfrak{f}}') - R_J(\tilde{\mathfrak{f}}') = m_1' + m_2' \geqq 0,$$

was nach I, S. 26/27 zum Beweise von Satz 19 ausreicht.

Nach I, S. 25 Mitte ergeben sich bei diesem Beweis als Nebenresultate (ähnlich wie in § 14 der Satz 15 und I, Satz (B'''')) noch die Tatsachen $m_1' = 0$, $m_2' = 0$, die uns aber nicht weiter interessieren.

§ 18. Genaue Ausführung von I, § 6, B), Reduktion 3.

Wir beweisen durch Reduktion auf Grundkörper mit $o = 1$:

Satz 19'. *Satz* 19 *gilt für beliebige Grundkörper k.*

Daraus ergibt sich in Verbindung mit dem in § 14 von vornherein für beliebige Grundkörper bewiesenen inversen Satz 14 sofort auch:

Satz 20'. *Satz* 20 *gilt für beliebige Grundkörper k.*

Der hier durch Reduktion zu beweisende Satz 19' umfaßt, wie Satz 19 selbst, die zusätzliche Aussage (a.) von § 6, Satz 2, geht aber weiter auch noch insofern über den in der Beweisskizze von I, § 6, B) der Reduktion unterworfenen Satz hinaus, als an Stelle der Aussage „$\tilde{\mathfrak{f}}_{Kk}$ enthält nur in $\tilde{\mathfrak{f}}$ aufgehende Primstellen" gleich die schärfere Aussage: „$\tilde{\mathfrak{f}}_{Kk}$ ist Teiler von $\tilde{\mathfrak{f}}$" aufgenommen wird. [37]) Eben durch diese Verschärfung, die sich für das Zustandekommen unseres Reduktionsbeweises sowieso als erforderlich erweist, resultiert dann gleichzeitig der Satz 20', der bei der Beweisskizze in I erst aus den funktionentheoretischen Entwicklungen in I, § 9 entnommen wurde und dort die Heckesche Funktionalgleichung der L-Reihen (sogar der mit Größencharakteren — siehe das in I, § 9 bei (12) und

---

37) Vgl. hierzu auch das auf S. 101, Anm. 27 Gesagte.

in **I**, Erl. 44 Gesagte), also sehr tiefliegende und ganz fremdartige Hilfsmittel erforderte.

Beweis: Ist k beliebig, so gilt Satz 19 jedenfalls für das Kompositum $k' = (k, k_0) = k(\zeta)$. Für $l = 2$ ist nun $k' = k$, also nichts mehr zu beweisen. Für $l \neq 2$ ist k' relativ-Abelsch über k von einem in $l - 1$ aufgehenden, also zu l primen Relativgrade, und die in der Relativdiskriminante von k' nach k aufgehenden Primideale gehen sicher in der Relativdiskriminante der Zahl ζ, also erst recht in der Diskriminante $\prod\limits_{\substack{i,j=0 \\ i \neq j}}^{l-1} (\zeta^i - \zeta^j) = (-1)^{l-1} l^l$ des (reduziblen) Polynoms $x^l - 1$ auf. Nach dem Fundamentalsatz der Galoisschen Theorie existiert also eine von k zu k' führende Kette

$$k \underset{q_1}{<} k_1 \underset{q_2}{<} \cdots \underset{q_{n-1}}{<} k_{n-1} \underset{q_n}{<} k'$$

relativ-zyklischer Körper von sukzessiven Primzahlgraden $q_i \neq l$, in deren sukzessiven Relativdiskriminanten höchstens Primteiler von l aufgehen. Hiernach kommt der Reduktionsbeweis für Satz 19' auf den Nachweis der folgenden Tatsache zurück[38]):

Satz 19″. *Es sei $l \neq 2$ und k' relativ-zyklisch vom Primzahlgrad $q \neq l$ über k mit einer nur durch Primteiler von l teilbaren Relativdiskriminante, und es gelte Satz 19 für k' als Grundkörper. Dann gilt Satz 19 auch für k als Grundkörper.*

Beweis: Es sei eine Idealgruppe H vom Index l und vom Führer $\mathfrak{f}$ in k vorgelegt. Wir erklären dazu, ähnlich wie in § 7, (1.) eine Idealgruppe H' in k' durch die Festsetzung:

(1.) *H' sei die Gruppe aller zu $\mathfrak{f}$ primen Ideale von k', deren Relativnormen nach k in die vorgegebene Idealgruppe H fallen.*

Über diese Idealgruppe H' gilt dann:

(2.) *H' ist Idealgruppe mod. $\mathfrak{f}$.*

Das folgt aus (1.) genau wie § 7, (2.) aus § 7, (1.).

(3.) *H' hat den Index l.*

Wie im Beweis von § 7, (3.) folgt nämlich aus (1.) zunächst, daß dieser Index $(A' : H') = (H^* : H)$ ist, wenn A' die Gruppe aller zu $\mathfrak{f}$ primen Ideale von k' und H^* die Gruppe aller Relativnormen aus A' enthaltenden Klassen nach H ist. Der Primzahleigenschaft von $(A : H) = l$ wegen ist nun entweder $H^* = A$, d. h. $(A' : H') = (A : H) = l$, oder $H^* = H$. Das letztere ist aber unmöglich; denn dann fiele speziell die

---

38) Vgl. hierzu **I**, Erl. 20, sowie die dazu auf S. 56 gegebene Berichtigung.

Relativnorm $N_{k'k}(\mathfrak{a}) = \mathfrak{a}^q$ jedes zu $\tilde{\mathfrak{f}}$ primen Ideals $\mathfrak{a}$ aus k in H, also weil $(q, l) = 1$, auch jedes solche Ideal $\mathfrak{a}$ selbst, d. h. es wäre dann $A = H$, im Widerspruch zu der Voraussetzung $(A : H) = l$.

Nach § 14, Satz 14 gilt nun:

(4.) *k' ist Klassenkörper über k zu einer Idealgruppe H_1 vom Index q.*

Ferner kann nach der Reduktionsannahme, daß Satz 19 in k' gilt, eindeutig (**I**, § 6, **A**)) definiert werden:

(5.) *K' sei der vom Primzahlgrad l relativ-zyklische Klassenkörper über k' zu H'.*

Über diesen Körper K' gilt dann:

(6.) *K' ist relativ-zyklisch vom Relativgrade ql über k.*

Wie im Beweis zu § 7, (5.) folgt nämlich zunächst, daß K' relativ-Galoissch über k ist. Der Beweis von (6.) kommt daher darauf zurück, die Galoissche Relativgruppe $\mathfrak{G}'$ von K' nach k als zyklisch zu erweisen. Das kann nun durch den Nachweis der Existenz eines Primideals $\mathfrak{p}$ in k geschehen, das in K' unzerlegt bleibt: $\mathfrak{p} = \mathfrak{P}'$ in K'; denn für ein solches $\mathfrak{p}$ ist nach § 8, (3.), (10a.) $\mathfrak{G}'_Z = \mathfrak{G}'$, $\mathfrak{G}'_T = \mathfrak{E}$, was nach § 8, (4.) ergibt, daß $\mathfrak{G}'$ zyklisch ist.

Die Existenz eines solchen $\mathfrak{p}$ folgt mittels der analytischen Relationen in **I**, § 5. In leicht verständlicher, abkürzender Ausdrucksweise besagt nämlich **I**, § 5, (7), daß die Primideale $\mathfrak{p}_1$ von k, die in k' in verschiedene Primideale 1-ten Relativgrades zerfallen, genau $\dfrac{1}{q}$, und daß die Primideale $\mathfrak{p}_2$ aus H höchstens $\dfrac{1}{l}$ aller Primideale von k ausmachen, die $\mathfrak{p}_1$ und $\mathfrak{p}_2$ zusammen also höchstens $\dfrac{1}{q} + \dfrac{1}{l} \leqq \dfrac{1}{2} + \dfrac{1}{3} = \dfrac{5}{6}$ und somit die übrigen $\mathfrak{p}$ von k mindestens $\dfrac{1}{6}$. Daher gibt es unendlich viele, nicht in der Relativdiskriminante von K' nach k aufgehende Primideale $\mathfrak{p}$ in k, die weder $\mathfrak{p}_1$ noch $\mathfrak{p}_2$ sind. Für diese $\mathfrak{p}$ gilt dann: $\mathfrak{p} = \mathfrak{p}'$ in k', $\mathfrak{p}' = \mathfrak{P}'$ in K', letzteres, weil aus $\mathfrak{p}' = \mathfrak{P}'_1 \cdots \mathfrak{P}'_i$ in K' folgte: $\mathfrak{p}' = N_{K'k'}(\mathfrak{P}'_i)$ in H' nach (5.), also $\mathfrak{p}^q = N_{k'k}(\mathfrak{p}') = N_{K'k}(\mathfrak{P}'_i)$ in H nach (1.), also auch $\mathfrak{p}$ in H wegen $(q, l) = 1$, entgegen der Konstruktion der $\mathfrak{p}$. Zusammengenommen folgt also wirklich $\mathfrak{p} = \mathfrak{P}'$ in K', wodurch nach dem schon Gesagten (6.) bewiesen ist.

(7.) *K' ist Klassenkörper über k zum Durchschnitt $H_0 = [H, H_1]$ der vorgegebenen Idealgruppe H und der Idealgruppe H_1 aus (4.).*

Um das zu beweisen, bemerken wir folgendes vorweg: Die Vereinigungsgruppe HH_1 ist, weil H_1 als Idealgruppe vom Index $q \not\equiv 0 \bmod.^+ l$ nicht in der Idealgruppe H vom Index l enthalten ist, echte Obergruppe von H, also, da l Primzahl, mit A identisch. Nach dem Reduktionsprinzip berechnet sich daher der Index des Durchschnitts $H_0 = [H, H_1]$ zu

$$(A : H_0) = (A : H)\,(H : H_0) = (A : H)\,(H : [H, H_1]) = (A : H)\,(HH_1 : H_1)$$
$$= (A : H)\,(A : H_1) = lq.$$

Nun fallen die Relativnormen nach k' der zu einem gemeinsamen Erklärungsmodul $\tilde{\mathfrak{m}}$ für H und H_1 primen Ideale aus K' nach (5.) in H', und die Relativnormen nach k aus H' einerseits nach (1.) in H, andererseits nach (4.) in H_1, also zusammengenommen in den Durchschnitt $H_0 = [H, H_1]$. Daher ist die K' mod. $\tilde{\mathfrak{m}}$ zugeordnete Idealgruppe in k in H_0 enthalten, also ihr Index mindestens lq, während dieser Index nach **I**, Satz 8 höchstens gleich dem Relativgrade lq von K' nach k sein kann. Somit ist H_0 selbst die K' mod. $\tilde{\mathfrak{m}}$ zugeordnete Idealgruppe in k, was gemäß **I**, Def. 3 die Behauptung (7.) ergibt:

Nach (6.) kann nun auf Grund des Fundamentalsatzes der Galoisschen Theorie eindeutig definiert werden:

(8.) *K sei der in K' enthaltene, vom Primzahlgrad l relativ-zyklische Körper über k, für den also wegen $(q, l) = 1$ gilt:*

$$K' = (k', K), \quad k = [k', K].$$

Wir zeigen dann, daß K über k die in Satz 19 genannten Eigenschaften hat, was den Beweis von Satz 19'' und damit den von Satz 19' ergibt:

(9.) *K ist Klassenkörper über k zu der vorgegebenen Idealgruppe H.*

Nach § 14, Satz 14 ist nämlich K Klassenkörper über k jedenfalls zu einer Idealgruppe $\overline{H}$ vom Index l, und nach (7.), (8.) und **I**, § 6, Satz 10 muß $\overline{H}$ die Idealgruppe $H_0 = [H, H_1]$ enthalten. Wegen $(q, l) = 1$ ist nun A/H_0 zyklisch von der Ordnung lq, so daß H die einzige H_0 enthaltende Idealgruppe vom Index l ist. Daraus folgt $\overline{H} = H$, was die Behauptung (9.) ergibt.

(10.) *Der Modul $\tilde{\mathfrak{f}}_{Kk}$ ist Teiler des Führers $\tilde{\mathfrak{f}}$ von H.*

Um (10.) zu beweisen, gehen wir von der Reduktionsannahme aus, daß Satz 19 in k' gelte. Deswegen ist der Modul $\tilde{\mathfrak{f}}_{K'k'}$ Teiler des Führers $\tilde{\mathfrak{f}}'$ von H'. Ferner ist $\tilde{\mathfrak{f}}'$ Teiler von $\tilde{\mathfrak{f}}$, weil H' nach (2.) mod. $\tilde{\mathfrak{f}}$ erklärbar ist. Zusammengenommen folgt also, daß der Modul $\tilde{\mathfrak{f}}_{K'k'}$, und daher auch sein kleinstes Multiplum in k, Teiler von $\tilde{\mathfrak{f}}$ ist. Hiernach kommt der Beweis von (10.) auf den Nachweis der folgenden Tatsache zurück:

(11.) *Der Modul $\bar{\mathfrak{f}}_{Kk}$ ist Teiler des kleinsten Multiplums in k des Moduls $\bar{\mathfrak{f}}_{K'k'}$.*

Wir bemerken zunächst, daß diese Moduln wegen $l \neq 2$ nach § 9, Satz 3_3 nur aus endlichen Primstellenpotenzen zusammengesetzt sind, d. h. daß $\bar{\mathfrak{f}}_{Kk} = \mathfrak{f}_{Kk}$, $\bar{\mathfrak{f}}_{K'k'} = \mathfrak{f}_{K'k'}$ gilt. Wir führen dann den Nachweis für (11.) gesondert für die Beiträge der einzelnen Primideale $\mathfrak{w} = \mathfrak{p}, \mathfrak{l}$ von k zu $\mathfrak{f}_{Kk}$ und $\mathfrak{f}_{K'k'}$, und zwar nach dem Prinzip der Berechnung der Relativdifferente $\mathfrak{D}_{K'k}$[39] auf den beiden möglichen Wegen, über K oder über k':

$$(12.) \qquad \mathfrak{D}_{K'k} = \mathfrak{D}_{K'K}\mathfrak{D}_{Kk} = \mathfrak{D}_{K'k'}\mathfrak{D}_{k'k}.$$

Ist gemäß § 9, Satz 3 die Relativdiskriminante

$$\mathfrak{d}_{Kk} = \left(\prod \mathfrak{p} \prod \mathfrak{l}^{v+1}\right)^{l-1} = \mathfrak{f}_{Kk}^{l-1},$$

so ist nach § 8, (13.), (14.) (es ist hier $F = 1$, $G = 1$) die Relativdifferente

$$\mathfrak{D}_{Kk} = \left(\prod \mathfrak{P} \prod \mathfrak{L}^{v+1}\right)^{l-1} = \mathfrak{F}_{Kk}^{l-1},$$

wo die $\mathfrak{P}$, $\mathfrak{L}$ die einzigen Primteiler der $\mathfrak{p}, \mathfrak{l}$ in K sind, und dabei ist

$$\mathfrak{f}_{Kk} = N_{Kk}(\mathfrak{F}_{Kk}).$$

Durch Anwendung dieser Darstellung auf die vier Relativdifferenten rechts in (12.) (es handelt sich ja nach dem vorhergehenden wirklich jedesmal um einen relativ-zyklischen Körper von Primzahlgrad) ergibt sich

$$(13.) \qquad \mathfrak{F}_{K'K}^{q-1}\, \mathfrak{F}_{Kk}^{l-1} = \mathfrak{F}_{K'k'}^{l-1}\, \mathfrak{F}_{k'k}^{q-1},$$

und dabei ist

$$(14.) \qquad \begin{aligned} \mathfrak{f}_{K'K} &= N_{K'K}(\mathfrak{F}_{K'K}), & \mathfrak{f}_{Kk} &= N_{Kk}(\mathfrak{F}_{Kk}), \\ \mathfrak{f}_{K'k'} &= N_{K'k'}(\mathfrak{F}_{K'k'}), & \mathfrak{f}_{k'k} &= N_{k'k}(\mathfrak{F}_{k'k}). \end{aligned}$$

Für unseren Beweis brauchen wir die (nach dem Fundamentalsatz der Idealtheorie) aus (13.), (14.) folgenden Einzelrelationen für die Beiträge der Primideale $\mathfrak{w} = \mathfrak{p}, \mathfrak{l}$ von k zu den eingehenden Moduln.

1.) $\mathfrak{w} = \mathfrak{p}$.

Ist $\mathfrak{f}_{Kk}(\mathfrak{p}) \neq 1$, so folgt aus (13.), (14.), da nach der Voraussetzung des Satzes $\mathfrak{f}_{k'k}(\mathfrak{p}) = 1$ ist, daß auch $\mathfrak{f}_{K'k'}(\mathfrak{p}) \neq 1$ ist. Das kleinste Mul-

---

39) Mit der Relativdiskriminante kommt man hier nicht aus (siehe unten Fall 2.), a.)). — Im übrigen ist ja auch die zu benutzende Relativdifferentenformel („Zahlbericht", Satz 41) einfacher als die entsprechende durch Relativnormbildung („Zahlbericht", Satz 38) aus ihr folgende Relativdiskriminantenformel („Zahlbericht", Satz 39).

tiplum von $\mathfrak{f}_{K'k'}$ in k ist dann durch $\mathfrak{p}$ teilbar. Da aber nach § 9, Satz 3_1 $\mathfrak{f}_{Kk}(\mathfrak{p}) = \mathfrak{p}$ ist, ergibt das die Behauptung (11.) für den Beitrag von $\mathfrak{p}$.

$$\underline{2.)\ \mathfrak{w} = \mathfrak{l}.}$$

Es sei $\mathfrak{f}_{Kk}(\mathfrak{l}) \neq 1$, also gemäß § 9, Satz 3_2 $\mathfrak{f}_{Kk}(\mathfrak{l}) = \mathfrak{l}^{v+1}$ und $\mathfrak{l} = \mathfrak{L}^l$ in K. Wir unterscheiden dann die drei Möglichkeiten

$$\text{a.) } \mathfrak{l} = \mathfrak{l}'_1 \cdots \mathfrak{l}'_q, \quad \text{b.) } \mathfrak{l} = \mathfrak{l}', \quad \text{c.) } \mathfrak{l} = \mathfrak{l}'^q$$

der Zerlegung von $\mathfrak{l}$ in k'.

Diese sind in sinngemäßer Anwendung der Bezeichnungen von § 8 bzw. durch $(G_{k'k}, F_{k'k}, E_{k'k}) = (q, 1, 1), (1, q, 1), (1, 1, q)$ charakterisiert, während nach dem Gesagten $(G_{Kk}, F_{Kk}, E_{Kk}) = (1, 1, l)$ ist. Daraus ergibt sich, daß jedenfalls $E_{K'k}$ durch l und bzw. $G_{K'k}, F_{K'k}, E_{K'k}$ durch q teilbar ist, und somit wegen $G_{K'k}F_{K'k}E_{K'k} = lq$, daß bzw. $(G_{K'k}, F_{K'k}, E_{K'k}) = (q, 1, l), (1, q, l), (1, 1, ql)$ sein muß, woraus sich dann ganz entsprechend die nachher jedesmal beigefügten Angaben über die Zerlegung von k' und von K nach K' ergeben.

$$\underline{\text{a.) } \mathfrak{l} = \mathfrak{l}'_1 \cdots \mathfrak{l}'_q \text{ in } k'.}$$

Dann gilt in K'

$$\mathfrak{l} = (\mathfrak{L}'_1 \cdots \mathfrak{L}'_q)^l, \quad \mathfrak{l}'_i = \mathfrak{L}'^l_i, \quad \mathfrak{L} = \mathfrak{L}'_1 \cdots \mathfrak{L}'_q.$$

Daher ist $\mathfrak{f}_{k'k}(\mathfrak{l}) = 1$, $\mathfrak{f}_{K'K}(\mathfrak{l}) = 1$, also nach (13.), (14.) und gemäß § 9, Satz 3_2

$$\prod_{i=1}^q \mathfrak{L}'^{v+1}_i = \mathfrak{L}^{v+1} = \mathfrak{F}_{Kk}(\mathfrak{l}) = \mathfrak{F}_{K'k'}(\mathfrak{l}) = \prod_{i=1}^q \mathfrak{L}'^{v'_i+1}_i\ {}^{40)41)},$$

mithin alle $v'_i = v$ und somit

$$\mathfrak{f}_{Kk}(\mathfrak{l}) = \mathfrak{l}^{v+1} = \prod_{i=1}^q \mathfrak{l}'^{v+1}_i = \prod_{i=1}^q \mathfrak{l}'^{v'_i+1}_i = \mathfrak{f}_{K'k'}(\mathfrak{l}),$$

was die Behauptung (11.) für den Beitrag von $\mathfrak{l}$ im Falle a.) ergibt.

$$\underline{\text{b.) } \mathfrak{l} = \mathfrak{l}' \text{ in } k'.}$$

Dann gilt in K'

$$\mathfrak{l} = \mathfrak{L}'^l, \quad \mathfrak{l}' = \mathfrak{L}'^l, \quad \mathfrak{L} = \mathfrak{L}'.$$

Daher ist wieder $\mathfrak{f}_{k'k}(\mathfrak{l}) = 1$, $\mathfrak{f}_{K'K}(\mathfrak{l}) = 1$, also nach (13.), (14.) und gemäß § 9, Satz 3_2

$$\mathfrak{L}'^{v+1} = \mathfrak{L}^{v+1} = \mathfrak{F}_{Kk}(\mathfrak{l}) = \mathfrak{F}_{K'k'}(\mathfrak{l}) = \mathfrak{L}'^{v'+1}\ {}^{40)41)},$$

---

40) Man lese diese Gleichungen von der Mitte ausgehend nach rechts und links fortschreitend.

41) Man denke sich v'_i bzw. $v' = -1$ gesetzt, falls $\mathfrak{L}'_i$ bzw. $\mathfrak{L}'$ nicht in $\mathfrak{F}_{K'k'}(\mathfrak{l})$ eingeht. Der Beweis zeigt aber, daß $\mathfrak{L}'_i$ bzw. $\mathfrak{L}'$ stets in $\mathfrak{F}_{K'k}(\mathfrak{l})$ eingeht, so daß in Wahrheit (gemäß § 9, Satz 3_2) die v'_i und $v' \geq 1$ sind.

mithin $v' = v$ und somit

$$\mathfrak{f}_{Kk}(\mathfrak{l}) = \mathfrak{l}^{v+1} = \mathfrak{l}'^{v+1} = \mathfrak{l}'^{v'+1} = \mathfrak{f}_{K'k'}(\mathfrak{l}),$$

was die Behauptung (11.) für den Beitrag von $\mathfrak{l}$ im Falle b.) ergibt.

$$\text{c.) } \mathfrak{l} = \mathfrak{l}'^{q} \text{ in } k'.$$

Dann gilt in K'

$$\mathfrak{l} = \mathfrak{L}'^{lq}, \quad \mathfrak{l}' = \mathfrak{L}'^{l}, \quad \mathfrak{L} = \mathfrak{L}'^{q}.$$

Daher ist jetzt nach § 9, Satz 3_1 $\mathfrak{f}_{k'k}(\mathfrak{l}) = \mathfrak{l}$, $\mathfrak{f}_{K'K}(\mathfrak{l}) = \mathfrak{L}$, d. h. $\mathfrak{F}_{k'k}(\mathfrak{l}) = \mathfrak{l}'$, $\mathfrak{F}_{K'K}(\mathfrak{l}) = \mathfrak{L}'$ also nach (13.), (14.) und gemäß § 9, Satz 3_2

$$\mathfrak{L}'^{(q-1)+q(l-1)(v+1)} = \mathfrak{L}'^{q-1}\mathfrak{L}^{(l-1)(v+1)} = \mathfrak{F}_{K'K}(\mathfrak{l})^{q-1}\mathfrak{F}_{Kk}(\mathfrak{l})^{l-1}$$

$$= \mathfrak{F}_{K'k'}(\mathfrak{l})^{l-1}\mathfrak{F}_{k'k}(\mathfrak{l})^{q-1} = \mathfrak{L}'^{(l-1)(v'+1)}\mathfrak{l}'^{q-1} = \mathfrak{L}'^{(l-1)(v'+1)+l(q-1)} \; {}^{40)}{}^{41)},$$

mithin $(q-1)+q(l-1)(v+1)=(l-1)(v'+1)+l(q-1)$, was nach leichter Rechnung auf $v' = qv$ führt; somit ist $\mathfrak{f}_{Kk}(\mathfrak{l}) = \mathfrak{l}^{v+1}$ gleich dem kleinsten Multiplum in k von $\mathfrak{l}'^{qv+1} = \mathfrak{l}'^{v'+1} = \mathfrak{f}_{K'k'}(\mathfrak{l})$, was die Behauptung (11.) für den Beitrag von $\mathfrak{l}$ im Falle c.) ergibt.

Damit ist Satz 19″, also Satz 19′, bewiesen.

§ 19. Der allgemeinste Hauptgeschlechtsatz für einen relativ-zyklischen Körper von Primzahlgrad.

(Zu **I**, § 6, C), 1., insbesondere Erl. 29.)

Um den Beweis von **I**, § 6, Satz (C) durch vollständige Induktion zu führen, muß, wie schon in **I**, Erl. 29 betont, zunächst das in § 14 bewiesene Resultat **I**, § 6, Satz (B″″) verallgemeinert werden. Um diese Verallgemeinerung dem Verständnis näher zu bringen, stellen wir folgende, für den Beweisgang an sich entbehrlichen Bemerkungen voran:

In **I**, § 6, B), 4. wurde das *Hauptgeschlecht* $\bar{H}_1$ *in* K, ausgehend von dem Modul $\tilde{\mathfrak{f}}_{Kk}$ als die *Gesamtheit derjenigen zu* $\tilde{\mathfrak{f}}_{Kk}$ *primen Ideale von* K definiert, *deren Relativnormen nach* k ebenfalls noch *in die durch die Relativnormen der zu* $\tilde{\mathfrak{f}}_{Kk}$ *primen Ideale aus der absoluten Hauptklasse* $H_0^{(1)}$ *von* K *erzeugte Idealgruppe* H_1 mod. $\tilde{\mathfrak{f}}_{Kk}$ *in* k *fallen.* Der Hauptgeschlechtsatz **I**, § 6, Satz (B″″) ergab sich dann als Nebenresultat bei dem mittels der fundamentalen Ungleichungsfolge geführten Beweis, daß die K mod. $\tilde{\mathfrak{f}}_{Kk}$ zugeordnete Idealgruppe $H_{\tilde{\mathfrak{f}}_{Kk}}$ den Index l (und nicht, was sonst nach **I**, Satz 8 und wegen $N_{Kk}(\mathfrak{a}) = \mathfrak{a}^l$ allein in Frage käme, den Index 1) hat, daß also, gemäß **I**, Def. 3, K Klassenkörper zu $H = H_{\tilde{\mathfrak{f}}_{Kk}}$ ist. Wegen der Unabhängigkeit des Klassenkörpers vom Erklärungsmodul (**I**, § 6, A)) gilt nun auch für die K nach irgendeinem Erklärungsmodul $\tilde{\mathfrak{m}}$ für H zugeordnete Idealgruppe $H_{\tilde{\mathfrak{m}}}$ (**I**, § 5, 1.), daß $H_{\tilde{\mathfrak{m}}}$ den Index l hat und $H = H_{\tilde{\mathfrak{m}}}$ ist, und nach dem inzwischen in § 18 bewiesenen Satz 20′ kommen für

$\tilde{\mathfrak{m}}$ alle und nur die ganzen Multipla $\tilde{\mathfrak{f}}_{Kk}\tilde{\mathfrak{m}}_0$ von $\tilde{\mathfrak{f}}_{Kk}$ in Frage. Es ist daher zu erwarten, daß es allgemeinere Hauptgeschlechtsätze gibt, wenn man nämlich das Hauptgeschlecht wie oben, **aber jetzt ausgehend von irgendeinem ganzen Multiplum** $\tilde{\mathfrak{m}} = \tilde{\mathfrak{f}}_{Kk}\tilde{\mathfrak{m}}_0$ statt $\tilde{\mathfrak{f}}_{Kk}$ definiert. Diese allgemeineren Sätze lassen sich in der Tat beweisen (übrigens auch ihr Nichtbestehen für jedes andere $\tilde{\mathfrak{m}}$), und zwar noch auf genau dieselbe Weise, wie **I**, § 6, Satz (B''''); man hat nur in dessen Beweis überall $\tilde{\mathfrak{f}}_{Kk}$ durch $\tilde{\mathfrak{m}} = \tilde{\mathfrak{f}}_{Kk}\tilde{\mathfrak{m}}_0$ zu ersetzen; der springende Punkt ist die Invarianz des Index $(\alpha : \nu) = l^d$ in § 10, Satz 4 bei dieser Ersetzung.

Neue Überlegungen erfordert jedoch der Beweis der noch allgemeineren Hauptgeschlechtsätze, auf die es uns hier ankommt, nämlich solcher, die aus dem eben genannten sozusagen durch den inversen Prozeß der in **I**, § 3, S. 5 *Komplexion* genannten Operation, sagen wir also etwa: durch *Dekomplexion* entstehen. Aus diesen letzteren Sätzen können dann zwar die ersteren rückwärts durch Komplexion leicht erneut hergeleitet werden, aber eben nicht ohne weiteres umgekehrt.

Die zu diesen Sätzen führende Tieferlegung des Begriffes *Hauptgeschlecht* besteht in folgendem: Während vorher bei vorgelegtem Idealmodul $\tilde{\mathfrak{m}}$ aus k **primär** von der **absoluten Hauptklasse** $\overline{H}_0^{(1)}$ in K ausgegangen wurde, und die zur Charakterisierung des Hauptgeschlechts vermöge Relativnormbildung führende **Idealgruppe** H_1 mod. $\tilde{\mathfrak{m}}$ in k erst **sekundär**, durch $\tilde{\mathfrak{m}}$ und $\overline{H}_0^{(1)}$ bestimmt, auftrat, werden wir jetzt umgekehrt **primär von irgendeiner Idealgruppe** H_1 mod. $\tilde{\mathfrak{m}}$ in k ausgehen, und dürfen uns dabei, weil wie gesagt die Komplexion in dem zu beweisenden Hauptgeschlechtsatz ohne weiteres ausführbar ist, auf die **Idealgruppe** $H_0^{(\tilde{\mathfrak{m}})}$, den Strahl mod. $\tilde{\mathfrak{m}}$, beschränken. Das *Hauptgeschlecht* $\overline{H}_1$ *in* K erklären wir dann wieder als die *Gesamtheit der zu* $\tilde{\mathfrak{m}}$ *primen Ideale von* K, *deren Relativnormen nach* k *in die Idealgruppe* $H_0^{(\tilde{\mathfrak{m}})}$ *fallen*. Dabei ist $\overline{H}_1$ nicht mehr notwendig absolute Idealgruppe (mod. 1), aber jedenfalls Idealgruppe mod. $\tilde{\mathfrak{m}}$, weil aus $\mathsf{B} \equiv 1$ mod. $\tilde{\mathfrak{m}}$ folgt $N_{Kk}(\mathsf{B}) \equiv 1$ mod. $\tilde{\mathfrak{m}}$ (siehe § 7, Beweis zu (2.)), und unter Umständen auch schon Idealgruppe mod. $\tilde{\mathfrak{M}}$ für Teiler $\tilde{\mathfrak{M}}$ von $\tilde{\mathfrak{m}}$ in K. Die bisherige Rolle der Idealgruppe $\overline{H}_0^{(1)}$ (Strahl mod. 1) übernimmt dann, sofern der Erklärungsmodul $\tilde{\mathfrak{M}}$ in geeigneter, noch näher zu beschreibender Weise gewählt ist (z. B. sicher für $\tilde{\mathfrak{M}} = \tilde{\mathfrak{m}}$), die **Idealgruppe** $H_0^{(\tilde{\mathfrak{M}})}$ **(Strahl mod.** $\tilde{\mathfrak{M}}$) in K, die also hier erst **sekundär** auftritt.

Unsere Aufgabe besteht jetzt darin, zu gegebenem $\tilde{\mathfrak{m}} = \tilde{\mathfrak{f}}_{Kk}\tilde{\mathfrak{m}}_0$ in k die **Existenz eines Teilers** $\tilde{\mathfrak{M}}$ von $\tilde{\mathfrak{m}}$ in K nachzuweisen, so daß **I**, § 6, Satz (B'''') bei der dargelegten, allgemeinsten Definition des Hauptgeschlechts gilt. Dazu muß zunächst $\tilde{\mathfrak{M}}$ der Bedingung $\sigma\tilde{\mathfrak{M}} = \tilde{\mathfrak{M}}$ genügen, d. h. **bei den Relativsubstitutionen von** K **nach** k **invariant sein**, damit die Operation σ, angewandt auf eine Strahlklasse mod. $\tilde{\mathfrak{M}}$, wieder eine Strahlklasse nach demselben mod. $\tilde{\mathfrak{M}}$ liefert, damit also die $(1 - \sigma)$-ten Potenzen der Strahlklassen mod. $\tilde{\mathfrak{M}}$ überhaupt definiert sind. Ferner muß, damit das Hauptgeschlecht $\overline{H}_1$ wirklich mod. $\tilde{\mathfrak{M}}$ erklärbar, also aus Strahlklassen mod. $\tilde{\mathfrak{M}}$ zusammengesetzt ist, **aus** $\mathsf{B} \equiv 1$ mod. $\tilde{\mathfrak{M}}$ **folgen** $N_{Kk}(\mathsf{B}) \equiv 1$ mod. $\tilde{\mathfrak{m}}$ (siehe § 7, Beweis zu (2.)). Durch diese beiden Bedingungen wird dann gleichzeitig auch dafür gesorgt, daß $\overline{H}_0^{(\tilde{\mathfrak{M}})}$ wirklich die frühere Rolle von $\overline{H}_0^{(1)}$ übernimmt, d. h. $\overline{H}_1$ ist dann auch erklärbar als Gesamtheit der zu $\tilde{\mathfrak{m}}$ primen Ideale von K, deren Relativnormen ebenfalls noch in die durch die Relativnormen der zu $\tilde{\mathfrak{m}}$ primen Ideale aus $\overline{H}_0^{(\tilde{\mathfrak{M}})}$ erzeugte Idealgruppe mod. $\tilde{\mathfrak{m}}$ in k, d. i. eben die Idealgruppe $H_0^{(\tilde{\mathfrak{m}})}$, fallen.

Nach diesen orientierenden Vorbemerkungen beweisen wir zunächst:

Satz 21. *Es sei*

$$(1.) \quad \tilde{\mathfrak{m}} = \tilde{\mathfrak{f}}_{Kk}\tilde{\mathfrak{m}}_0 = \Pi\mathfrak{p}\,\Pi\mathfrak{l}^{v+1}\,\Pi\mathfrak{p}_{\infty,1}\cdot\Pi\mathfrak{p}^{a-1}\,\Pi\mathfrak{l}^{b-1}\,\Pi\mathfrak{w}_0^c$$
$$= \Pi\mathfrak{p}^a\,\Pi\mathfrak{l}^{v+b}\,\Pi\mathfrak{p}_{\infty,1}\,\Pi\mathfrak{w}_0^c$$
$$(a \geqq 1,\ \ b \geqq 1,\ \ c \geqq 1;\ \ \textit{für } \mathfrak{w}_0 = \mathfrak{p}_\infty \textit{ nur } c = 1),$$

wo $\mathfrak{w}_0$ *irgendwelche nicht in* $\tilde{\mathfrak{f}}_{Kk}$ *eingehenden Primstellen durchläuft, irgendein ganzes Multiplum von* $\tilde{\mathfrak{f}}_{Kk}$.[42] *Ferner sei*

$$(2.) \quad \tilde{\mathfrak{M}} = \tilde{\mathfrak{F}}_{Kk}\tilde{\mathfrak{m}}_0 = \Pi\mathfrak{P}\,\Pi\mathfrak{L}^{v+1}\cdot\Pi\mathfrak{P}^{(a-1)l}\,\Pi\mathfrak{L}^{(b-1)l}\,\Pi\mathfrak{w}_0^c$$
$$= \Pi\mathfrak{P}^{1+(a-1)l}\,\Pi\mathfrak{L}^{v+1+(b-1)l}\,\Pi\mathfrak{w}_0^c,$$

so daß insbesondere

$$(3.) \qquad\qquad \tilde{\mathfrak{M}} \mid \tilde{\mathfrak{m}},$$
$$(4.) \qquad\qquad \sigma\tilde{\mathfrak{M}} = \tilde{\mathfrak{M}}$$

ist. Dann bedingen sich die Relationen

$$(5.) \quad \Theta \equiv \mathsf{A}_0^{1-\sigma} \text{ mod. } \tilde{\mathfrak{M}} \quad \textit{und} \quad (6.) \quad N_{Kk}(\Theta) \equiv 1 \text{ mod. } \tilde{\mathfrak{m}}$$

für zu $\tilde{\mathfrak{M}}$ *prime* Θ *und zu den* $\mathfrak{w}_0$ *prime* A_0 *gegenseitig, so daß insbesondere gilt:*

$$(7.) \quad \textit{Aus}\ \ \mathsf{B} \equiv 1 \text{ mod. } \tilde{\mathfrak{M}}\ \ \textit{folgt}\ \ N_{Kk}(\mathsf{B}) \equiv 1 \text{ mod. } \tilde{\mathfrak{m}}!$$

Beweis: Nach dem Zusammensetzungsprinzip genügt es, den Beweis gesondert für die Potenzen $\tilde{\mathfrak{m}}(\mathfrak{w}) = \mathfrak{p}^a,\ \mathfrak{l}^{v+b},\ \mathfrak{p}_{\infty,1},\ \mathfrak{w}_0^c$ der in $\tilde{\mathfrak{m}}$ eingehenden Primstellen $\mathfrak{w}$ und die ihnen entsprechenden Bestandteile $\tilde{\mathfrak{M}}(\mathfrak{w}) = \mathfrak{P}^{1+(a-1)l},\ \mathfrak{L}^{v+1+(b-1)l},\ 1,\ \mathfrak{w}_0^c$ von $\tilde{\mathfrak{M}}$ (die $\mathfrak{w}_0^c$ sind nicht notwendig Primstellenpotenzen in K) zu führen.[43]

a.) Um zu zeigen, daß (6.) aus (5.) folgt, genügt es (7.) zu beweisen (man setze $\mathsf{B} = \dfrac{\Theta}{\mathsf{A}_0^{1-\sigma}}$ und beachte $N_{Kk}(\mathsf{A}_0^{1-\sigma}) = 1$).

---

42) Der Einfachheit halber sei übrigens die geringe Einschränkung beigefügt, daß in $\tilde{\mathfrak{m}}_0$ höchstens unendliche Primstellen $\mathfrak{w}_0 = \mathfrak{p}_{\infty,1}$, keine $\mathfrak{w}_0 = \mathfrak{p}_{\infty,2}$ eingehen. Auf die letzteren kommt es natürlich im folgenden gar nicht an.

43) Man beachte für die Zusammensetzung in (5.), daß diese $\tilde{\mathfrak{M}}$ zusammensetzenden Bestandteile $\tilde{\mathfrak{M}}(\mathfrak{w})$ einzeln der Invarianzbedingung (4.) genügen, so daß also die Zusammensetzung von Komponenten $\Theta(\mathfrak{w}) \equiv \mathsf{A}_0(\mathfrak{w})^{1-\sigma}$ mod. $\tilde{\mathfrak{M}}(\mathfrak{w})$ zu einem $\Theta \equiv \mathsf{A}_0^{1-\sigma}$ mod. $\tilde{\mathfrak{M}}$ einfach durch die Zusammensetzung der $\mathsf{A}_0(\mathfrak{w})$ mod. $\tilde{\mathfrak{M}}(\mathfrak{w})$ zu einem A_0 mod. $\tilde{\mathfrak{M}}$ ausgeführt werden kann.

$$\underline{1.)\ \ \mathfrak{w} = \mathfrak{p},\ \ \tilde{m}(\mathfrak{w}) = \mathfrak{p}^{a},\ \ \tilde{\mathfrak{M}}(\mathfrak{w}) = \mathfrak{P}^{1+(a-1)l}.}$$

Aus $B \equiv 1$ mod. $\mathfrak{P}^{1+(a-1)l}$ folgt $N_{Kk}(B) \equiv 1$ mod. $\mathfrak{P}^{1+(a-1)l}$ wegen der Invarianz von $\mathfrak{P}$ bei σ, also auch mod. $\mathfrak{p}^{a}$, weil $\mathfrak{p}^{a} = \mathfrak{P}^{al}$ das kleinste Multiplum von $\mathfrak{P}^{1+(a-1)l}$ in k ist.

$$\underline{2.)\ \ \mathfrak{w} = \mathfrak{l},\ \ \tilde{m}(\mathfrak{w}) = \mathfrak{l}^{v+b},\ \ \tilde{\mathfrak{M}}(\mathfrak{w}) = \mathfrak{L}^{v+1+(b-1)l}.}$$

Aus $B \equiv 1$ mod. $\mathfrak{L}^{v+1+(b-1)l}$, d. h. $B = 1 + \Lambda_{v+1}\lambda_{b-1+n}$, $(n \geqq 0)$ folgt mit den Bezeichnungen von § 10 (S. 82)

$$N_{Kk}(B) = 1 + S_1(\Lambda_{v+1})\lambda_{b-1+n} + \cdots + S_{l-1}(\Lambda_{v+1})\lambda_{b-1+n}^{l-1} + S_l(\Lambda_{v+1})\lambda_{b-1+n}^{l},$$

und hierin haben $S_l(\Lambda_{v+1}) = N_{Kk}(\Lambda_{v+1})$ und nach § 10, (19.), (21γ.) auch $S_1(\Lambda_{v+1}), \ldots, S_{l-1}(\Lambda_{v+1})$ mindestens die Ordnungszahl $v + 1$ in $\mathfrak{l}$, was $N_{Kk}(B) \equiv 1$ mod. $\mathfrak{l}^{v+b}$ ergibt.

$$\underline{3.)\ \ \mathfrak{w} = \mathfrak{p}_{\infty,1},\ \ \tilde{m}(\mathfrak{w}) = \mathfrak{p}_{\infty,1},\ \ \tilde{\mathfrak{M}}(\mathfrak{w}) = 1.}$$

Aus $B \equiv 1$ mod. 1 (d. h. $B \neq 0$) folgt $N_{Kk}(B) \equiv 1$ mod. $\mathfrak{p}_{\infty,1}$, wie schon im Beweis zu § 10, Satz 4_3 festgestellt wurde.

$$\underline{4.)\ \ \mathfrak{w} = \mathfrak{w}_0,\ \ \tilde{m}(\mathfrak{w}) = \mathfrak{w}_0^{c},\ \ \tilde{\mathfrak{M}}(\mathfrak{w}) = \mathfrak{w}_0^{c}.}$$

Aus $B \equiv 1$ mod. $\mathfrak{w}_0^{c}$ folgt $N_{Kk}(B) \equiv 1$ mod. $\mathfrak{w}_0^{c}$ wegen der Invarianz von $\mathfrak{w}_0$ bei σ.

Bemerkung: Wie man leicht zeigt (hierfür kommt Anm. 42 in Frage), ist $\tilde{\mathfrak{M}}$ auch der kleinste Modul zu $\tilde{m}$, so daß (7.) gilt. Wir brauchen aber diese Tatsache nicht weiter.

b.) Um zu zeigen, daß (5.) aus (6.) folgt, schließen wir gruppentheoretisch. Wir wenden nämlich das Isomorphieprinzip zweimal ganz ähnlich an, wie in I, § 6, B), 4., S. 23.

Bezeichnungen:

$$A \text{ prim zu } \tilde{\mathfrak{M}}(\mathfrak{w}), \quad \alpha \text{ prim zu } \tilde{m}(\mathfrak{w}).$$
$$B \equiv 1 \text{ mod. } \tilde{\mathfrak{M}}(\mathfrak{w}), \quad \beta \equiv 1 \text{ mod. } \tilde{m}(\mathfrak{w}).$$

Θ prim zu $\tilde{\mathfrak{M}}(\mathfrak{w})$ mit $N_{Kk}(\Theta) \equiv 1$ mod. $\tilde{m}(\mathfrak{w})$, $\quad \nu \equiv N_{Kk}(A)$ mod. $\tilde{m}(\mathfrak{w})$.

$$\Delta \text{ prim zu } \tilde{\mathfrak{M}}(\mathfrak{w}) \text{ mit } \Delta^{1-\sigma} \equiv 1 \text{ mod. } \tilde{\mathfrak{M}}(\mathfrak{w}).$$

$$\begin{cases} A_0 \neq 0, & \alpha_0 \neq 0 & \text{für} & \mathfrak{w} = \mathfrak{p},\ \mathfrak{l},\ \mathfrak{p}_{\infty,1} \\ A_0 = A, & \alpha_0 = \alpha & \text{für} & \mathfrak{w} = \mathfrak{w}_0 \end{cases}.$$

Die Gruppe $A_0^{1-\sigma}$ ist ersichtlich stets Untergruppe der Gruppe A. Die Gruppen Θ und Δ können sinngemäß als **Hauptgeschlecht** und **ambige Klassen** innerhalb der primen Restklassengruppe mod. $\tilde{\mathfrak{M}}(\mathfrak{w})$ bezeichnet werden.

Es ist zu zeigen, daß die Gruppen Θ und $A_0^{1-\sigma}B$ identisch sind. Nach dem unter a.) bereits Bewiesenen ist die Gruppe $A_0^{1-\sigma}B$ jedenfalls Untergruppe der Gruppe Θ, d. h.

$$(8.) \qquad (A : \Theta) \leqq (A : A_0^{1-\sigma}B).$$

Es genügt daher, die umgekehrte Relation

$$(9.) \qquad (A : \Theta) \geqq (A : A_0^{1-\sigma}B)$$

zu beweisen. Einerseits wird nun durch Relativnormbildung die Gruppe A eindeutig und isomorph auf die Gruppe ν/β abgebildet, und dabei entspricht der Untergruppe Θ und nur ihr die Untergruppe β. Nach dem Isomorphieprinzip ist somit

$$(10.) \qquad (A : \Theta) = (\nu : \beta) = \frac{(\alpha : \beta)}{(\alpha : \nu)}, \qquad \text{und dabei ist}$$

$$(11\,\alpha.) \qquad (\alpha : \beta) = \Phi_k(\tilde{\mathfrak{m}}(\mathfrak{w})),$$

$$(11\,\beta.) \qquad (\alpha : \nu) = \begin{cases} l & \text{für } \mathfrak{w} = \mathfrak{p},\ \mathfrak{l},\ \mathfrak{p}_{\infty,1} \\ 1 & \text{für } \mathfrak{w} = \mathfrak{w}_0 \end{cases},$$

letzteres nach § 10. Andererseits ist zunächst

$$(12.) \qquad (A : A_0^{1-\sigma}B) = \frac{(A : A^{1-\sigma}B)}{(A_0^{1-\sigma}B : A^{1-\sigma}B)};$$

ferner wird die Gruppe A durch symbolische Potenzierung mit $1 - \sigma$ eindeutig und isomorph auf die Gruppe $A^{1-\sigma}B/B$ abgebildet, und dabei entspricht der Untergruppe Δ und nur ihr die Untergruppe B. Nach dem Isomorphieprinzip ist somit $(A : \Delta) = (A^{1-\sigma}B : B)$, was durch Wegdivision aus $(A : B) = (A : B)$ weiter $(A : A^{1-\sigma}B) = (\Delta : B)$ und daher nach (12.) schließlich

$$(13.) \qquad (A : A_0^{1-\sigma}B) = \frac{(\Delta : B)}{(A_0^{1-\sigma}B : A^{1-\sigma}B)}$$

ergibt. Wir werden dann beweisen

$$(14\alpha.) \qquad (\Delta : B) \leqq \Phi_k(\tilde{\mathfrak{m}}(\mathfrak{w})),$$

$$(14\beta.) \qquad (A_0^{1-\sigma}B : A^{1-\sigma}B) \geqq \begin{cases} l & \text{für } \mathfrak{w} = \mathfrak{p},\ \mathfrak{l}\ ^{44)} \\ 1 & \text{für } \mathfrak{w} = \mathfrak{w}_0 \end{cases},$$

was nach (10.), (11.), (13.) die Behauptung (9.) ergibt.[45]

---

44) Den Fall $\mathfrak{w} = \mathfrak{p}_{\infty,1}$ brauchen wir hier nicht in Betracht zu ziehen, da dann $\tilde{\mathfrak{M}}(\mathfrak{w}) = 1$, also die Behauptung $\Theta \equiv A_0^{1-\sigma}$ mod. $\tilde{\mathfrak{M}}(\mathfrak{w})$ trivial ist. In diesem Falle ist übrigens die Verteilung anders als in (14α.), (14β.), nämlich, wie man ohne weiteres einsieht,

$$(14\,\alpha'.) \qquad (\Delta : B) = \frac{\Phi_k(\tilde{\mathfrak{m}}(\mathfrak{w}))}{l}\ \left(= \frac{2}{2} = 1\right),$$

$$(14\,\beta'.) \qquad (A_0^{1-\sigma}B : A^{1-\sigma}B) = 1 \quad \text{für } \mathfrak{w} = \mathfrak{p}_{\infty,1}.$$

45) Überdies folgt natürlich, daß in (8.), (9.), (14.) in Wahrheit die Gleichheitszeichen gelten. Dies kann für (14.) auch leicht direkt aus den nachstehenden

Hinsichtlich $(14\beta.)$ bemerken wir noch vorweg, daß in den allein zu beweisenden oberen Fällen wegen $\mathfrak{w} = \mathfrak{W}$ stets $\mathsf{A}_0^l = \alpha_0 \mathsf{A}$, also $(\mathsf{A}_0^{1-\sigma})^l = (\mathsf{A}^{1-\sigma})^l$ und somit der Index $(14\beta.)$ sicher eine (wegen (13.) endliche) Potenz von l ist. Es genügt daher, in den oberen Fällen die Existenz eines nicht zur Gruppe $\mathsf{A}^{1-\sigma}\mathsf{B}$ gehörigen $\mathsf{A}_0^{1-\sigma}$ zu zeigen.

$$1.)\quad \mathfrak{w} = \mathfrak{p}, \quad \tilde{\mathfrak{m}}(\mathfrak{w}) = \mathfrak{p}^a, \quad \mathfrak{M}(\mathfrak{w}) = \mathfrak{P}^{1+(a-1)l}.$$

$\alpha.)$ Aus $\Delta \equiv \sigma\Delta$ mod. $\mathfrak{P}^{1+(a-1)l}$ folgt $l\Delta \equiv S_{Kk}(\Delta)$ mod. $\mathfrak{P}^{1+(a-1)l}$ wegen der Invarianz von $\mathfrak{P}$ bei σ, also $\Delta \equiv \alpha$ mod. $\mathfrak{P}^{1+(a-1)l}$, weil l prim zu $\mathfrak{P}$ ist. Hiernach bilden die Δ höchstens $\Phi_k(\mathfrak{p}^a)$ Restklassen mod. $\mathfrak{P}^{1+(a-1)l}$, was die Behauptung $(14\alpha.)$ im Falle $\mathfrak{w} = \mathfrak{p}$ ergibt.

$\beta.)$ Gehörte $\Pi^{1-\sigma}$ zur Gruppe $\mathsf{A}^{1-\sigma}\mathsf{B}$, so genügte ein (mit Π äquivalentes) $\Pi' = \dfrac{\Pi}{\mathsf{A}}$ der Kongruenz $\Pi'^{1-\sigma} \equiv 1$ mod. $\mathfrak{P}^{1+(a-1)l}$, im Widerspruch zu § 9, Satz 3_1, (3.). Daraus folgt nach dem oben schon Gesagten die Behauptung $(14\beta.)$ im Falle $\mathfrak{w} = \mathfrak{p}$.

$$2.)\quad \mathfrak{w} = \mathfrak{l}, \quad \tilde{\mathfrak{m}}(\mathfrak{w}) = \mathfrak{l}^{v+b}, \quad \mathfrak{M}(\mathfrak{w}) = \mathfrak{L}^{v+1+(b-1)l}.$$

$\alpha.)$ Für irgendein Δ setzen wir $\Delta = \alpha + \Lambda_n$ mit maximalem $n\,(\geq 0)$ bei geeignetem α. Dann ist $n \not\equiv 0$ mod. l, weil für $n = \bar{n}l$ wegen $N_K(\mathfrak{L}) = N_k(\mathfrak{l})$ mit einem geeigneten $\lambda_{\bar{n}}$ gilt $\Lambda_n \equiv \lambda_{\bar{n}}$ mod. $\mathfrak{L}$, also mod.$^+$ $\mathfrak{L}^{n+1}$, was $\Delta = \alpha + \lambda_{\bar{n}} + \Lambda_{n+1} = \bar{\alpha} + \Lambda_{n+1}$ zur Folge hätte. Nach § 9, Hilfssatz ist daher $\Lambda_n \equiv \sigma\Lambda_n$ mod.$^+$ $\mathfrak{L}^{v+n}$ aber nicht mod.$^+$ $\mathfrak{L}^{v+1+n}$. Aus $\Delta \equiv \sigma\Delta$ mod. $\mathfrak{L}^{v+1+(b-1)l}$ folgt somit $n \geq 1 + (b-1)l$, d. h.

Beweisen entnommen werden (für $(14'.)$ siehe Anm. 44) und führt dann nach (8.), (10.), $(11\alpha.)$, (13.) zu einem neuen Beweis der in der Richtung $(11\beta.)$ liegenden Aussagen $(\alpha : v) \geq l$ für $\mathfrak{w} = \mathfrak{p}, \mathfrak{l}, \mathfrak{p}_{\infty,1}$ (d. h. für die in $\tilde{\mathfrak{f}}_{Kk}$ eingehenden Primstellen, jeweils mindestens zu der in $\tilde{\mathfrak{f}}_{Kk}$ eingehenden Potenz). Für die Anwendung in § 14, III.) reichen diese Ungleichungen aus, und die fundamentale Ungleichungsfolge § 14, (3.), (4.) liefert dann neben den anderen Gleichungen auch, daß in Wahrheit $(\alpha : v) = l$ in den genannten Fällen ist, sowie auch (vgl. die Vorbemerkungen in diesem Paragraphen), daß $(\alpha : v) = 1$ für $\mathfrak{w} = \mathfrak{w}_0$ und niedrigere Potenzen der $\mathfrak{w} = \mathfrak{l}$ ist. Wir haben von der hiernach möglichen Kürzung (Fortfall des § 10) keinen Gebrauch gemacht, weil sich dabei die in § 10 auf direktem Wege entwickelte, für Teil II bedeutungsvolle Normenresttheorie sehr undurchsichtig gestalten würde. Im übrigen würde man bei dieser Kürzung doch nicht um den schwierigsten Punkt in den Beweisen des § 10, nämlich den Nachweis des dortigen Hilfssatzes herumkommen, weil dieser ja auch im gegenwärtigen Beweis unter a.) benötigt wird.

$\Delta \equiv \alpha$ mod. $\mathfrak{L}^{1+(b-1)l}$. Hiernach bilden die Δ höchstens $\Phi_k(\mathfrak{l}^b)$ Restklassen mod. $\mathfrak{L}^{1+(b-1)l}$, also höchstens

$$\Phi_k(\mathfrak{l}^b) \frac{\Phi_K(\mathfrak{L}^{v+1+(b-1)l})}{\Phi_K(\mathfrak{L}^{1+(b-1)l})} = \Phi_k(\mathfrak{l}^b) N_K(\mathfrak{L}^v) = \Phi_k(\mathfrak{l}^b) N_k(\mathfrak{l}^v) = \Phi_k(\mathfrak{l}^{v+b})$$

Restklassen mod. $\mathfrak{L}^{v+1+(b-1)l}$, was die Behauptung (14 α.) im Falle $\mathfrak{w} = \mathfrak{l}$ ergibt.

β.) Entsprechend wie unter 1.), β.) folgt hier aus § 9, Satz 3_2, (7.), daß $\Lambda^{1-\sigma}$ nicht zur Gruppe $A^{1-\sigma}B$ gehört, also die Behauptung (14 β.) im Falle $\mathfrak{w} = \mathfrak{l}$.

$$\text{3.)} \quad \mathfrak{w} = \mathfrak{p}_{\infty,1}, \quad \tilde{m}(\mathfrak{w}) = \mathfrak{p}_{\infty,1}, \quad \tilde{\mathfrak{M}}(\mathfrak{w}) = 1.$$

Siehe S. 124, Anm. 44.

$$\text{4.)} \quad \mathfrak{w} = \mathfrak{w}_0, \quad \tilde{m}(\mathfrak{w}) = \mathfrak{w}_0^c, \quad \tilde{\mathfrak{M}}(\mathfrak{w}) = \mathfrak{w}_0^c.$$

Die hier allein zu beweisende Behauptung (14 α.) ergibt sich durch den Nachweis, daß für jedes Δ gilt

$$\text{(15.)} \qquad\qquad \Delta \equiv \alpha \text{ mod. } \mathfrak{w}_0^c;$$

denn daraus folgt ja, daß die Δ höchstens $\Phi_k(\mathfrak{w}_0^c)$ Restklassen mod. $\mathfrak{w}_0^c$ bilden. Wir unterscheiden die Fälle $\mathfrak{w}_0 = \mathfrak{p}, \mathfrak{l}, \mathfrak{p}_\infty$.

A.) Für $\mathfrak{w}_0 = \mathfrak{p}$ ergibt sich (15.) entsprechend wie unter 1.), α.) aus $l\Delta \equiv S_{Kk}(\Delta)$ mod. $\mathfrak{p}^c$.

B.) Für $\mathfrak{w}_0 = \mathfrak{l}$ unterscheiden wir die weiteren Fälle $\mathfrak{l} = \mathfrak{L}_1 \cdots \mathfrak{L}_l$ und $\mathfrak{l} = \mathfrak{L}$ in K.

I.) Wenn $\mathfrak{l} = \mathfrak{L}_1 \cdots \mathfrak{L}_l$ in K, so ergibt sich (15.) ohne weiteres aus der Voraussetzung $\Delta \equiv \sigma\Delta$ mod. $\mathfrak{l}^c$ und der wegen $N_K(\mathfrak{L}^c) = N_k(\mathfrak{l}^c)$ bestehenden Kongruenz $\Delta \equiv \alpha$ mod. $\mathfrak{L}^c$.

II.) Wenn $\mathfrak{l} = \mathfrak{L}$ in K, so folgt für $c = 1$, d. h. aus $\Delta \equiv \sigma\Delta$ mod. $\mathfrak{l}$, weil hier nach § 8, (4a.) $\sigma\Delta \equiv \Delta^{N_k(\mathfrak{l})}$ mod. $\mathfrak{l}$ ist, $\Delta^{N_k(\mathfrak{l})-1} \equiv 1$ mod. $\mathfrak{l}$. Diese Kongruenz vom Grade $N_k(\mathfrak{l}) - 1 = \Phi_k(\mathfrak{l})$ besitzt aber nur die $\Phi_k(\mathfrak{l})$ primen Restklassen $\Delta_1 \equiv \alpha$ mod. $\mathfrak{l}$ zu Lösungen. Sei schon bewiesen, daß aus $\Delta \equiv \sigma\Delta$ mod. $\mathfrak{l}^{c-1}$ folgt $\Delta \equiv \alpha$ mod. $\mathfrak{l}^{c-1}$, so folgt aus $\Delta \equiv \sigma\Delta$ mod. $\mathfrak{l}^c$ zunächst, daß $\Delta = \alpha + \Gamma\lambda_{c-1}$ (Γ ganz für $\mathfrak{L}$) und ferner dabei $\Gamma \equiv \sigma\Gamma$ mod. $\mathfrak{l}$ ist. Wie vorher ist daher $\Gamma \equiv \gamma$ mod. $\mathfrak{l}$, also $\Delta \equiv \alpha + \gamma\lambda_{c-1} \equiv \bar{\alpha}$ mod. $\mathfrak{l}^c$. Damit ist (15.) durch vollständige Induktion bewiesen.

C.) Für $\mathfrak{w}_0 = \mathfrak{p}_\infty = \mathfrak{p}_{\infty,1}$ (vgl. S. 122, Anm. 42) ist stets $\mathfrak{p}_{\infty,1} = \mathfrak{P}_{\infty,1}^{(1)} \cdots \mathfrak{P}_{\infty,1}^{(l)}$, und (15.) folgt daher entsprechend wie unter B.), I.).

Damit ist Satz 21 bewiesen. Aus ihm ergibt sich leicht der allgemeinste Hauptgeschlechtsatz:

Satz 22. *Sind die Moduln $\tilde{m}$ und $\tilde{\mathfrak{M}}$ wie in Satz 21 definiert, so gilt:*

a.) *Das Hauptgeschlecht $\overline{H}_1$ mod. $\tilde{\mathfrak{M}}$ in K, d. h. die Gruppe derjenigen Strahlklassen mod. $\tilde{\mathfrak{M}}$ in K, deren Relativnormen nach k in den Strahl mod. $\tilde{m}$ fallen*[46]), *ist mit der Gruppe $\overline{H}_1'$ der symbolischen $(1-\sigma)$ ten Potenzen von Strahlklassen mod. $\tilde{\mathfrak{M}}$ in K identisch.*

b.) *Der Index $(\overline{A} : \overline{H}_1)$ des Hauptgeschlechts mod. $\tilde{\mathfrak{M}}$ in K (die Anzahl der Geschlechter mod. $\tilde{\mathfrak{M}}$ in K) ist gleich der Anzahl der ambigen Strahlklassen mod. $\tilde{\mathfrak{M}}$ in K und gleich dem l-ten Teil der Strahlklassenzahl mod. $\tilde{m}$ in k.*

Beweis: a.) Ist $\mathfrak{B} = \mathfrak{A}^{1-\sigma}(B)$, $B \equiv 1$ mod. $\tilde{\mathfrak{M}}$ ein Ideal aus $\overline{H}_1'$, so folgt aus Satz 21, (7.), daß $N_{Kk}(\mathfrak{B}) = (N_{Kk}(B))$ zum Strahl mod. $\tilde{m}$ gehört. Daher ist $\overline{H}_1' \leqq H_1$.

Ist umgekehrt $\mathfrak{B}$ ein Ideal aus $\overline{H}_1$, also

$$(16.) \qquad N_{Kk}(\mathfrak{B}) = (\beta), \quad \beta \equiv 1 \text{ mod. } \tilde{m},$$

so ist, weil $\tilde{m}$ Multiplum von $\tilde{\mathfrak{f}}_{Kk}$ ist, nach dem speziellen Hauptgeschlechtsatz I, § 6, Satz (B'''') jedenfalls

$$(17.) \qquad \mathfrak{B} = \mathfrak{A}^{1-\sigma}(A),$$

wobei $\mathfrak{A}$ durch passende Wahl in seiner absoluten Idealklasse prim zu $\tilde{\mathfrak{M}}$ angenommen werden darf, so daß dann, wie $\mathfrak{B}$, auch A prim zu $\tilde{\mathfrak{M}}$ ist. Nach (16.), (17.) folgt ferner

$$(18.) \qquad (N_{Kk}(A)) = (\beta), \quad \text{also} \quad N_{Kk}(A) \equiv \varepsilon \text{ mod. } \tilde{m}.$$

wo ε eine Einheit ist. Für diese besteht wegen (18.) nach § 14, Satz 15 und § 12, Hilfssatz eine Darstellung

$$(19.) \qquad \varepsilon = N_{Kk}(A_0), \quad (A_0) = \mathfrak{A}_0^{1-\sigma}.$$

Ist dann $\mathfrak{A}_0'$ der zu $\tilde{\mathfrak{M}}$ nicht prime Bestandteil von $\mathfrak{A}_0$, so werde $\mathfrak{A}^*$ in der absoluten Idealklasse von $\mathfrak{A}_0'$ prim zu $\tilde{\mathfrak{M}}$ gewählt:

$$(20.) \qquad \mathfrak{A}_0' = (A_0')\,\mathfrak{A}^*, \qquad\qquad \text{und}$$

$$(21.) \qquad \frac{A_0}{A_0'^{\,1-\sigma}} = A'$$

---

[46]) Nach Satz 21, (7.) fallen wirklich immer die Relativnormen einer ganzen Strahlklasse mod. $\tilde{\mathfrak{M}}$ gleichzeitig in den Strahl mod. $\tilde{m}$ oder nicht (im letzteren Falle jedenfalls in ein- und dieselbe Strahlklasse mod. $\tilde{m}$).

gesetzt, so daß nach (19.), (20.), (21.) auch eine Darstellung

$$(22.) \qquad \varepsilon = N_{Kk}(\mathsf{A}'), \quad (\mathsf{A}') = \mathfrak{A}'^{\,1-\sigma}$$

mit zu $\mathfrak{M}$ primem $\mathfrak{A}'$ besteht, und folglich nach (18.), (22.)

$$(23.) \qquad N_{Kk}\!\left(\frac{\mathsf{A}}{\mathsf{A}'}\right) \equiv 1 \text{ mod. } \tilde{\mathfrak{m}}$$

mit zu $\mathfrak{M}$ primem $\dfrac{\mathsf{A}}{\mathsf{A}'}$ ist. Nach Satz 21 folgt aus (23.) weiter

$$(24.) \quad \frac{\mathsf{A}}{\mathsf{A}'} \equiv \overline{\mathsf{A}}_0^{\,1-\sigma} \text{ mod. } \mathfrak{M}, \text{ also } \mathsf{A} = \mathsf{A}'\overline{\mathsf{A}}_0^{\,1-\sigma}\mathsf{B} \text{ mit } \mathsf{B} \equiv 1 \text{ mod. } \mathfrak{M},$$

wo $\overline{\mathsf{A}}_0$ höchstens bei σ invariante Primidealfaktoren aus K mit $\mathfrak{M}$ gemein hat, so daß

$$(25.) \qquad \overline{\mathsf{A}}_0^{\,1-\sigma} = \overline{\mathfrak{A}}^{\,1-\sigma}$$

mit zu $\mathfrak{M}$ primem $\overline{\mathfrak{A}}$ ist. Aus (17.), (24.), (22.), (25.) folgt so schließlich

$$(26.) \qquad \mathfrak{B} = (\mathfrak{A}\,\mathfrak{A}'\overline{\mathfrak{A}})^{1-\sigma}(\mathsf{B}), \quad \mathsf{B} \equiv 1 \text{ mod. } \mathfrak{M}.$$

Nach (26.) ist auch umgekehrt $\overline{H}_1 \leqq \overline{H}'_1$, was die Behauptung a.) ergibt.

b.) Beide Behauptungen b.) ergeben sich mittels des Isomorphieprinzips, ganz entsprechend wie im Spezialfall **I**, § 6, B), 4., S. 23, und zwar die erstere unter Beachtung von a.), die letztere unter Beachtung des schon auf S. 121f. Gesagten.

§ 20. Genaue Ausführung des Beweises von I, § 6, Satz (C).

Aus einem nachher (S. 130) anzugebenden Grunde ist es erforderlich, die durch Induktion zu beweisende Behauptung **I**, § 6, Satz (C) auch noch über die entsprechende zusätzliche Aussage (b.) von § 6, Satz 2 hinaus zu verschärfen:

Satz 23. *Es sei K ein relativ-zyklischer Körper vom Primzahlpotenzgrad l^ν über k und σ eine erzeugende Substitution der Galoisschen Relativgruppe $\mathfrak{G}$ von K nach k, also $\sigma^{l^\nu} = 1$.*

Zu jedem Idealmodul $\tilde{\mathfrak{m}}$ aus k von der Form

$$(1.) \qquad \tilde{\mathfrak{m}} = \Pi\mathfrak{p}\,\Pi\mathfrak{l}^n\,\Pi\mathfrak{p}_{\infty,1}\cdot\tilde{\mathfrak{m}}_0,$$

wo die $\mathfrak{p}, \mathfrak{l}$ die verschiedenen in der Relativdiskriminante von K nach k aufgehenden Primideale von k und die $\mathfrak{p}_{\infty,1}$ die in K in unendliche Primstellen 2-ten Relativgrades zerfallenden unendlichen Primstellen 1-ten Grades von k durchlaufen, ferner die Exponenten n nur hinreichend groß gewählt sind. und schließlich $\tilde{\mathfrak{m}}_0$ irgendein aus anderen Primstellen von k zu-

sammengesetzter Idealmodul aus k ist[47]*), existiert ein Idealmodul $\widetilde{\mathfrak{M}}$ aus K von der Form*

$$(2.) \qquad \widetilde{\mathfrak{M}} = \Pi\,\mathfrak{P}\,\Pi\,\mathfrak{L}^N \cdot \widetilde{\mathfrak{m}}_0,$$

wo die $\mathfrak{P}$, $\mathfrak{L}$ die verschiedenen Primteiler der $\mathfrak{p}$, $\mathfrak{l}$ in K durchlaufen, derart, daß folgendes gilt:

a.) $\widetilde{\mathfrak{M}} \mid \widetilde{\mathfrak{m}}$.[48])

b.) $\sigma\widetilde{\mathfrak{M}} = \widetilde{\mathfrak{M}}$.[49])

c.) *Die Exponenten N wachsen mit den Exponenten n über alle Grenzen.*[50])

d.) *Die Relativnormen nach k aus dem Strahl* mod. $\widetilde{\mathfrak{M}}$ *in K fallen in den Strahl* mod. $\widetilde{\mathfrak{m}}$ *in k.*[51])

e.) *K ist Klassenkörper über k zu einer Idealgruppe H* mod. $\widetilde{\mathfrak{m}}$ *in k.*

f.) *Das Hauptgeschlecht $\overline{H}_1$* mod. $\widetilde{\mathfrak{M}}$ *in K, d. h. die Gruppe derjenigen Strahlklassen* mod. $\widetilde{\mathfrak{M}}$ *in K, deren Relativnormen nach k in den Strahl* mod. $\widetilde{\mathfrak{m}}$ *in k fallen*[52]*), ist mit der Gruppe $\overline{H}_1'$ der symbolischen $(1 - \sigma)$-ten Potenzen von Strahlklassen* mod. $\widetilde{\mathfrak{M}}$ *in K identisch.*

g.) *Der Index $(\overline{A} : \overline{H}_1)$ des Hauptgeschlechts* mod. $\widetilde{\mathfrak{M}}$ *in K (die Anzahl der Geschlechter* mod. $\widetilde{\mathfrak{M}}$ *in K) ist gleich der Anzahl der ambigen Strahlklassen* mod. $\widetilde{\mathfrak{M}}$ *in K und gleich dem l'-ten Teil der Strahlklassenzahl* mod. $\widetilde{\mathfrak{m}}$ *in k.*[53])

Beweis: Für $\nu = 1$ ist die Behauptung des Satzes richtig auf Grund von § 19, Sätzen 21, 22 (man setze dort speziell $a = 1$, $v + b = n$, $v + 1 + (b - 1)l = N$ und identifiziere das dortige $\Pi\,\mathfrak{w}_0^c$ — nicht das dortige, noch die $\mathfrak{p}$, $\mathfrak{l}$ enthaltende $\widetilde{\mathfrak{m}}_0$ — mit dem jetzigen $\widetilde{\mathfrak{m}}_0$). Wir

---

47) Der Einfachheit halber sei wieder die geringe Einschränkung beigefügt, daß in $\widetilde{\mathfrak{m}}_0$ keine $\mathfrak{p}_{\infty,2}$ eingehen (vgl. S. 122, Anm. 42).

48) Auf diese Bedingung, die sich bei unserer Konstruktion von selbst herausstellen wird, kommt es für den Induktionsbeweis nicht an.

49) Die Angabe dieser nach § 19 (S. 121) wesentlichen Bedingung ist in I, § 6, Satz (C) versehentlich unterblieben.

50) Diese Bedingung ist für das Fortschreiten des Induktionsbeweises wesentlich.

51) Das genügt ersichtlich, um den in I, § 6, Satz (C) in dieser Hinsicht ausführlicher geforderten Tatbestand zu realisieren.

52) Siehe Anm. 51 und S. 127, Anm. 46.

53) Auf diese Tatsache, die sich aus der vorhergehenden ohne weiteres ergeben wird, kommt es für den Induktionsbeweis nicht an.

nehmen an, die Behauptung des Satzes sei für $\nu - 1$ schon bewiesen, und zeigen, daß sie dann auch für ν gilt.

Dazu betrachten wir den in K enthaltenen relativ-zyklischen Körper K^* vom Relativgrade $l^{\nu-1}$ über k. Nach dem Fundamentalsatz der Galoisschen Theorie ist dieser Zwischenkörper K^* der durch $\sigma^{l^{\nu-1}}$ erzeugten, von der Ordnung l zyklischen Untergruppe $\mathfrak{G}^*$ zugeordnet $\mathfrak{G}^*$ ist gleichzeitig die Galoissche Relativgruppe von K nach K^*, und die durch σ mit der Relation $\sigma^{l^{\nu-1}} = 1$ erzeugte, von der Ordnung $l^{\nu-1}$ zyklische Faktorgruppe $\mathfrak{G}/\mathfrak{G}^*$ ist die Galoissche Relativgruppe von K^* nach k.

Der Betrachtung von K^* über k entsprechend, setzen wir den in der Form (1.) vorgelegten Idealmodul $\tilde{\mathfrak{m}}$ in die Form

$$(3.) \qquad \tilde{\mathfrak{m}} = \varPi \mathfrak{p}' \, \varPi \mathfrak{l}'^{n'} \, \varPi \mathfrak{p}'_{\infty,1} \cdot \tilde{\mathfrak{m}}_0^*$$
$$= \varPi \mathfrak{p}' \, \varPi \mathfrak{l}'^{n'} \, \varPi \mathfrak{p}'_{\infty,1} \cdot \varPi \mathfrak{p}'' \, \varPi \mathfrak{l}''^{n''} \, \varPi \mathfrak{p}''_{\infty,1} \tilde{\mathfrak{m}}_0,$$

wo die $\mathfrak{p}'$, $\mathfrak{l}'$, $\mathfrak{p}'_{\infty,1}$ die entsprechende Bedeutung für K^* über k haben, wie die $\mathfrak{p}$, $\mathfrak{l}$, $\mathfrak{p}_{\infty,1}$ für K über k.

Daß die $\mathfrak{p}'$, $\mathfrak{l}'$, $\mathfrak{p}'_{\infty,1}$ sämtlich unter den $\mathfrak{p}$, $\mathfrak{l}$, $\mathfrak{p}_{\infty,1}$ vorkommen, ist klar. Das Umgekehrte braucht aber keineswegs der Fall zu sein, d. h. es können unter den $\mathfrak{p}$, $\mathfrak{l}$, $\mathfrak{p}_{\infty,1}$ auch $\mathfrak{p}''$, $\mathfrak{l}''$, $\mathfrak{p}''_{\infty,1}$ vorkommen. Aus diesem Grunde ist die in der Zulassung des $\tilde{\mathfrak{m}}_0$ in Satz 23 liegende Verschärfung gegenüber I, § 6, Satz (C) erforderlich: Wenn auch das Resultat nachher nur für $\tilde{\mathfrak{m}}_0 = 1$ anzuwenden ist, so muß doch für den Induktionsbeweis $\tilde{\mathfrak{m}}_0$ sozusagen als Reservoir für die bei ansteigendem ν hinzukommenden $\mathfrak{p}'$, $\mathfrak{l}''$, $\mathfrak{p}''_{\infty,1}$ mitgeführt werden.

Nach der Induktionsannahme existiert nun zu $\tilde{\mathfrak{m}}$ für hinreichend große n' ein Idealmodul $\tilde{\mathfrak{M}}^*$ aus K^* von der Form

$$(4.) \qquad \tilde{\mathfrak{M}}^* = \varPi \mathfrak{P}'_* \, \varPi \mathfrak{L}'^{N'_*}_* \cdot \varPi \mathfrak{P}''_* \, \varPi \mathfrak{L}''^{n''}_* \, \varPi \mathfrak{P}''_{*\infty,1} \tilde{\mathfrak{m}}_0,$$

wo die $\mathfrak{P}'_*$, $\mathfrak{P}''_*$, $\mathfrak{L}'_*$, $\mathfrak{L}''_*$, $\mathfrak{P}''_{*\infty,1}$ die verschiedenen Primteiler der $\mathfrak{p}'$, $\mathfrak{p}''$, $\mathfrak{l}'$, $\mathfrak{l}''$, $\mathfrak{p}''_{\infty,1}$ in K^* durchlaufen, derart, daß die a.)—g.) entsprechenden Tatsachen a.*)—g.*) für K^* über k mit $\tilde{\mathfrak{m}}$, $\tilde{\mathfrak{M}}^*$ richtig sind. Wir definieren dann den Idealmodul $\tilde{\mathfrak{M}}$ aus K durch Angabe geeigneter Exponenten N auf Grund der folgenden Überlegungen:

Die Primteiler $\mathfrak{L}_*$ der $\mathfrak{l}$ in K^* gehen sämtlich in der Relativdiskriminante von K nach K^* auf; das folgt ohne weiteres nach § 8, (9.), weil nach § 8, (12.) der Trägheitskörper K_T für jedes $\mathfrak{l}$ von K verschieden, also in K^* enthalten ist. Seien dementsprechend V die den $\mathfrak{L}_*$ im Sinne von § 9, Satz 3_2 entsprechenden Exponenten für den Übergang von K^* zu K. Diese V hängen nach § 8, (2.), (11.) oder auch nach § 9, Satz 3_2, (7.) nur von den $\mathfrak{l}$, nicht von den $\mathfrak{L}_*$ ab[54]), und nach b.*) gilt dasselbe für die N'_*. Da nun zur Gültigkeit von a.*)—g.*) die n' lediglich hinreichend groß gewählt werden müssen, während die n'' beliebig gewählt werden können, so darf gemäß c.*) jedes n' so groß gewählt werden, daß das zugeordnete N'_* der Bedingung

$$(5.) \qquad N'_* = V' + B' \quad \text{mit} \quad B' \geqq 1$$

genügt, und darf ferner jedes n'' der Bedingung

$$(6.) \qquad n'' = V'' + B'' \quad \text{mit} \quad B'' \geqq 1$$

genügend gewählt werden. Wir wählen dann die N folgendermaßen:

$$(7.) \qquad N = V + 1 + (B - 1)\, l$$

und haben dadurch wirklich, wie im Satz verlangt, zu jedem $\tilde{\mathfrak{m}}$ der Form (1.) mit nur hinreichend groß gewählten n ein $\tilde{\mathfrak{M}}$ der Form (2.) definiert. Dies $\tilde{\mathfrak{M}}$ ist nach (4.)—(7.) gerade der zu $\mathfrak{M}^*$ für K über K^* gehörige Idealmodul im Sinne der Sätze 21, 22 aus § 19, und daher sind nach dem eingangs Gesagten die a.)—g.) entsprechenden Tatsachen A.)—G.) für K über K^* mit $\mathfrak{M}^*$, $\tilde{\mathfrak{M}}$ richtig.

Gestützt auf a.*)—g.*) und A.)—G.) beweisen wir nunmehr a.)—g.) folgendermaßen:

a.) Das folgt ohne weiteres aus a.*), A.).

b.) Das folgt aus b.*), B.) und der Invarianz der Bildungsvorschrift für $\tilde{\mathfrak{M}}$ aus $\mathfrak{M}^*$ (insbesondere aus der schon betonten Invarianz der V) bei σ.

c.) Das folgt für die N' aus c.*), C.) und für die N'' aus (6.), (7.).

d.) Das folgt ohne weiteres aus d.*), D.).

e.) Nach E.) ist K Klassenkörper über K^* zu einer Idealgruppe $\overline{H}^*$ mod. $\mathfrak{M}^*$ in K^*, und nach e.*) ist K^* Klassenkörper über k zu einer Idealgruppe H^* mod. $\tilde{\mathfrak{m}}$ in k. Wegen der im gegenwärtigen Stadium bereits feststehenden Gültigkeit von **I**, Sätzen 1, 2 haben $\overline{H}^*$, H^* die Indizes l, l'^{-1} und zyklische Faktorgruppen $\overline{A}^*/\overline{H}^*$, A/H^* in den Gruppen $\overline{A}^*$, A aller zu $\mathfrak{M}^*$, $\tilde{\mathfrak{m}}$ primen Ideale von K^*, k. Ferner ist $\overline{H}^*$ bei σ invariant; denn $\overline{H}^*$ ist nach **I**, Def. 3 die K mod. $\mathfrak{M}^*$ zugeordnete Idealgruppe in K^*, und $\mathfrak{M}^*$ ist nach b.*) bei σ invariant.

---

54) In einem $\mathfrak{l}$ können natürlich mehrere $\mathfrak{L}_*$ aufgehen. Nach dem zuvor Bemerkten geht aber in jedem $\mathfrak{L}_*$ genau ein $\mathfrak{L}$ zum Exponenten l auf.

Wir zeigen nun zunächst, daß $\overline{H}^*$ das Hauptgeschlecht $\overline{H}_1^*$ mod. $\widetilde{\mathfrak{M}}^*$ in K^* enthält. Dazu bemerken wir, daß die Operation σ, wegen der eben bewiesenen Invarianz von $\overline{H}^*$ bei ihr, einen Automorphismus für die von der Ordnung l zyklische Gruppe $\overline{A}^*/\overline{H}^*$ bedeutet. Dieser Automorphismus muß einerseits nach der Gruppentheorie eine in $l-1$ aufgehende, andererseits eine in der Ordnung $l^{\nu-1}$ von σ (für K^*) aufgehende Ordnung haben, hat also die Ordnung 1. Daher sind sogar die einzelnen Klassen nach $\overline{H}^*$ bei σ invariant. Somit gehört jede symbolische $(1-\sigma)$-te Idealpotenz aus $\overline{A}^*$ zu $\overline{H}^*$, also, da nach d.[*)] $\overline{H}^*$ mod. $\widetilde{\mathfrak{M}}^*$ erklärbar ist, auch jede $(1-\sigma)$-te Strahlklassenpotenz mod. $\widetilde{\mathfrak{M}}^*$ aus K^*. Da deren Gruppe $\overline{H}_1^{*\prime}$ aber nach f.[*)] mit dem Hauptgeschlecht $\overline{H}_1^*$ mod. $\widetilde{\mathfrak{M}}^*$ in K^* identisch ist, folgt die ausgesprochene Behauptung $\overline{H}_1^* \leq \overline{H}^*$.

Da H^* nach e.[*)] und **I, Def. 3** die K^* mod. $\widetilde{\mathfrak{m}}$ zugeordnete Idealgruppe in k ist, wird durch Relativnormbildung von K^* nach k die Gruppe $\overline{A}^*$ eindeutig und isomorph auf die Gruppe $H^*/H_0^{(\widetilde{\mathfrak{m}})}$ abgebildet. Bei dieser Abbildung entspricht der Untergruppe $\overline{H}^*$ eine Untergruppe $H/H_0^{(\widetilde{\mathfrak{m}})}$, nämlich die Gruppe aller Strahlklassen mod. $\widetilde{\mathfrak{m}}$ in k, die Relativnormen nach k aus $\overline{H}^*$ enthalten. Um dann in geläufiger Weise das Isomorphieprinzip anwenden zu können, müssen wir noch feststellen, daß bei jener Abbildung auch **nur** der Untergruppe $\overline{H}^*$ die Untergruppe $H/H_0^{(\widetilde{\mathfrak{m}})}$ entspricht, was so ohne weiteres nicht klar ist. Dazu dient uns nun der oben geführte Nachweis, daß $\overline{H}_1^*$ in $\overline{H}^*$ enthalten ist; daraus folgt nämlich, nach der Definition von $\overline{H}_1^*$ in f.[*)], daß $\overline{H}^*$ mit jeder Strahlklasse mod. $\widetilde{\mathfrak{M}}^*$ auch **alle** Strahlklassen mod. $\widetilde{\mathfrak{M}}^*$ gleicher Relativnorm enthält, so daß wirklich **alle** Strahlklassen mod. $\widetilde{\mathfrak{M}}^*$, deren Relativnormen in die Untergruppe $H/H_0^{(\widetilde{\mathfrak{m}})}$ fallen, zur Untergruppe $\overline{H}^*$ gehören.[55] Nach dem Isomorphieprinzip ist somit $l = (\overline{A}^* : \overline{H}^*) = (H^* : H)$ und daher wegen $(A : H^*) = l^{\nu-1}$ weiter $(A : H) = l^\nu$. Nun enthält die Idealgruppe H mod. $\widetilde{\mathfrak{m}}$ nach ihrer Definition und der Definition von $\overline{H}^*$ die K mod. $\widetilde{\mathfrak{m}}$ zugeordnete Idealgruppe $H_{\widetilde{\mathfrak{m}}}$. Da aber $H_{\widetilde{\mathfrak{m}}}$ nach **I, Satz 8** höchstens den Index l^ν haben kann, folgt $H_{\widetilde{\mathfrak{m}}} = H$, was nach **I, Def. 3** die Behauptung e.) ergibt.

---

55) Dies ist der tiefstliegende Schluß unseres Beweises. Der Nachweis für die in erster Linie erstrebte Aussage e.) (Umkehrsatz) stützt sich hiernach nicht nur auf die entsprechende Induktionsannahme e.[*)] und Tatsache E.), sondern auch auf die dazu fremde Induktionsannahme f.[*)] (Hauptgeschlechtsatz). Man sieht jetzt, warum der Beweis des Umkehrsatzes mit dem Beweis des Hauptgeschlechtsatzes zu verquicken ist.

f.) Daß $\bar{H}_1' \leq \bar{H}_1$ ist, folgt ganz entsprechend, wie im Beweis zu § 19, Satz 22 unter a.).

Um zu beweisen, daß umgekehrt $\bar{H}_1 \leq \bar{H}_1'$ ist, zeigen wir zunächst, daß für die Idealgruppe $\bar{H}_1^{*\,'} = (\bar{A}^{*\,1-\sigma} \bmod. \tilde{\mathfrak{M}}^*)^{56})$ sogar schon gilt $\bar{H}_1^{*\,'} = (\bar{H}^{*\,1-\sigma} \bmod. \tilde{\mathfrak{M}}^*)$. Während nämlich nach der Definition von H im Beweis für e.) $(N_{K*k}(\bar{H}^*) \bmod. \tilde{\mathfrak{m}}) = H$ ist, ist unter Beachtung von d.*) $(N_{K*k}(A \bmod. \tilde{\mathfrak{M}}^*) \bmod. \tilde{\mathfrak{m}}) = (A^{l^\nu-1} \bmod. \tilde{\mathfrak{m}})$. Da nun A/H nach e.) und **I**, Sätzen 1, 2 zyklisch von der Ordnung l^ν ist$^{57})$, ist $(A^{l^\nu-1} \bmod. \tilde{\mathfrak{m}})$ nicht in H und somit $(A \bmod. \tilde{\mathfrak{M}}^*)$ nicht in $\bar{H}^*$ enthalten. Wegen $(\bar{A}^* : \bar{H}^*) = l$ ist daher notwendig die Vereinigungsgruppe $\bar{H}^*(A \bmod. \tilde{\mathfrak{M}}^*) = \bar{A}^*$, was nach b.*) durch symbolische Potenzierung mit $1-\sigma$ wegen $((A \bmod. \tilde{\mathfrak{M}}^*)^{1-\sigma} \bmod. \tilde{\mathfrak{M}}^*) = (A^{1-\sigma} \bmod. \tilde{\mathfrak{M}}^*) = (1 \bmod. \tilde{\mathfrak{M}}^*)$ zu $(\bar{H}_1^{*\,1-\sigma} \bmod. \tilde{\mathfrak{M}}^*) = (\bar{A}^{*\,1-\sigma} \bmod. \tilde{\mathfrak{M}}^*)$, also zu der oben ausgesprochenen Behauptung führt.

Nach der Definition von $\bar{H}_1$ in f.) und $\bar{H}_1^*$ in f.*) fallen nun die Relativnormen nach K^* aus $\bar{H}_1$ in $\bar{H}_1^*$, so daß nach f.*) und dem eben Bewiesenen unter Beachtung von b.*) und D.)

$$(N_{KK*}(\bar{H}_1) \bmod. \tilde{\mathfrak{M}}^*) \leq \bar{H}_1^* = \bar{H}_1^{*\,'} = (\bar{A}^{*\,1-\sigma} \bmod. \tilde{\mathfrak{M}}^*) = (\bar{H}^{*\,1-\sigma} \bmod. \tilde{\mathfrak{M}}^*)$$

$$= ((N_{KK*}(\bar{A}) \bmod. \tilde{\mathfrak{M}}^*)^{1-\sigma} \bmod. \tilde{\mathfrak{M}}^*)$$

$$= (N_{KK*}(\bar{A}^{1-\sigma}) \bmod. \tilde{\mathfrak{M}}^*)$$

$$= (N_{KK*}(\bar{A}^{1-\sigma} \bmod. \tilde{\mathfrak{M}}) \bmod. \tilde{\mathfrak{M}}^*)$$

$$= (N_{KK*}(\bar{H}_1') \bmod. \tilde{\mathfrak{M}}^*)$$

ist. Bezeichnet ferner $\bar{H}_1^{(0)}$ das Hauptgeschlecht mod. $\tilde{\mathfrak{M}}$ in K für K nach K^*, so kann daraus nach der Definition von $\bar{H}_1^{(0)}$ in F.) weiter auf

$$\bar{H}_1 \leq \bar{H}_1' \bar{H}_1^{(0)}$$

geschlossen werden, was nach F.) schließlich die Behauptung

$$\bar{H}_1 \leq \bar{H}_1' \bar{H}_1^{(0)\,'} = \bar{H}_1'$$

---

56) $(\bar{A}^{*\,1-\sigma} \bmod. \tilde{\mathfrak{M}}^*)$ ist als kurze Angabe der Entstehungsweise von $\bar{H}_1^{*\,'}$ zu denken, nämlich als diejenige Idealgruppe, die aus den Idealen von $\bar{A}^*$ durch symbolische Potenzierung mit $1 - \sigma$ und dann Komposition mit dem Strahl mod. $\tilde{\mathfrak{M}}^*$ entsteht. Entsprechend sind auch die weiterhin verwendeten Abkürzungen zu verstehen.

57) Der Nachweis für f.) ist durch diesen Schluß auch seinerseits mit dem Nachweis für e.) verknüpft, nicht nur seitens des letzteren (Anm. 55).

ergibt, wenn man noch beachtet, daß die für K über K^* die Rolle von $\overline{H}_1'$ übernehmende Idealgruppe

$$\overline{H}_1^{(0)'} = (\overline{A}^{1-\sigma^{l^{\nu-1}}} \text{ mod. } \widetilde{\mathfrak{M}}) \leqq (\overline{A}^{1-\sigma} \text{ mod. } \widetilde{\mathfrak{M}}) = \overline{H}_1' \qquad \text{ist.}$$

g.) Das folgt mittels des Isomorphieprinzips aus f.) bzw. e.) ganz entsprechend wie im Spezialfall **I**, § 6, B), 4., S. 23.

Damit ist Satz 23 bewiesen. Für $\widetilde{\mathfrak{m}}_0 = 1$ liefert er **I**, § 6, Satz (C), sowie ersichtlich auch die entsprechende zusätzliche Aussage (b.) von § 6, Satz 2.

§ 21. Genaue Ausführung zum Beweise von I, § 6, Satz (D), 3.

In dem in **I**, Erl. 31 nur andeutungsweise behandelten Falle, daß die Strahlklasse $C_0 \text{ mod. } \widetilde{\mathfrak{f}}$ von $\mathfrak{p}$ die l-te Potenz einer Strahlklasse mod. $\widetilde{\mathfrak{f}}$ ist, daß also ein $\mathfrak{a}$ und ein π existieren, so daß

$$(1.) \qquad \mathfrak{p} = \mathfrak{a}^l(\pi), \qquad \pi \equiv 1 \text{ mod. } \widetilde{\mathfrak{f}}$$

ist, weisen wir die Existenz eines zu $\mathfrak{p}$ primen Erklärungsmoduls $\widetilde{\mathfrak{m}} = \widetilde{\mathfrak{f}}\mathfrak{q}$, für den das nicht mehr der Fall ist, auf Grund von § 11, Satz 11 folgendermaßen nach:

Es sei $k' = k(\zeta)$ und $\omega_1' = \mathfrak{r}_1'^l, \ldots, \omega_m' = \mathfrak{r}_m'^l$ eine Basis für die Faktorgruppe ω'/α'^l in k', wo ω' die Gruppe der primen l-ten Potenzreste mod. $\widetilde{\mathfrak{f}}$ unter den l-ten Idealpotenz-Zahlen aus k' und α' die Gruppe aller zu $\widetilde{\mathfrak{f}}$ primen Zahlen aus k' bezeichnet.[58] Dann ist π von den ω_i' l-unabhängig in k' (§ 11, S. 85); denn aus einer Relation $\pi = \omega_1'^{a_1} \cdots \omega_m'^{a_m} \alpha'^l$ folgte nach (1.) $\mathfrak{p} = (\mathfrak{a}\,\mathfrak{r}_1'^{a_1} \cdots \mathfrak{r}_m'^{a_m}(\alpha'))^l$, also ein Widerspruch, weil $\mathfrak{p}$ auch im Körper k' nicht l-te Idealpotenz sein kann. Nach § 11, Satz 11 existiert somit ein (nicht in l aufgehendes) Primideal $\mathfrak{q}'$ in k', so daß in k'

$$(2.) \left(\frac{\pi}{\mathfrak{q}'}\right) \neq 1; \quad \left(\frac{\omega_1'}{\mathfrak{q}'}\right) = 1, \ldots, \left(\frac{\omega_m'}{\mathfrak{q}'}\right) = 1, \text{ also auch allgemein } \left(\frac{\omega}{\mathfrak{q}'}\right) = 1$$

ist. Wäre dann in k

$$(1.^*) \qquad \mathfrak{p} = \mathfrak{a}^{*l}(\pi^*), \qquad \pi^* \equiv 1 \text{ mod. } \widetilde{\mathfrak{f}}\mathfrak{q},$$

wo $\mathfrak{q}$ das $\mathfrak{q}'$ entsprechende Primideal in k bezeichnet, so folgte aus (1.), (1.*) durch Division $\dfrac{\pi^*}{\pi} = \omega'$. Weil aber nach (2.) $\pi \underset{(l)}{\not\equiv} 1 \text{ mod. } \mathfrak{q}'$, $\omega' \underset{(l)}{\equiv} 1 \text{ mod. } \mathfrak{q}'$ in k' ist, steht das im Widerspruch mit der Folge $\pi^* \equiv 1 \text{ mod. } \mathfrak{q}'$ in k' aus (1.*). Also ist (1.*) falsch, w. z. b. w.

---

[58] Die Endlichkeit von $(\omega' : \alpha'^l)$ ist in § 15, III.), (11.)—(16.) bewiesen.

Bezeichnungstabelle zu den §§ 9—19.

k der Grundkörper, g sein Grad, h_0 seine absolute Idealklassenzahl.

K ein relativ-zyklischer Körper vom Primzahlgrad l über k.

Es sei noch einmal an die Festsetzungen in **I**, S. 3 u. erinnert.

$\mathfrak{G}$ die Galoissche Relativgruppe von K nach k, σ eine (nicht näher bestimmte) erzeugende Substitution von $\mathfrak{G}$, also $\sigma^l = 1$.

$\mathfrak{d}$ die Relativdiskriminante von K nach k; d_e die Anzahl der in $\mathfrak{d}$ eingehenden Primideale (endlichen Primstellen) von k; d_u die Anzahl der in K in Primstellen 2-ten Relativgrades zerfallenden unendlichen Primstellen von k (siehe § 6);

$$d = d_e + d_u.$$

k_0 der Körper der l-ten Einheitswurzeln.

$o = 1$ oder 0 je nachdem $k_0 \leqq k$ ist oder nicht; (für $l = 2$ ist stets $o = 1$).

Da (k, k_0) stets einen in $l - 1$ aufgehenden, also zu l primen Relativgrad über k hat, ist $k_0 \leqq K$ dann und nur dann, wenn schon $k_0 \leqq k$ ist, also auch

$o = 1$ oder 0, je nachdem $k_0 \leqq K$ ist oder nicht.

ζ eine (nicht näher bestimmte) primitive l-te Einheitswurzel.

$\mathfrak{l}_0 = (\lambda_0)$ mit $\lambda_0 = 1 - \zeta$ der Primteiler von l in k_0, vom Grade 1 und der Ordnung $l - 1$, also

$$l = \mathfrak{l}_0^{l-1}, \quad N_{k_0}(\mathfrak{l}_0) = l.$$

$\mathfrak{p}$ Primteiler in k von Primzahlen $p \neq l$.

$\mathfrak{l}$ Primteiler in k der Primzahl l, vom Grade f und der Ordnung e, also

$$l = \prod \mathfrak{l}^e, \quad N_k(\mathfrak{l}) = l^f.$$

Falls $o = 1$, geht $\mathfrak{l}$ in $\mathfrak{l}_0$, also $l - 1$ in e auf; dann werde gesetzt

$$e = e_0 (l - 1),$$

so daß also e_0 die Relativordnung von $\mathfrak{l}$ bzgl. $\mathfrak{l}_0$ ist.

Wie üblich:

r_1, r_2 Anzahlen der Primstellen $\mathfrak{p}_{\infty,1}, \mathfrak{p}_{\infty,2}$ von k.

$\mathfrak{w}\ (= \mathfrak{p}, \mathfrak{l}, \mathfrak{p}_\infty)$ irgendeine Primstelle von k.

$\mathfrak{W}\ (= \mathfrak{P}, \mathfrak{L}, \mathfrak{P}_\infty)$ eine der in $\mathfrak{w}$ aufgehenden Primstellen von K.

$\pi, \Pi, \lambda, \Lambda$ bzw. $\pi_n, \Pi_n, \lambda_n, \Lambda_n$ Zahlen von der Ordnungszahl 1 bzw. n in $\mathfrak{p}\ \mathfrak{P}, \mathfrak{l}, \mathfrak{L}$, die in unseren Entwicklungen durchweg als fest zu betrachten (d. h. nicht in der in § 1 (S. 59) angegebenen Art aufzufassen) sind, und an einigen Stellen noch besonderen, jeweils angegebenen Bedingungen gemäß gewählt werden.